夏洛莱牛（公）

利木赞牛（公）

海福特牛（公）

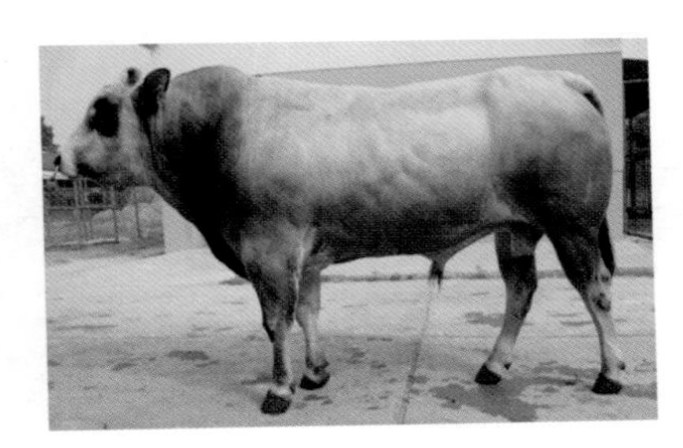

皮埃蒙特牛（公）

比利时黑白花牛（公）

安格斯牛（公）

西门塔尔牛（公）

丹麦红牛（公）

短角牛（公）

德国黄牛（公）

秦川牛（公）

南阳牛（公）

鲁西牛（公）

三河牛（公）

晋南牛（公）

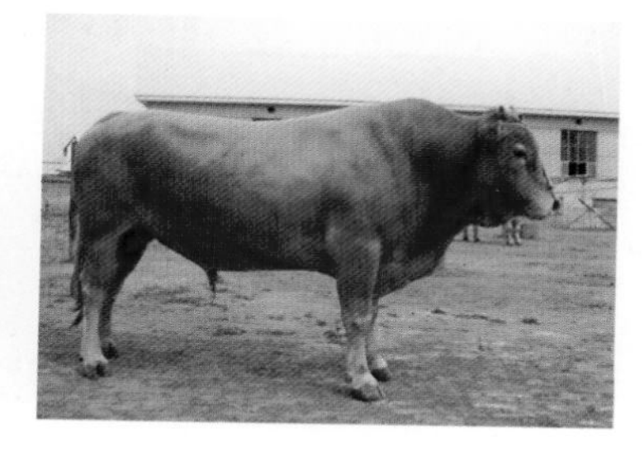

延边牛（公）

紫花苜蓿　红三叶草　紫云英

红豆草　墨西哥玉米　扁穗牛鞭草

籽粒苋　聚合草　菊苣

串叶松香草　苏丹草　苇状羊茅

羊草　多年生黑麦草　无芒雀麦

鲁梅克斯 K-1

柱花草

饲用甜菜

箭筈豌豆

白三叶

百脉根

沙打旺

象草

牛皮菜

青贮玉米的采集

青贮料铡切

青贮料的压实

青贮窖的封闭

打制草捆

草地放牧

种草养牛

主　编　魏刚才

副主编　郑丽敏　张璐璐　韩俊伟　谢军亮

编　者（按姓氏笔画排列）

王成龙（新乡市畜产品质量检测检验中心）

王秀勤（确山县动物疫病预防控制中心）

邹小娟（新乡市动物疫病预防控制中心）

张　欣（滑县动物卫生监督所）

张璐璐（新乡市动物卫生监督所）

卓志敏（长垣县畜牧局赵堤防疫检疫中心站）

郑丽敏（鹤壁市畜产品质量监测检验中心）

韩俊伟（新乡市动物疫病预防控制中心）

谢军亮（济源市动物卫生监督所）

魏刚才（河南科技学院）

机　械　工　业　出　版　社

本书根据目前种草养牛的实际，从种草养牛的生产特点及效益分析、牛品种的选择及牛的运输、牛场建设及环境控制技术、牧草生产及处理利用、牛的饲料和日粮配制技术、牛的繁殖技术、牛的饲养管理技术、牛疾病控制技术八个方面进行了系统的论述和介绍。

本书理论密切联系实际，内容全面系统，重点突出，操作性强，可供牛场饲养人员、技术人员和管理人员使用，也可以作为大、中专学校和农村函授及培训班的辅助教材和参考书。

图书在版编目（CIP）数据

种草养牛/魏刚才主编. —北京：机械工业出版社，2017.4（2023.1 重印）
（高效养殖致富直通车）
ISBN 978-7-111-56097-5

Ⅰ.①种…　Ⅱ.①魏…　Ⅲ.①养牛学　Ⅳ.①S823

中国版本图书馆 CIP 数据核字（2017）第 031754 号

机械工业出版社（北京市百万庄大街 22 号　邮政编码 100037）
总 策 划：李俊玲　张敬柱
策划编辑：周晓伟　郎　峰　责任编辑：周晓伟　孟晓琳
责任校对：李　伟　责任印制：张　博
三河市宏达印刷有限公司印刷
2023 年 1 月第 1 版第 5 次印刷
140mm×203mm · 9.375 印张 · 2 插页 · 263 千字
标准书号：ISBN 978-7-111-56097-5
定价：39.80 元

电话服务
客服电话：010-88361066
010-88379833
010-68326294

网络服务
机　工　官　网：www.cmpbook.com
机　工　官　博：weibo.com/cmp1952
金　　书　　网：www.golden-book.com
机工教育服务网：www.cmpedu.com

高效养殖致富直通车
编审委员会

序

改革开放以来，我国养殖业发展非常迅速，肉、蛋、奶、鱼等产品的产量稳步增加，在提高人民生活水平方面发挥着越来越重要的作用。同时，从事各种养殖业也已成为农民脱贫致富的重要途径。近年来，我国经济的快速发展对养殖业提出了新要求，以市场为导向，从传统的养殖生产经营模式向现代高科技生产经营模式转变，安全、健康、优质、高效和环保已成为养殖业发展的既定方向。

针对我国养殖业发展的迫切需要，机械工业出版社坚持高起点、高质量、高标准的原则，组织全国20多家科研院所的理论水平高、实践经验丰富的专家、学者、科研人员及一线技术人员编写了这套“高效养殖致富直通车”丛书，范围涵盖了畜牧、水产及特种经济动物的养殖技术和疾病防治技术等。

本丛书应用了大量生产现场图片，形象直观，语言精练、简洁，深入浅出，重点突出，篇幅适中，并面向产业发展需求，密切联系生产实际，吸纳了最新科研成果，使读者能科学、快速地解决养殖过程中遇到的各种难题。本丛书表现形式新颖，大部分图书采用双色印刷，设有“提示”“注意”等小栏目，配有一些成功养殖的典型案例，突出实用性、可操作性和指导性。

本丛书针对性强，性价比高，易学易用，是广大养殖户和相关技术人员、管理人员不可多得的好参谋、好帮手。

祝大家学用相长，读书愉快！

赵广永

中国农业大学动物科技学院

前 言

牛是反刍动物，有发达的消化系统（胃就有四个，分别是瘤胃、网胃、瓣胃和皱胃），可以食用秸秆、树叶、干草等，饲料来源广，加之牛的产品种类多（可以生产牛肉、牛乳、牛皮等多种产品）、经济价值大、适应性强、易于饲养管理、生产成本低等特点，所以牛的养殖深受人们喜爱。

种草养牛具有诸多优点。第一，能够获得较多的营养物质和较好的经济效益。牧草光合效率高，生物产量大。同时，种草对土地条件、气候条件的要求相对宽松，不适宜种植粮食的沙化、退化、盐碱化、搁荒土地及贫瘠土地等均可以种植牧草，在同等土地和管理条件下，种草养牛的生产效益远远高于种植粮食作物。种草养牛可以延长产业链，带动农村相关产业发展，充分利用农村剩余劳动力，有效增加农民收入。第二，有利于农业的可持续发展。牧草生产以营养体收获为目的，牧草的整个植株都能为牛所利用，可实现资源的充分利用，同时牛的粪便又可为农业生产循环所利用，因此种草养牛生产最终产生的污染物很少，符合资源和环境可持续发展的要求，是实现农业可持续发展的技术保证。第三，改善生态环境。牧草不仅以其经济功能著称于世，而且由于其具有生态屏障、改土肥田、涵养水土、防风固沙、净化环境、调节气候、维护碳氧平衡等功效，对生态环境的改善和保护具有重要意义。第四，促进种植业发展。养牛业可以充分利用种植业生产的饲草，将其转化成肉、奶和皮等产品，促进种植业产品的有效转化和利用，提高种植业效益。第五，可以生产出绿色安全的优质产品。在种草养牛的生产过程中，种植业生产（牧草生产）最大限度地提高了肥料的利用率。牧草生产和作物生产相比，可不施用农药、除草剂，同时牛的粪尿回田又被牧草生产充分利用，最大限度地减少了对环境的污染，甚至实现零污染排放。在牛产品生产过程中使用自然饲料——牧草，不使用抗生素，生产的产品符合绿色食品的要求，产品更健康、更安全。因此，种草养牛将成为现代农业的必然选择，在农业产业结构调整中将发挥重要作用。

目前，我国种草养牛业刚刚起步，养殖技术不配套，生产水平偏低。为了普及种草养牛知识，推广种草养牛技术，促进种草养牛业的快速发展，特组织有关专家编写了《种草养牛》一书。

需要特别说明的是，本书所用药物及其使用剂量仅供读者参考，不可照搬。在生产实际中，所用药物学名、常用名与实际商品名称有差异，药物浓度也有所不同，建议读者在使用每一种药物之前，参阅厂家提供的产品说明以确认药物用量、用药方法、用药时间及禁忌等。购买兽药时，执业兽医有责任根据经验和对患病动物的了解决定用药量并选择最佳治疗方案。

在本书编写过程中，参考了较多的文献资料，在此向各位原作者表示感谢。由于编者水平有限，书中可能存在诸多不足，恳请广大读者提出宝贵意见。

编　者

目录

第四章　牧草生产及利用技术

第五章　牛的饲料和日粮配制技术

第六章　牛的繁殖技术

第七章　牛的饲养管理技术

第八章　牛疾病控制技术

附　录

参考文献

第一章 种草养牛的生产特点及效益分析

第一节 种草养牛的生产特点

草食农业（即种草养畜禽的现代农业）在单位土地面积上给人类提供的生物量和蛋白质远超籽实农业（即单纯生产粮食的农业）。发达国家的经验表明，在人类所经营的农作物中，种草的光合效率最高，经济效益最好。以多年生紫花苜蓿草为例，干草粗蛋白质含量高达24%～26%，按亩产（1亩≈666.7米^2）1500千克干草计算，亩产粗蛋白质近400千克。如果种谷物，年平均亩产按700千克计算，乘以8%的蛋白率，仅合56千克/亩，加上秸秆也超不过70千克粗蛋白。种草获取的生物量是种谷物的5～8倍。种植专用青贮玉米，每亩的生物产量（3000千克）、可消化养分（495千克）、可消化蛋白质（39千克）、胡萝卜素（105克），分别是籽实玉米的4.14、1.44、1.86和30.8倍。牛是草食家畜，种草养牛符合牛的生物学特性，具有广阔的生产前景和较高的经济价值。

一 种草养牛可以促进养牛业快速发展

牛是反刍动物，其消化器官在构造上最突出的特点是，牛的胃是由瘤胃（俗称毛肚。瘤胃分背囊和腹囊两部分，内部互通。胃壁做有节律的蠕动，以搅和内容物；胃黏膜上有许多叶状突起，有助于饲料的机械磨碎。其容积占整个胃容量的80%）、网胃（俗称蜂巢胃，形如小瓶状，黏膜上有许多形如蜂巢一样的小格子，其容积为胃的5%）、瓣胃（俗称重瓣胃或百叶肚）和皱胃（真胃，呈长梨形，黏膜光滑柔软，有十余个皱褶，能分泌胃液，其容积占胃的7%～8%）四部分组成，牛胃中内容物占整个消化道的68%～80%。其次，牛的肠道较长，为体高的20倍，仅次于羊。小肠一般长35～40米，大肠长8～9米。这些消化特点决定了牛的消化道可以容纳和利用大量的饲草和粗饲料。选择专门化的牧草品种，采用科学的栽培管理技术，充分发挥牧草能够充分利用光、热、水等自然资源的优势，在单位面积上生产数量更多、品质更好的饲料（如果种3亿亩地的紫花苜蓿，按最低产量计算，其生物产量起码相当于6亿亩的粮田），能够最大限度地满足牛对营养物质的需要，有利于养牛业的快速稳定发展。

二 种草养牛可以提高生产效益

在同等土地和管理条件下，种草养牛的生产效益远远高于种植粮食作物。种植禾本科牧草，如饲用高粱及其杂交种、青贮玉米等每公顷的生物产量可以满足10～15头奶牛的需要，每公顷效益可以高达2万元以上；每公顷苜蓿可以满足10～15头产奶牛一个产奶周期（每天饲喂量为2.5～3千克）的需要，每天在饲料中添加2.5千克苜蓿，每头奶牛一个产奶周期内每年可以多产奶500～1000千克，纯增效益3万元/公顷以上。种草养肉牛效益也可以达到2万元/公顷以上，这些是任何传统种植业都难以达到的。种草对土地条件、气候条件要求相对宽松，不适宜种植粮食的沙化、退化、盐碱化土地、撂荒土地及贫瘠土地等均可种植牧草，获得较多的营养物质和较好的经济效益。另外，种草养牛可以延长产业链，带动农村相关产业发展，充分利用农村剩余劳动力，有效增加农民收入。

三 种草养牛可以促进种植业发展

1. 可以为种植业提供巨大的转化市场

养牛业可以充分利用种植业生产的饲草等产品转化成肉、奶和皮等产品，将种植业产品有效转化和利用，提高种植业产品的销售价格和销售量，促进种草业的稳定持续发展。

2. 可以为种植业提供大量有机肥

种草养牛，增加了牛的养殖数量，进而可以增加有机肥的产量。利用农田种草，每公顷高产禾本科牧草可以满足 10～15 头牛。一头体重 400 千克的牛每年通过粪便排泄纯氮 24.8 千克、纯磷 11.7 千克、纯钾 29.2 千克，相当于尿素 53.9 千克、过磷酸钙 139.6 千克、硫酸钾 65.2 千克，能满足 0.1～0.2 公顷耕地有机肥的需要。建立牛多—肥多—粮多的良性循环，增加土壤有机质，提高土壤质量，可以促进种植业发展。

3. 可以有效改良土壤

牧草根系庞大，具有比农作物更强的有机质合成能力，种植牧草可以明显提高地力，牧草收割后留在土壤中的根系能够较快分解为可利用的有机质，促进土壤团粒结构形成，改善土壤理化性质。特别是豆科牧草，不仅根系发达，而且具有固氮功能，每公顷苜蓿每年可以固氮 225 千克，草木樨可以固氮 110～135 千克，种植豆科牧草相当于建设零成本的天然“氮肥加工厂”。草木樨等牧草还具有吸收盐碱的功能。种植牧草可以大幅度提高后茬作物产量，种植豆科牧草 3～4 年的土地，玉米等后茬作物产量一般可以提高 10%～20%。因此大力发展种草养牛是确保农业良性循环、实现农业可持续发展的必然选择。

四 种草养牛可以提高动物产品的安全性

同集约化的养猪及禽的养殖相比，牛的抗病能力更强，饲养过程中添加的添加剂及药物的需求量和使用量大为减少，所生产的产品也就更安全。在种草养牛的生产过程中，种植业生产（牧草生产）最大限度地提高了肥料的利用率，牧草生产和作物生产相比，可不施用农药、除草剂，同时牛的粪尿回田后又被牧草生产充分利用，最大限度地减少了对环境的污染，甚至实现零污染排放。牛产品的生产过程中使用自然饲料——牧草，不使用抗生素，生产的产品符合绿色食品的要求，产品更健康、安全。

五 种草养牛有利于农业的可持续发展

粮食作物生产是以收获籽实为目的，全国粮经作物稻秆的年产

生量在7亿吨左右，到目前为止，由于秸秆的有效利用仍存在技术瓶颈，在收获季节大量秸秆在田间地头被焚烧，这不仅是对资源的极大浪费，而且严重污染了环境。而牧草生产是以营养体收获为目的，牧草的整个植株都能为草食动物所利用，可实现资源的充分利用，同时牛的粪便又可为农业生产循环利用，因此种草养牛生产最终产生的污染物最少，符合资源和环境可持续发展的要求，是实现农业可持续发展的技术保证。

六 种草养牛可以改善生态环境

牧草不仅以其经济功能著称于世，而且由于其具有生态屏障、改土肥田、涵养水土、防风固沙、净化环境、调节气候、维护碳氧平衡等功效，对于生态环境的改善和保护具有重要意义。

牧草可以利用空气中的氮改良土壤。如苜蓿草每亩每年固氮30千克，三叶草、百脉根、平托落花生、罗顿豆、大翼豆、合欢草等豆科牧草利用空气中的氮改良土壤的作用非常大。草粮（田）轮作，效果极佳。

牧草可以节水耐旱，维护生态。节水、耐旱的牧草品种很多，有的年降雨量200毫米就可以获得高产（谷物少于800毫米都不行，降雨量低的地方就得人工浇水）。我国华北平原降雨量500～600毫米，抽水灌溉需水量非常大，结果地下水位下降，生态遭到严重破坏。分出一些耕地来种草就可以缓解这一矛盾。

牧草可以保持水土，防止流失。保持水土不流失，多年生牧草是最理想的作物。如在5度角的坡地上和什么都不种的白茬地，每公顷每年流失土壤7吨，种谷物等一年生作物可流失土壤3.5吨，人工林流失土壤0.9吨，而多年生牧草仅仅流失土壤0.02吨，种草在防止流失方面效果最佳。有关研究显示，在一定时间内降水量达到364毫米时，裸土地水土流失量为6.7吨/公顷，耕地为3.6吨/公顷、林地为600千克/公顷、草地仅有90千克/公顷，草地涵养水的能力比林地高0.5～3倍。苜蓿草根部能长入地下3～6米深，土层厚的甚至能扎下10米，可以保持水土不流失。

第二节　种草及种草养牛的效益分析

种草养牛可以获得优质的青饲料，提高牛的生产性能，减少精

饲料的消耗而增加效益。

一 种草的效益分析

选择某一牧草基地进行分析，基地一般春季种植黑麦草，每亩可以产鲜草5000千克，秋季种植高丹草，每亩可以产鲜草15 000千克，每亩草地成本在1250元（见表1-1），总产量20 000千克，平均每千克鲜草成本0.0625元。每千克鲜草市场价格0.2元，则每亩地收入可达2750.0元。

表1-1 牧草生产成本分析

	草种子	平整田地	种草人工费	割草人工费	土地租金	总成本
成本/(元/亩)	60	120	20	230	420	1250

如果种植粮食作物，秋季种植玉米，每亩地收入900元（500千克×1.8元/千克），夏季种植小麦，每亩地收入1100元（500千克×2.2元/千克），合计2000元。每亩粮食作物生产成本800元，净收入1200元。种草的收入可以比种植粮食作物增加1450元。

二 种草养牛的效益分析

1. 不同饲料结构的效益

（1）种植牧草饲养肉牛效益 选择某一肉牛养殖基地进行效益分析，基地占地600亩，建筑面积6000米^2，存栏肉牛600头，该公司以鲜草饲喂肉牛为主，犊牛体重200千克/头，每天每头牛饲喂青料20千克，经460天育肥至450千克出售，每千克售价26元，每头平均获利2252元（见表1-2）。

（2）利用农作物秸秆+精饲料养牛效益 选择某一肉牛养殖基地进行效益分析，该公司占地60亩，建筑面积5000米^2，存栏肉牛800头，主要利用玉米秸秆、花生藤等作为粗饲料，补充精饲料一般经240天可达到500千克，平均每天饲用粗饲料10千克、精饲料3千克，秸秆每千克0.2元，精饲料每千克3元，每头平均获利1894元（见表1-2）。

（3）利用牧草+酒糟+精饲料养牛效益 选择某一肉牛养殖基

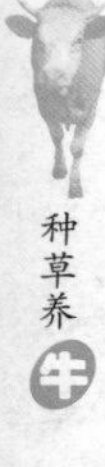

地进行了实地调查分析，该公司占地105亩，建筑面积1800米²，存栏肉牛160头。前期120天主要采取种草养牛，平均每头牛每天采饲鲜草15千克，精饲料1千克；后期150天添加酒糟和精饲料，平均每天采饲鲜草5千克，酒糟10千克（每千克0.4元），精饲料4千克（每千克3元），经270天育肥达到550千克，每头平均获利3316元（见表1-2）。

表1-2　不同饲料构成的效益

	购置犊牛/头	粗饲料/元	精饲料/元	牧草/元	人工费/元	房屋折旧/元	防疫药物费/元	水电费/元	管理费/元	总成本/元	总收入/元	利润/元
利用牧草	8000			566	460	190	20	61	86	9383	11 635	2252
利用农作物秸秆+精饲料	8000	480	2160		240	100	50	31	45	11 106	13 000	1894
利用牧草+酒糟+精饲料	8000	480（酒糟）	180	175	210	150	20	35	51	10 984	13 000	3316

2. 效益对比分析

上述三种不同饲料结构的效益对比分析，见表1-3。

表1-3　效益对比分析

	每亩牧草饲喂肉牛头数/头	出栏天数/天	日增重/千克	防疫药物费/元	效益/元
利用牧草养牛	2.2	460	0.57	20	2252
利用农作物秸秆+精饲料	0	240	1.25	50	1894
利用牧草+酒糟+精饲料	7.8	270	1.30	20	3316

从表 1-3 中可以看出，利用牧草 + 酒糟 + 精饲料养牛，经济效益最好，牧草养牛次之，秸秆 + 精饲料养牛效益最差；利用牧草 + 酒糟 + 精饲料养牛日增重效果最明显，秸秆 + 精饲料养牛次之，牧草养牛最低；利用牧草 + 酒糟 + 精饲料养牛、牧草养牛，肉牛健康状况较好，防疫药物费用较少，秸秆 + 精饲料养牛次之。所以，牧草 + 酒糟 + 精饲料养牛、种植牧草作为养牛的粗饲料，使得饲料成本降低，经济效益明显，特别是在育肥后期添加精饲料，效果更为明显。

一般种植经济作物或粮食作物每亩收益 1200 元左右，而种草养牛收益在 4300 元以上。因此，充分利用耕地、贫瘠土地和不适宜种植粮食作物的土地，通过种草与养牛的结合，可以增加种植和养殖效益。

第二章 牛品种的选择及牛的运输

第一节 常见牛品种介绍

一 肉牛品种

1. 夏洛莱牛

（1）产地及分布 夏洛莱牛原产于法国中西部到东南部的夏洛莱省和涅夫勒地区。以其生长快、肉量多、体型大、耐粗放等特性受到国际市场的广泛欢迎，输往世界许多国家，参与新型肉牛品种的育成、杂交繁育，或在引入国进行纯种繁殖。

（2）外貌特征 该牛最显著的特点是被毛为白色或乳白色，皮肤常有色斑；全身肌肉特别发达；骨骼结实，四肢强壮，体力强大。夏洛莱牛头小而宽，角圆而较长，并向前方伸展，角质蜡黄、颈粗短，胸宽深，肋骨方圆，背宽肉厚，体躯呈圆筒状，后躯、背腰和肩胛部肌肉发达，并向后面和侧面突出，常形成“双肌”特征。公牛常有双鬐甲和凹背的缺点。成年活重：公牛为1100~1200千克，母牛为700~800千克。

（3）生产性能 生长速度快，增重快，瘦肉多，而且肉质好，无过多的脂肪。在良好的饲养条件下，6月龄公犊可以达250千克，母犊达210千克。日增重可达1400克。产肉性能好，屠宰率一般为60%~70%，胴体瘦肉率为80%~85%。16月龄的育肥母牛胴体重达418千克，屠宰率为66.3%。夏洛莱母牛泌乳量较高，一个泌乳期可产奶2000千克，乳脂率为4.0%～4.7%。夏洛莱牛有良好的适应能力，耐寒抗热。夏季全日放牧时，采食快、觅食能力强，即使不补饲也能增重上膘。夏洛莱母牛发情周期为21天，发情持续期36小时，产后第一次发情需要时间为62天，妊娠期平均为286天。

（4）杂交利用效果 与黄牛杂交，杂交一代具有父系品种的明显特征，毛色多为乳白或草黄色，体格略大、四肢坚实、骨骼粗壮、胸宽尻平、肌肉丰满、性情温驯且耐粗饲，易于饲养管理，体重增长速度加快，杂种优势明显。我国两次直接由法国引进夏洛莱牛，在东北、西北和南方部分地区用该品种与我国黄牛杂交，取得了明显效果。

> **【提示】** 该牛是专门化大型肉用牛，与我国黄牛品种杂交时常用作父系。

2. 利木赞牛

（1）产地及分布 利木赞牛原产于法国中部的利木赞高原，主要分布在中部和南部的广大地区，数量仅次于夏洛莱牛。现在世界上许多国家都有该牛分布，属于专门化的大型肉牛品种。

（2）外貌特征 利木赞牛毛色为红色或黄色，背毛浓厚而粗硬，有助于抗拒严寒的放牧生活。口鼻周围、眼圈周围、四肢内侧及尾帚毛色较浅（即称“三粉特征”），角为白色，蹄为红褐色。头较短小，额宽，胸部宽深，体躯较长，后躯肌肉丰满，四肢粗短。利木赞牛全身肌肉发达，骨骼比夏洛莱牛略细，因而一般较夏洛莱牛小一些。平均成年活重：公牛为1100千克、母牛为600千克；在法国较好的饲养条件下，公牛活重可达1200～1500千克，母牛达600～800千克。

（3）生产性能 利木赞牛产肉性能好，胴体质量好，眼肌面积大，前后肢肌肉丰满，出肉率高，在肉牛市场上很有竞争力，其育肥牛屠宰率在65%左右，胴体瘦肉率为80%～85%，且脂肪少、肉味好、市场售价高。集约饲养条件下，犊牛断奶后生长很快，10月龄体重即达408千克，周岁时体重可达480千克左右，哺乳

期日增重为0.86～1.0千克。8月龄的小牛就可生产出具有大理石纹的牛肉。因此，利木赞牛是法国等一些欧洲国家生产牛肉的主要品种。

（4）杂交利用效果 我国从法国引入利木赞牛，在河南、山东、内蒙古等地改良当地黄牛，杂种优势明显。杂交后代体型改善，肉用特征明显，生长强度增大。目前，黑龙江、山东、安徽为主要供种区，现有改良牛约45万头。

> 【提示】 由于利木赞牛的犊牛出生体格小，具有快速的生长能力、良好的体躯长度和令人满意的肌肉量，因而被广泛用于经济杂交来生产小牛肉。

3. 皮埃蒙特牛

（1）产地及分布 皮埃蒙特牛原产于意大利北部的皮埃蒙特地区，原为役用牛，经长期选育，现已成为生产性能优良的专门化肉用品种。

（2）外貌特征 该牛体躯发育充分，胸部宽阔、肌肉发达、四肢强健，公牛皮肤为灰色，眼、睫毛、眼睑边缘、鼻镜、唇及尾巴端为黑色，肩胛毛色较深。母牛毛色为全白，有的个体眼圈为浅灰色，眼睫毛、耳郭四周为黑色，犊牛幼龄时毛色为乳黄色，4～6月龄胎毛退去后，呈成年牛毛色。牛角在12月龄变为黑色，成年牛的角底部为浅黄色，角尖为黑色，体型较大，体躯呈圆筒状，肌肉高度发达。成年活重：公牛不低于1000千克，母牛为500～600千克。平均体高：公牛和母牛分别为150厘米和136厘米。

（3）生产性能 皮埃蒙特牛肉用性能十分突出，其育肥期平均日增重1500克，生长速度为肉用品种之首。公牛屠宰适期为550～600千克活重，一般在15～18月龄即可达到此值。母牛14～15月龄体重可达400～450千克。肉质细嫩，瘦肉含量高，屠宰率一般为65%～70%。经试验测定，该品种公牛屠宰率可达到68.23%，胴体瘦肉率达84.13%，骨骼占13.60%，脂肪仅占1.50%。每100克肉中胆固醇含量只有48.5毫克。

（4）杂交利用效果 从意大利引进冻精及胚胎，在山东高密、河南南阳及黑龙江齐齐哈尔等地的胚胎中心，展开了皮埃蒙特牛的杂交改良。河南南阳地区对南阳牛的杂交改良，已显示出良好的效果。通过244天的育肥，2000多头皮埃蒙特牛与南阳黄牛的杂交后代创造了18月龄耗料800千克、获重500千克的国内最佳纪录，生长速度达国内肉牛领先水平。

【提示】 因其具有双肌肉基因，是目前国际公认的终端父本，已被多个国家引进，用于杂交改良。

4. 比利时蓝白牛

（1）产地及分布 比利时蓝白牛原产于比利时王国的南部，能够适应多种生态环境，在山地和草原都可饲养，是欧洲市场较好的双肌大型肉牛品种。山西省于1996年已少量引入该品种。河南省于1997年引进30头，犊牛初生重达50千克以上。

（2）外貌特征 比利时蓝白牛的毛色主要是蓝白色和白色，也有少量带黑色毛片的牛。体躯强壮，背直，肋圆。全身肌肉极度发达，臀部丰满，后腿肌肉突出，温顺易养。

（3）生产性能 成年活重：公牛为1250千克，母牛为750千克。早熟，幼龄公牛可用于育肥。经育肥的蓝白牛，胴体中可食部分比例大，优等者胴体中肌肉占70%、脂肪占13.5%、骨骼占16.5%。胴体一级切块率高，即使前腿肉也能形成较多的一级切块。肌纤维细，肉质嫩，肉质完全符合国际市场的要求。

（4）杂交利用效果 可作为父本，与荷斯坦牛或地方黄牛杂交，其杂交效果良好。

【提示】 适于做商品肉牛杂交的“终端父本”。

5. 海福特牛

（1）产地及分布 原产于英格兰西部的海福特郡，是世界上最古老的中小型早熟肉牛品种，现分布于世界上许多国家。

（2）外貌特征 具有典型的肉用牛体型，分为有角和无角两种。颈粗短，体躯肌肉丰满，呈圆筒状，背腰宽平，臀部宽厚，肌肉发

达，四肢短粗，侧望体躯呈矩形。全身被毛除头、颈垂、腹下、四肢下部及尾尖为白色外，其余均为红色，皮肤为橙黄色，角为蜡黄色或白色。

（3）生产性能　成年母牛为520～620千克，公牛为900～1100千克；犊牛初生重28～34千克。该牛7～18月龄的日增重为0.8～1.3千克；良好饲养条件下，7～12月龄平均日增重可达1.4千克以上。据载，加拿大一头公牛，育肥期日增重高达2.77千克。屠宰率一般为60%～65%，18月龄公牛活重可达500千克以上。该品种牛适应性好，在干旱高原牧场冬季严寒（－50～－48℃）的条件下，或夏季酷暑（38～40℃）条件下，都可以放牧饲养和正常生活繁殖，表现出良好的适应性和生产性能。

（4）杂交利用效果　与中国黄牛杂交，后代一般表现体格加大，体型改善，宽度提高明显；犊牛生长快，抗病耐寒，适应性好，体躯被毛为红色，但头、腹下和四肢部位多有白毛。

6. 短角牛

（1）产地及分布　原产于英格兰东北部的诺森伯兰郡、达勒姆郡。最初只强调育肥，到21世纪初已培育成为世界闻名的肉牛良种。近代短角牛有两种类型，即肉用短角牛和乳肉兼用型短角牛。

（2）外貌特征　肉用短角牛被毛以红色为主，有白色和红白交杂的沙毛个体，部分个体腹下或乳房部有白斑；鼻镜粉红色，眼圈色浅；皮肤细致柔软。该牛体型为典型肉用牛体型，侧望体躯为矩形，背部宽平，背腰平直，尻部宽广、丰满，股部宽而多肉。体躯各部位结合良好，头短，额宽平；角短细、向下稍弯，角呈蜡黄色或白色，角尖部为黑色，颈部被毛较长且多卷曲，额顶部有丛生的被毛。

（3）生产性能　成年活重：公牛为900～1200千克，母牛为600～700千克；公、母牛体高分别为136厘米和128厘米左右。早熟性好，肉用性能突出，利用粗饲料能力强，增重快，产肉多，肉质细嫩。17月龄活重可达500千克，屠宰率为65%以上。肌肉大理石纹好，但脂肪沉积不够理想。

（4）杂交利用效果　在东北、内蒙古等地改良当地黄牛，杂种牛毛色紫红，体型改善，体格加大，泌乳量提高，杂种优势明显。

【提示】乳用短角牛与吉林、河北和内蒙古等地的土种黄牛杂交，育成了乳肉兼用型新品种——草原红牛。其乳肉性能得到全面提高，表现出了很好的杂交改良效果。

7. 安格斯牛

（1）产地及分布 属于古老的小型肉牛品种。原产于英国的阿伯丁、安格斯和金卡丁等郡，因此得名。目前世界大多数国家都有该品种牛。

（2）外貌特征 安格斯牛以被毛黑色和无角为重要特征，故也称无角黑牛，也有红色类型的安格斯牛。该牛体躯低矮、结实、头小而方，额宽，体躯宽深，呈圆筒形，四肢短而直，前后裆较宽，全身肌肉丰满，具有现代肉牛的典型体型。

（3）生产性能 该牛适应性强，耐寒抗病。安格斯牛成年公牛活重为700～900千克，母牛为500～600千克，犊牛初生重25～32千克。成年体高，公、母牛分别为130.8厘米和118.9厘米。安格斯牛具有良好的肉用性能，被认为是世界上专门化肉牛品种中的典型品种之一。早熟，胴体品质高，出肉多。屠宰率一般为60%～65%，哺乳期日增重900～1000克。育肥期日增重（1.5岁以内）为0.7～0.9千克。肌肉大理石纹很好。

（4）杂交利用效果 安格斯牛改良务川黑牛、云南黄牛、延安本地牛等，其后代的体尺、体重和产肉性能、适应能力都得到明显提高。

【提示】改良后的母牛稍具神经质。

二 兼用牛品种

兼用牛品种是役肉兼用、肉乳兼用或乳肉兼用的育成品种，主要包括国外的西门塔尔、丹麦红牛、德国黄牛及国内的黄牛、三河牛、草原红牛和新疆褐牛。

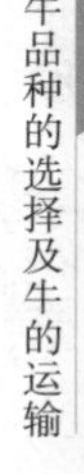

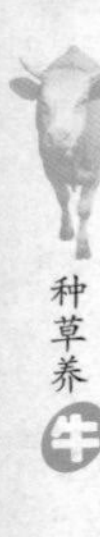

1. 秦川牛

（1）产地及分布 因产于陕西关中地区的“八百里秦川”而得名。其中以渭南、蒲城、扶风、岐山等15县市为主产区，尤以扶风、礼泉、乾县、咸阳、兴平、武功和蒲城等7个县市的秦川牛最为著名。目前全国各地都有养殖。

（2）外貌特征 秦川牛体格高大，骨骼粗壮，肌肉丰满，体质强健，前躯发育好，具有役肉兼用牛的体型。头部方正，肩长而斜。胸部宽深，肋长而弓。背腰平直宽长，长短适中，结合良好。荐骨稍隆起，后躯发育中等。四肢粗壮结实，两前肢相距较宽，蹄叉很紧。角短而钝。被毛细致有光泽，毛色多为紫红色及红色；鼻镜呈肉红色，部分个体有色斑；蹄壳和角多为肉红色。公牛头大颈短，鬐甲高而厚，肉垂发达；母牛头清目秀，鬐甲低而薄，肩长而斜，荐骨稍隆起，缺点是牛群中常见有尻稍斜的个体。

（3）生产性能 肉用性能比较突出，尤其经过数十年的系统选育，秦川牛不仅数量大大增加，而且牛群质量、等级、生产性能也有了很大提高。短期（82天）育肥后屠宰，18月龄和22.5月龄屠宰的公、母去势牛，其平均屠宰率分别58.3%和60.75%，净肉率分别为50.5%和52.21%，相当于国外著名的乳肉兼用品种水平。13月龄屠宰的公、母牛，其平均肉骨比（6：13）、瘦肉率（76.04%）和眼肌面积（公牛，106.5厘米^2），远远超过国外同龄肉牛品种。平均泌乳期为7个月，产奶量达715.8千克（最高达1006.75千克）。秦川牛常年发情，在中等饲养条件下，初情期为9.3月龄，成年母牛发情周期为20.9天，发情持续期平均39.4小时，妊娠期285天，产后第一次发情约需53天。秦川公牛一般12月龄性成熟，2岁左右配种。

（4）杂交利用效果 秦川牛适应性良好，全国已有20多个省区引进秦川公牛以改良当地牛，杂交效果良好。秦川牛作为母本，与荷斯坦牛、丹麦红牛、兼用短角牛杂交，杂交后代肉、乳性能均得到明显提高。

2. 南阳牛

（1）产地及分布 产于河南省南阳地区白河和唐河流域的广大

平原地区，以南阳市及其郊区、唐河、邓州、新野、镇平、社旗、方城等县市为主要产区。

（2）外貌特征 南阳牛体格高大，肌肉发达，结构紧凑，四肢强健，它的皮薄毛细，行动迅速，性情温顺，鼻镜宽，多为肉红色，其中部分带有黑点。公牛颈侧多有皱襞，尖峰隆起8~9厘米。毛色有黄、红、草白三种，以深浅不一的黄色为最多。一般牛的面部、腹部、四肢下部的毛色较浅。南阳牛的蹄壳以黄蜡色、琥珀色带血筋者较多。角型以萝卜角为主，公牛角基粗壮，母牛角细。鬐甲较高，肩部较突出，背腰平直，荐骨较高；额微凹；颈短厚而多皱褶，部分牛只胸部欠宽深，体长不足，尻部较斜，乳房发育较差。

（3）生产性能 产肉性能良好，15月龄育肥牛，体重达到441.7千克，日增重813克，屠宰率55.6%，净肉率46.6%，胴体产肉率83.7%，肉骨比为5∶1，眼肌面积92.6厘米^2；表现出肉质细嫩，颜色鲜红，大理石花纹明显，味道鲜美。泌乳期6~8个月，泌乳量600~800千克。南阳牛适应性强，耐粗饲。母牛常年发情，在中等饲养水平下，初情期在8~12月龄，初配年龄一般掌握在2岁。发情周期为17~25天，平均21天。妊娠期为250~308天，平均289.8天，产后发情约需77天。

（4）杂交利用效果 已被全国22个省区引入，与当地黄牛杂交。改良后的杂种牛体格高大，体质结实，生长发育快，采食能力强，耐粗饲，适应当地生态环境。四肢较长，行动迅速，毛色多为黄色，具有父本的明显特征。

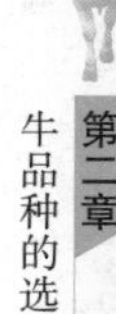

3. 晋南牛

（1）产地及分布 产于山西省南部晋南盆地的运城地区。晋南牛是经过长期不断地人工选育而形成的地方良种。

（2）外貌特征 属于大型役肉兼用品种，体格粗壮，胸围较大，躯体较长，成年牛的前躯较后躯发达，胸部及背腰宽阔，毛色以枣红为主，红色和黄色次之，富有光泽；鼻镜和蹄壳多呈粉红色。公牛头短，额宽，颈较短粗，背腰平直，垂皮发达，肩峰不明显，臀端较窄；母牛头部清秀，体质强健，但乳房发育较差。晋南牛的角为顺风角。

(3) 生产性能 产肉性能良好，18 月龄时屠宰中等营养水平饲养的该牛，其屠宰率和净肉率分别为 53.9% 和 40.3%；经高营养水平育肥者，其屠宰率和净肉率分别为 59.2% 和 51.2%。育肥的成年去势牛的屠宰率和净肉率分别为 62% 和 52.69%。晋南牛育肥日增重、饲料报酬、形成“大理石肉”等性能优于其他品种，晋南牛的泌乳期为 7~9 个月，泌乳量为 754 千克，乳脂率为 55%~61%。晋南牛的性成熟期为 10~12 月龄，初配年龄为 18~20 月龄，产犊间隔 14~18 个月，妊娠期 287~297 天，繁殖年限为 12~15 年，繁殖率为 80%~90%，犊牛初生重 23.5~26.5 千克。

(4) 杂交利用效果 用于改良我国一般黄牛的效果较好。改良牛的体尺和体重都大于当地牛，体型和毛色也酷似晋南牛。

4. 鲁西牛

(1) 产地及分布 产于山东省西南部的菏泽、济宁两地区，以郓城、鄄城、菏泽、嘉祥、济宁等县市为中心产区。在鲁南地区、河南东部、河北南部、江苏和安徽北部也有分布。

(2) 外貌特征 体躯高大，结构紧凑，肌肉发达，前躯较宽深，具有较好的役肉兼用体型。被毛从浅黄到棕红都有，但以黄色为最多，约占 70% 以上。一般前躯毛色较后躯深，公牛毛色较母牛的深。多数牛具有完全的“三粉特征”，即眼圈、口轮、腹下四肢内侧毛色较浅。垂皮较发达，角多为龙门角；公牛肩峰宽厚而高，胸深而宽，后躯发育差，尻部肌肉不够丰满，前高后低；母牛后躯较好，鬐甲低平，背腰短而平直，尻部稍倾斜，尾细长。

(3) 生产性能 肉用性能良好，据菏泽地区测定，18 月龄的育肥公、母牛的平均屠宰率为 57.2%，净肉率为 49.0%，肉骨比为 6∶1，眼肌面积 89.1 厘米^2。该牛皮薄骨细，肉质细嫩，大理石纹明显，市场占有率较高。总体上讲，鲁西牛以体大力强、外貌一致、品种特征明显、肉质良好而著称，但尚存在成熟较晚、日增重不高、后躯欠丰满等缺陷。鲁西牛繁殖能力较强，母牛性成熟早，公牛稍晚。一般 2~2.5 岁开始配种。此外，自有记载以来，鲁西牛从未流行过绦虫病，说明它有较强的抗绦虫病的能力。母牛性成熟早，有的 8 月龄即能受胎。一般 10~12 月龄开始发情，发情周期平均22 天，一般为 16 ~ 35 天，发情持续期 2 ~ 3 天。妊娠期平均 285 天，一般为 270 ~ 310 天。产后第一次发情平均需 35 天，一般为 22 ~ 79 天。

（4）杂交利用 利木赞牛与鲁西牛杂交，可以获得较好的效果。鲁西牛是我国著名的役肉兼用地方良种，以体大力强、肉质鲜美而著称，可以作为父本杂交改良我国其他役用牛。

【小常识】 中国黄牛广泛分布于我国各地。按地理分布划分，中国黄牛包括中原黄牛、北方黄牛和南方黄牛三大类型。在地方黄牛中体型大、肉用性能好的培育品种有秦川牛、南阳牛、鲁西牛、晋南牛等优良品种。

5. 延边牛

（1）产地及分布 延边牛是东北地区优良地方牛种之一，产于吉林省延边朝鲜族自治州，尤以延吉、珲春、和龙及汪清等县市的牛著称。现在东北三省均有分布，属寒温带山区的役肉兼用型品种。

（2）外貌特征 毛色为深浅不一的黄色，鼻镜呈浅褐色。被毛密而厚，皮厚有弹力。胸部宽深，体质结实，骨骼坚实，公牛额宽，角粗大，母牛角细长。鼻镜呈浅褐色，带有黑点。成年时平均活重：公牛 465.5 千克，母牛 365.2 千克；公、母牛体高分别为 130.6 厘米和 121.8 厘米，体长分别为 151.8 厘米和 141.2 厘米。

（3）生产性能 18 月龄育肥公牛平均屠宰率为 57.7%，净肉率 47.23%，眼肌面积 75.8 厘米^2；母牛泌乳期 6 ~ 7 个月，一般产奶量 500 ~ 700 千克；20 ~ 24 月龄初配，母牛繁殖年限 10 ~ 13 岁。

【提示】 延边牛耐寒、耐粗饲、抗病力强，适应性良好。体质结实，抗寒性能良好，适宜于林间放牧，是北方水稻田的重要耕畜，是寒温带的优良品种。

6. 蒙古牛

（1）产地及分布 广泛分布于我国北方各省、自治区，以内蒙古中部和东部为集中产区。

（2）外貌特征 毛色多样，但以黑色和黄色者居多，头部粗重，角长，垂皮不发达，胸较宽深，背腰平直，后躯短窄，尻部倾斜；四肢短，蹄质坚实。成年牛平均体重：公牛350~450千克，母牛206~370千克，地区类型间差异明显；公、母牛体高分别为113.5~120.9厘米和108.5~112.8厘米。

（3）生产性能 泌乳力较好，产后100天内，日均产乳5千克，最高日产8.10千克。平均含脂率5.22%。中等膘情的成年去势牛，平均屠宰前重376.9千克，屠宰率为53.0%，净肉率44.6%，眼肌面积56.0厘米^2。该牛繁殖率50%~60%，犊牛成活率90%；4~8岁为繁殖旺盛期。

【提示】 蒙古牛可终年放牧，在-50℃~35℃不同季节气温剧烈变化条件下能常年适应，且抓膘能力强，发病率低，是我国最耐干旱和严寒的少数几个品种之一。

7. 西门塔尔牛

（1）产地及分布 原产于瑞士西部的阿尔卑斯山区，主要产地为西门塔尔平原和萨能平原。现成为世界上分布最广、数量最多的乳、肉、役兼用品种之一。

（2）外貌特征 属宽额牛，角较细而向外上方弯曲，尖端稍向上。毛色为黄白花或红白花，身躯缠有白色胸带，腹部、尾梢、四肢、腓节和膝关节以下为白色。颈长中等，体躯长。属欧洲大陆型肉用体型，体表肌肉群明显易见，臀部肌肉充实，尻部肌肉深、多呈圆形。前躯较后躯发育好，胸深，尻宽平，四肢结实，大腿肌肉发达，乳房发育好。

（3）生产性能 成年公牛体重800~1200千克，母牛650~800千克。乳、肉用性能均较好，平均产奶量为4070千克，乳脂率3.9%。生长速度较快，平均日增重可达1.0千克以上，生长速度与其他大型肉用品种相近，胴体肉多，脂肪少而分布均匀，公牛育肥后屠宰率可达65%左右。成年母牛难产率低，适应性强，耐粗放管理。

【提示】 西门塔尔牛是兼具乳牛和肉牛特点的典型品种。

（4）杂交利用效果 改良各地黄牛都取得了比较理想的效果。西门塔尔牛与当地黄牛杂交后的 F_1 代、F_2 代 2 岁体重分别比黄牛提高 24.18% 和 24.13%，其中 F_2 代牛屠宰率比黄牛提高 9.25%。在产奶性能上，207 天的泌乳量，杂交一代为 1818 千克，二代为 2121.5 千克，三代为 2230.5 千克。

8. 德国黄牛

（1）产地及分布 原产德国和奥地利，其中德国数量最多，系瑞士褐牛与当地黄牛杂交选育而成。

（2）外貌特征 毛色为浅黄（奶油色）到浅红色，体躯长，体格大，胸深，背直，四肢短而有力，肌肉强健。母牛乳房大，附着结实。

（3）生产性能 成年公牛活重 900～1200 千克，母牛 600～700 千克；体高分别为 145～150 厘米和 130～134 厘米。屠宰率 62%，净肉率 56%，分别高于南阳牛 5.7% 和 4.9%。泌乳期泌乳量 4650 千克，乳脂率 4.15%，比南阳牛高 4 倍多。母牛初产年龄为 28 个月，犊牛初生重平均为 42 千克，难产率很低。小牛易肥育，肉质好，屠宰率高。去势小公牛育肥至 18 月龄时体重达 500～600 千克。

（4）杂交利用效果 河南省南阳牛育种中心、陕西省秦川肉牛良种繁育中心场引进饲养有批量的德国黄牛。国内许多地方拟选用该品种改良当地黄牛。

9. 丹麦红牛

（1）产地及分布 丹麦红牛原产于丹麦的西兰岛、洛兰岛及默恩等岛屿。1878 年育成，以泌乳量、乳脂率及乳蛋白率高而闻名于世，现在许多国家都有分布。

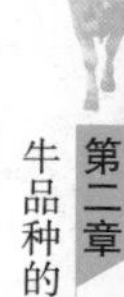

（2）外貌特征 被毛呈一致的紫红色，不同个体间也有毛色深浅的差别；部分牛只的腹部、乳房和尾帚部生有白毛。该牛体躯长而深，胸部向前突出；背腰平直，尻宽平；四肢粗壮结实；乳房发达而匀称。

（3）生产性能 成年牛活重，公牛 1000～1300 千克，母牛 650 千克；其体高分别为 148 厘米和 132 厘米；犊牛初生重 40 千克。产肉性能较好，屠宰率平均 54%，育肥牛胴体瘦肉率 65%。犊牛哺乳期日增重较高，为 0.7～1.0 千克。性成熟早，耐粗饲、耐寒、耐

热，采食快，适应性强。丹麦红牛的产乳性能也好，年平均产奶量为6712千克，乳脂率为4.21%，乳蛋白率为3.30%，高产个体305天奶量超过1万千克。

（4）杂交利用效果 吉林省和原西北农业大学引入该牛，改良辽宁、陕西、河南、甘肃、宁夏、内蒙古、福建等省区的当地黄牛，效果良好。如用丹麦红牛改良秦川牛，杂种一代公、母犊牛的初生重比秦川牛分别提高24.1%和49.2%。杂种一代牛30、90、180、360日龄体重分别比本地秦川牛提高了43.9%、30.6%、4.5%和23.0%。杂种牛背腰宽广，后躯宽平，乳房大。杂种一代牛在农户饲养的条件下，第一泌乳期225.2天泌乳2015千克，杂种优势十分明显。

10. 三河牛

（1）产地及分布 三河牛产于内蒙古呼伦贝尔草原的三河（额尔古纳河、得勒布尔河、哈乌尔河）地区，是我国培育的第一个乳肉兼用品种，含西门塔尔牛血液。

（2）外貌特征 三河牛毛色以黄白花、红白花片为主，头白色或有白斑，腹下、尾尖及四肢下部为白色毛。头清秀，角粗细适中，体躯高大，骨骼粗壮，结构匀称，肌肉发达，性情温驯。角稍向上向前弯曲。

（3）生产性能 平均活重：公牛1050千克，母牛547.9千克；体高分别为156.8厘米和131.8厘米。初生重：公牛为35.8千克，母牛为31.2千克。三河牛年泌乳量在2000千克左右，条件好时可达3000~4000千克，乳脂率一般在4%以上。该牛产肉性能良好，未经肥育的去势牛，屠宰率一般为50%~55%，净肉率44%~48%，肉质良好，瘦肉率高。该牛由于个体间差异很大，在外貌和生产性能上，表现均不一致，有待于进一步改良提高。

【提示】 适应寒冷能力特强，可以肯雪放牧。

11. 草原红牛

（1）产地及分布 草原红牛是由吉林省白城地区、内蒙古赤峰市、锡林郭勒盟南部和河北省张家口地区联合育成的一个兼用型新品种，1985 年正式命名为“中国草原红牛”。

（2）外貌特征 大部分有角，角多伸向前外方，呈倒八字形，略向内弯曲。全身被毛为紫红色或红色，部分牛的腹下或乳房有白斑；鼻镜、眼圈粉红色。体格中等大小。

（3）生产性能 成年活重：公牛为 700 ~ 800 千克，母牛 450 ~ 500 千克；初生重：公牛为 37.3 千克，母牛为 29.6 千克；成年牛体高：公牛 137.3 厘米，母牛 124.2 厘米。在放牧为主的条件下，第一胎平均泌乳量为 1127.4 千克，年均沁乳量为 1662 千克；泌乳期为 210 天左右。18 月龄去势牛经放牧肥育，屠宰率达 50.84%，净肉率 40.95%。短期育肥牛的屠宰率和净肉率分别达到 58.1% 和 49.5%，肉质良好。繁殖性能良好，繁殖成活率为 68.5% ~ 84.7%。

> **【提示】** 草原红牛适应性好，耐粗放管理，对严寒酷热的草场条件耐力强，且发病率很低。

12. 新疆褐牛

（1）产地及分布 新疆褐牛原产于新疆伊犁、塔城地区。由瑞士褐牛和阿拉塔乌牛与当地黄牛杂交育成。

（2）外貌特征 被毛为深浅不一的褐色，额顶、角基、口腔周围及背线为灰白或黄白色。体躯健壮、肌肉丰满。头清秀、嘴宽、角中等大小，向侧前上方弯曲，呈半椭圆形，颈适中，胸较宽深，背腰平直。

（3）生产性能 成年体重：公牛平均为 950.8 千克，母牛为 430.7 千克。母牛体高一般为 121.8 厘米，泌乳量 2100 ~ 3500 千克，高的个体泌乳量达 5162 千克；乳脂率 4.03% ~ 4.08%，乳中干物质 13.45%。该牛产肉性能良好，在伊犁、塔城牧区天然草场放牧 9 ~ 11 个月屠宰测定，1.5 岁、2.5 岁和去势牛的屠宰率分别为 47.4%、50.5% 和 53.1%，净肉率分别为 36.3%、38.4% 和 39.3%。

> **【提示】** 新疆褐牛适应性好，可在极端温度 −40℃ 和 47.5℃ 下放牧，抗病力强。

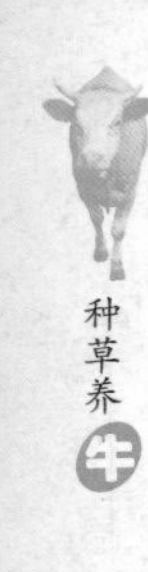

三 奶牛品种

1. 中国荷斯坦奶牛

（1）产地及分布 中国荷斯坦奶牛又称中国黑白花奶牛，是19世纪末先后从荷兰、德国、加拿大及苏联、日本等国引进的荷斯坦（黑白花）奶牛同中国黄牛进行杂交选育而成的优良品种。根据其培育方式和体格标准的不同，中国荷斯坦奶牛又分为大、中、小型，其中大型为乳用型，中、小型为乳肉兼用型。目前，中国荷斯坦牛多为乳用型，少数为乳肉兼用型。中国荷斯坦牛分布于全国各地。

（2）外貌特征 中国荷斯坦奶牛毛色多呈黑白花或白黑花，体质细致结实，结构匀称，泌乳系统发育良好，乳房质地柔软富有弹性，附着紧凑，乳静脉明显，乳头分布和大小适中，体姿和四肢端正。中国荷斯坦牛有良好的繁殖性能、泌乳性能和产肉性能。

（3）生产性能 成年牛体高为130～136厘米，平均泌乳量为5000千克左右，最高产奶牛可泌乳6500～7500千克（重点育种场的乳牛，全群年平均泌乳量已达到7000千克以上，305天泌乳期泌乳量达到1万千克以上乳牛的数量已经很多）；未经肥育的母牛和去势公牛，屠宰率平均可达50%以上，净肉率在40%以上。

（4）杂交利用效果 中国荷斯坦奶公牛对本地黄母牛进行级进杂交，体尺、体重和泌乳量随级进代数明显提高。而含脂率随级进代数而降低，发病率随级进代数而增加。故级进杂交以不超过四代为宜。用中国荷斯坦奶公牛与三河母牛杂交，提高泌乳量更为明显，在第三胎时一个泌乳期泌乳量，一代、二代和三代杂种分别可达到4024千克、5160千克和6515千克，比三河牛分别提高25.8%、61.3%和103.6%。甘肃省用中国荷斯坦奶公牛与秦川牛杂交，也取得显著效果。

> 【提示】 中国荷斯坦奶牛适应高温能力较差；气温降至零度以下对泌乳量也无明显变化。

2. 荷斯坦牛

（1）原产地及分布 荷斯坦牛原名荷斯坦·费里森牛（也叫黑

白花奶牛），原产于荷兰的荷兰省和西费里兹兰省，后被世界各国引进培育成适合当地环境的优秀奶牛品种，是世界上产奶量最高的奶牛品种。荷斯坦牛在世界各地分布最广，也提供了世界各地的大部分奶量。

（2）外貌特征 荷斯坦牛是乳用牛中最大的品种，母牛体重为500～700千克，公牛为800～1300千克。犊牛初生重为40～50千克。荷斯坦牛具有典型的乳用型牛外貌特征，成年母牛体型从前望、上望、侧望均呈楔形，后躯发达；体格高大，结构匀称，被毛细短；乳房庞大、发达且结构良好，乳静脉粗大而多弯曲，乳头大小适中匀称；毛色特点为界限分明的黑白花片，额部多有白星，四肢下部、腹下和尾帚为白色毛。

（3）生产性能 荷斯坦牛在乳用品种中产奶量最高，其产奶量在4500～5500千克，最好的母牛可产6000～10 000千克或更多，终生产奶量一般都在70 000千克以上。荷兰牛乳脂肪球小，乳色发白，平均乳脂率过去为3.45%，近年来已增加到3.70%左右；未经肥育的母牛及去势公牛，屠宰率可达50%以上，净肉率40%以上。

（4）杂交利用效果 荷斯坦牛改良我国黄牛效果也很突出，改良后的杂种较本地牛的体重约提高80%～100%，杂种一代的年产奶量约为2000～2500千克，二代为2700～3200千克，三代以上接近荷斯坦牛的产奶量，约在4000千克以上，杂种牛比较耐粗饲，而且也可使役，三四代杂种牛经过横交，自群繁育，已育成中国荷斯坦牛。

第二节 牛的选择和运输

一 牛的选择

1. 肉用牛的选择

（1）选择原则 选择架子大、增重快、瘦肉多、脂肪少、无疾病的牛。

（2）品种类型 我国肉牛类型有国外肉牛、本地耕牛（优良的地方黄牛品种）、奶牛（公牛犊）、杂种牛（国外优良肉牛品种与我国本地黄牛杂交的杂交牛）以及淘汰的老牛等。在我国目前最好选

择夏洛莱牛、利木赞牛、皮埃蒙特牛、西门塔尔牛等肉用或肉乳兼用牛做肉牛，也可自行利用纯种的夏洛莱、利木赞、西门塔尔、海伏特、安格斯等公牛与奶牛或本地牛杂交所生的后代做肉牛，或利用我国地方黄牛良种，如晋南黄牛、秦川牛、南阳黄牛和鲁西黄牛等。但以纯种肉牛和杂种牛及奶公犊较好。如果当地没有以上牛种，也可利用奶公牛与本地黄牛杂交的后代，其生长速度和饲料利用率一般都较高，饲养周期短，见效快，收益大。

（3）年龄 如果利用小牛做肉牛，以选择12月龄以前的犊牛最佳，其次为12～18月龄，再饲养2～6个月出栏；如果利用退役耕牛或淘汰奶牛，则要求牙齿大部分完好，能正常取食，不影响反刍消化。

（4）性别 一般宜选公牛做育肥肉牛，其次选去势牛，最次选母牛。因为公牛增重最快，饲料转化率和瘦肉率均高，且胴体瘦肉多，脂肪少。但对2周岁以上的公牛育肥时，应先去势，否则其肌纤维粗糙，且肉带腥味，食用价值降低。如果选择已去势的架子牛，则选择早去势的为好，3～6月龄去势的牛可以减少应激，加速头、颈及四肢骨骼的雌化，提高出肉率和肉的品质。

（5）体形外貌 理想的育肥架子牛外貌特征：体型大，肩部平宽，胸宽深，背腰平直而宽广，腹部圆大，肋骨弯曲，臀部宽大，头大，鼻孔大，嘴角大深，鼻镜宽大湿润，下颚发达，眼大有神，被毛细而亮，皮肤柔软而疏松并有弹性，用拇指和食指捏起皮肤一拉，像橡皮筋，用手指插入后裆部一握，一大把皮，这样的牛长肉多，易育肥。

一般情况下1.5～2岁或15～21月龄的牛，体重应在300千克以上，体高和胸围最好大于其所处月龄发育的平均值。

（6）膘情 架子牛由于其营养状况不同，膘情也不同，可通过肉眼观察和触摸来判断。应注意肋骨、脊骨、背腰凹陷的部位、腰角和臀端肌肉丰满情况，如果骨骼明显外露，则膘情为中下等；若骨骼外露不明显，但手感较明显则为中等；若手感较不明显，表明肌肉较丰满，则为中上等。

（7）健康状况 选购时要向原饲养者了解牛的来源、饲养役用历史及生长发育情况等，并通过牵牛走路、观察眼睛神采和鼻镜是否潮湿以及粪便是否正常等特征，对牛的健康状况进行初步判断；必要时应请兽医师诊断，重病牛不宜选购，小病牛也要待治好后再肥育。

2. 奶牛的选择

我国饲养奶牛品种中，95%以上是中国荷斯坦牛（中国黑白花牛）。选择奶牛时：一看体形。体格高大，皮薄骨细，瓜子脸，眼大有神。二看毛色。黑白相间，膝关节以下、尾巴的后2/3及额头有白色毛，乳蛋白率比较高。三看乳房。前伸后延，附着良好，乳静脉发达，乳房毛少，乳区端正。四看反刍。牛群中70%的牛食后躺卧，80%的奶牛在反刍。五看谱系。好的奶牛品种来自于优秀的公牛和母牛，而且要看检疫记录，这一点要引起购牛者的注意。

二 牛的运输

1. 运输时间

牛运输最佳季节应选择春、秋季，这两个季节温度适宜，牛出现应激反应现象比其他季节少。夏季运输时热应激较多，白天应在运输车厢上安装遮阳网，减少阳光直接照射。冬天运牛要在车厢周围用帆布挡风防寒冷。

2. 运输车辆

选用货车运输较为合适，牛在运输途中装卸各需1次即可到达目的地，给牛造成的应激反应比较小。运输途中押运人员饮食和牛饮水比较方便，也便于途中经常检查牛群的情况，发现牛只有异常情况能及时停车处理。如果是火车运输，则需装卸多次才能到达目的地，牛出现应激反应较大，牛出现异常情况无法及时处理。车型要求：使用高护栏敞篷车，护栏高度应不低于1.8米。车身长度根据运输肉牛头数和体重选择适合的车型。同时还要在车厢靠近车头顶部用粗的木棒或钢管捆扎一个1米^{2}左右的架子，将饲喂的干草堆放在上面。

3. 车厢内防滑

在牛上车前，必须在车厢地板上放置干草或草垫20~30厘米，并铺垫均匀，因为牛可能连续几天吃睡都在车厢里，牛粪尿较多，

使车厢地板很湿滑，垫草可以防止牛滑倒或摔倒。

4. 饮水桶和草料的准备

在牛装车之前应准备胶桶或铁桶两个，不要使用塑料桶。另外还要准备1根长10米左右的软水管，便于在停车场接自来水给牛饮水。根据调运地的实际情况选用饲草，一般首选苜蓿草，其次选用当地质量较好的、牛喜食的当家草，最次要配备羊草。准备的草捆中严禁混有发霉变质的饲草。要预估几天路程，每天每头牛需要多少草料，计算出草料总量，备足备好，保证只多不少。干草捆可放在车厢的顶部，用帆布或塑料布遮盖，防止途中雨水浸湿变质。

5. 药品的配备

运输车上要配备的药品有：青霉素、链霉素、安乃近、氨基比林、碘酊、过氧化氢、酚磺乙胺等。另外，在途中为了降低应激反应，还要备好葡萄糖粉、口服补液盐、水溶性多维等抗应激药物。

6. 牛的装车

一般选择清晨或傍晚开始装车，每车装载牛的数量根据车身的长短来决定，车长12米的可装未成年牛（体重300千克左右）20~25头。在装车过程中如发现有外伤或有病的牛，还要及时剔除。牛上车后，要核对奶牛耳牌号和数量，并登记造册，在确认隔离场方、调牛方和承运司机三方签字无误后方可出隔离场。

7. 办好检疫证明

在长途运输时沿途经过多个省市，每个省都设有动物检疫站，押运人一定要将车辆进站进行防疫消毒，不要冲关逃避检疫消毒。同时还要准备好相关的检疫证明，如出县境动物检疫合格证明和动物及动物产品运载工具消毒证明等。

8. 运输过程中的饲喂

在运输之前，应该对待运的牛进行健康状况检查，体质瘦弱的牛不能进行运输。在刚开始运输的时候应控制车速，让牛有一个适应的过程，在行驶途中规定车速不能超过每小时80公里，急转弯和停车均要先减速，避免紧急刹车；牛在运输前只喂半饱就行。牛在长途运输中，每头牛每天喂干草5~6千克。但必须保证牛每天饮水1~2次，每次10升左右。为减少长途运输带来的应激反应，可在饮水中添加适量的电解多维或葡萄糖。

9. 防止牛应激

由于突然改变饲养环境，车厢内活动空间受到限制，青年牛应激反应较大，免疫力会下降。因此汽车在起步或停车时要慢、平稳，中途要匀速行驶。长途运输过程中，押运人每行驶2～5小时要停车检查1次，尽最大努力减少运输引起的应激反应，确保牛能够顺利抵达目的地。

在运输途中发现牛患病，或因路面不平、急刹车造成牛滑倒，关节扭伤或关节脱位，尤其是发现有卧地牛时，不能对牛只粗暴地抽打、惊吓，应用木棒或钢管将卧地牛与其他牛只隔开，避免其他牛只踩踏。要采取简单方法治疗，主要以抗菌、解热、镇痛的治疗方法为主，针对病情用药。奶牛如有外伤，可用碘酊、过氧化氢涂抹，流血不止的可注射酚磺乙胺、维生素K_3等。

10. 运输后的管理

到达目的地后，将牛慢慢从车上卸下来，赶到指定的牛舍中进行健康检查，挑出病牛，隔离饲养，做好记录，加强治疗，尽快恢复患病牛的体能。

牛经过长时间的运输，路途中没有饲喂充足的草料和饮水，突然看到草料和水就容易暴饮暴食。所以需要准备适量的优质青草，控制饮水，青草料减半饲喂。可在饮水中加入适量电解多维和葡萄糖，有利于更好地恢复生产体能。

新购回的牛相对集中后，在单独圈舍进行健康观察和饲养过渡10～15天。第一周以粗饲料为主，略加精饲料；第二周开始逐渐加料至正常水平，同时结合驱虫，确保肉牛健康无病及检疫正常后再转入大群。

第三章 牛场建设及环境控制技术

第一节 牛场的建设

一 场址选择

1. 地势和地形

场地地势高燥、避风、阳光充足，这样可防潮湿，有利于排水。其地下水位应在2米以下，即地下水位需在青贮窖底部0.5米以下，要向阳背风。牛场的地面要平坦且稍有坡度（长度方向的高差不超过2.5%），坡向应与水流方向相同。山区地势变化大，面积小，坡度大，可结合当地实际情况而定，但要避开悬崖、山顶、雷区等地。地形应开阔整齐，尽量少占耕地，并留有余地来发展，理想的地形是正方形或长方形，尽量避免狭长形或多边角，以减少隔离设施的投入和提高场地的利用率。

2. 土壤

场地的土壤应该具有较好的透水透气性能，抗压性好和洁净卫生，有利于保持牛舍及运动场的清洁与干燥，有利于防止蹄病等疾病的发生，有利于牛舍的建造。土壤的生物学指标见表3-1。

表 3-1　土壤的生物学指标

污染情况	每千克土寄生虫卵数/个	每千克土细菌总数/万个	每克土大肠杆菌值/个
清洁	0	1	0.001
轻度污染	1～10	—	—
中等污染	10～100	10	0.02
严重污染	>100	100	0.5～1.0

注：清洁和轻度污染的土壤适宜做场址。

3. 水源

场地的水量应充足，能满足牛场内的人、牛饮用和其他生产、生活用水量，并应考虑防火和未来发展的需要。要求水质良好，符合饮用标准的水最为理想，不含毒素及重金属。此外在选择时还要调查当地是否因水质不良而出现过某些地方性疾病等。水源要便于取用、便于保护，设备投资少，处理技术简单易行。通常以井水、泉水、地下水为好。

【提示】 每头成年牛每天耗水量为60千克。

4. 草料

饲草、饲料的来源，尤其是粗饲料，决定了牛场的规模。牛场应距牧场、干草、秸秆和青贮料资源较近，以保证草料供应，减少成本，降低费用。

【提示】 一般应考虑5千米半径内的饲草资源，根据有效范围内年产各种饲草、秸秆总量，减去原有草食家畜消耗量，剩余的富余量便可决定牛场的规模。

5. 交通

便利的交通是牛场对外进行物质交流的必要条件，但距公路、铁路和飞机场过近时，噪声会影响牛的正常休息与消化，人流、物流频繁也易使牛患传染病，所以牛场应距交通干线1000米以上，距

一般交通线100米以上。

6. 社会环境

牛场应选择在居民点、村庄的下风向，径流的下方，距离居民点不少于500米，其海拔不得高于居民点，以避免牛排泄物、饲料废弃物、患传染病的尸体等对居民区的污染，同时防止居民区对牛场的干扰。为避免居民区与牛场的相互干扰，可在两地之间建立树林隔离区。牛场附近不应有超过90分贝噪声的工矿企业，不应有肉联、皮革、造纸、农药、化工等有毒有污染危险的工厂。

7. 其他因素

我国幅员辽阔，南北气温相差较大，应减少气象因素的影响，如北方不要将牛场建设于西北风口处。山区牧场还要考虑建在放牧出入方便的地方。牧道不要与公路、铁路、水源等交叉，以避免污染水源和防止发生事故。场址大小、间隔距离等，均应遵守卫生防疫要求，并应符合配备的建筑物和辅助设备及牛场远景发展的需要。

【小知识】 场地面积根据每头牛所需面积80～130米^2（奶牛场100～150米^2）确定；牛舍及运动场的面积为场地总面积的40%～50%。由于牛体大小、生产目的、饲养方式等不同，每头牛占用的牛舍面积也不一样。肥育牛每头所需面积为1.6～4.6米^2，通栏肥育牛舍有垫草的，每头牛占2.3～4.6米^2。成年奶牛舍每头牛占地面积为8～10米^2，奶牛运动场所所需面积为12～20米^2。

二 牛场规划布局

牛场规划布局的要求是应从人和牛的保健角度出发，建立最佳的生产联系和卫生防疫条件，合理安排不同区域的建筑物，特别是在地势和风向上进行合理的安排和布局。牛场一般分成管理区、生产辅助区、生产区、病畜隔离与粪污处理区四大功能区（如图3-1所示），各区之间应保持一定的卫生间距。

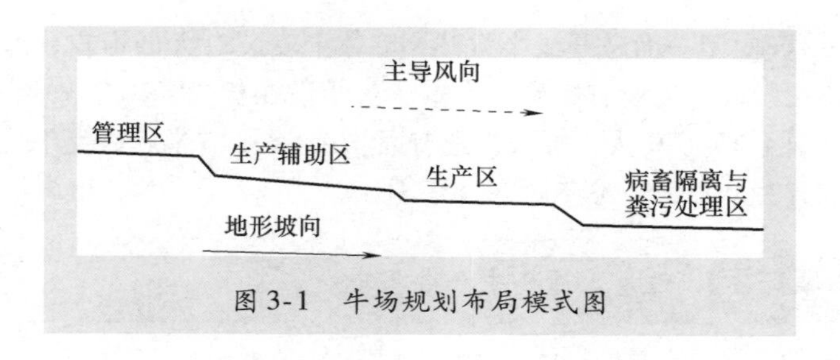

图 3-1　牛场规划布局模式图

三 牛舍的设计和建设

1. 牛舍的类型及特点

牛舍按墙壁的封闭程度可分为封闭式、半开放式、开放式和棚舍式；按屋顶的形状可分为钟楼式、半钟楼式、单坡式、双坡式和拱顶式；按牛床的排列形式可分为单列式、双列式和多列式；按舍饲的对象可分为成年母牛舍、犊牛舍、育成牛舍（架子牛舍）、育肥牛舍和隔离观察舍等。

（1）棚舍　或称凉亭式牛舍，有屋顶，但没有墙体。在棚舍的一侧或两侧设置运动场，用围栏围起来。棚舍结构简单，造价低。

> **【提示】** 棚舍适用于温暖地区和冬季不太冷的地区的成年牛舍。

在炎热季节，为了避免牛受到强烈的太阳照射，缓解热应激对牛体的不良影响，可以修建凉棚。凉棚的轴向以东西向为宜，避免阴凉部分移动过快；顶棚材料有秸秆、树枝、石棉瓦、钢板瓦以及草泥挂瓦等，根据使用情况和固定程度确定材料和结构。如长久使用可以选择草泥挂瓦、夹层钢板瓦、双层石棉瓦等，如果临时使用或使用时间很短，可以选择秸秆、树枝等搭建。秸秆和树枝等搭建的棚舍，只要顶棚达到一定厚度，其隔热作用就会较好，棚下凉爽；棚的高度一般为3～4米，棚越高越凉爽。冬季可以使用彩条布、塑料布以及草帘将北侧和东西侧封闭起来，避免寒风直吹牛体。

（2）半开放牛舍

① 一般半开放牛舍。这是半开放牛舍有屋顶，三面有墙（墙上

有窗户），向阳一面敞开或半敞开，墙体上安装有大的窗户，有部分顶棚，在敞开一侧设有围栏，水槽、料槽设在栏内，肉牛散放其中。每舍（群）15～20头，每头牛占有面积4～5平方米。这类牛舍造价低，节省劳动力，但冷冬防寒效果不佳。

➡ **【提示】** 适用于青年牛和成年牛。

② 塑料暖棚牛舍。这是近年北方寒冷地区推出的一种较保温的半开放牛舍。与一般半开放牛舍比，保温效果较好。塑料暖棚牛舍三面全墙，向阳一面有半截墙，有1/2～2/3的顶棚。向阳的一面在温暖季节露天开放，寒季在露天一面用竹片、钢筋等材料做支架，上覆单层或双层塑料，两层膜间留有间隙，使牛舍呈封闭的状态，借助太阳能和牛体自身散发的热量，使牛舍温度升高，防止热量散失。

➡ **【提示】** 适用于各种肉牛。

修筑塑膜暖棚牛舍要注意：一是选择合适的朝向，塑膜暖棚牛舍需坐北朝南，南偏东或西不要超过15°，牛舍南面至少10米应无高大建筑物及树木遮蔽；二是选择合适的塑料薄膜，应选择对太阳光透过率高、对地面长波辐射透过率低的聚氯乙烯等塑料薄膜，其厚度以80～100微米为宜；三是合理设置通风换气口，棚舍的进气口应设在南墙，其距地面高度以略高于牛体高为宜，排气口应设在棚舍顶部的背风面，上设防风帽，排气口的面积以20厘米×20厘米为宜，进气口的面积是排气口面积的一半，每隔3米设置一个排气口；四是有适宜的棚舍入射角，棚舍的入射角应大于或等于当地冬至时太阳高度角；五是注意塑料薄膜坡度的设置，塑膜与地面的夹角应以55°～65°为宜。

（3）封闭式牛舍 封闭式牛舍四面有墙和窗户，顶棚全部覆盖，分单列封闭牛舍和双列封闭牛舍。单列封闭牛舍只有一排牛床，牛舍宽6米，高2.8～3.2米，舍顶可修成平顶也可修成脊形顶，这种牛舍跨度小，易建造，通风好，但散热面积相对较大。双列封闭牛舍内设有两排牛床，两排牛床多采取对头式，中央为通道。牛舍宽10～12米，高2.7～2.9米，脊形顶棚。

➡【提示】单列封闭牛舍适用于小型牛场。双列封闭牛舍适用于规模较大的牛场，以每栋舍饲养100头肉牛为宜。

（4）装配式牛舍 装配式牛舍以钢材为原料，工厂制作，现场装备，属敞开式牛舍。屋顶为镀锌板或太阳板，屋梁为角铁焊接；“U”字形食槽和水槽为不锈钢制作，可随牛只的体高随意调节；隔栏和围栏为钢管。装配式牛舍室内设置与普通牛舍基本相同，其适用性、科学性主要表现在屋架、屋顶和墙体及可调节饲喂设备上。

➡【提示】装配式牛舍技术先进，适用、耐用和美观，且制作简单，省时，造价适中。

2. 牛舍的结构

牛舍结构包括基础、屋顶及顶棚、墙、地面及楼板、门窗、楼梯等（其中屋顶和外墙组成牛舍的外壳，将牛舍与外部隔开，屋顶和外墙称外围护结构）。牛舍的结构不仅影响到牛舍内环境的控制，而且影响到牛舍的牢固性和利用年限。

3. 牛舍的设计

（1）牛舍的内部设计 需要设置牛床、饲槽、饲喂通道、清粪通道、粪尿沟以及牛栏和颈枷等。

① 牛床。必须保证牛舒适、安静地休息，保持牛体清洁，并容易打扫。牛床一定要坚固、平坦防滑、排水良好，通常有1.0%～1.5%的坡度。牛床要保暖性好，便于清除粪尿。

肉牛牛床常用短牛床，牛的前身靠近饲料槽后壁，后肢接近牛床的边缘，使粪便能直接落在粪沟内。牛床的长度一般为160～180厘米。牛床的宽度取决于牛的体型，一般为60～120厘米。

奶牛一般采用链条拴系饲养。牛床长度175～185厘米，如果牛床太短，牛站在粪沟边上或粪沟内，易引起趾的损伤。牛床宽度以1.2米为宜。牛床太窄，可使牛只起卧困难，容易挫伤跗部而造成关

节肿胀。

目前牛床都采用水泥面层，并在后半部设防滑线。冬季，为降低寒冷对牛生产的影响，需要在牛床上加铺垫物。最好采用橡胶等材料铺作牛床面层。

【注意】 在牛站立的后半部要设防滑线，线间距50毫米，宽为500毫米，长100毫米，成菱角形。

牛床规格直接影响牛舍的规格，不同类型的牛需要牛床规格不同。见表3-2。

表3-2　牛舍内牛床规格

类　　别	长度/米	宽度/米	坡度（%）
繁殖母牛	1.6～1.8	1.0～1.2	1.0～1.5
犊牛	1.2～1.3	0.6～0.8	1.0～1.5
架子牛	1.4～1.6	0.9～1.0	1.0～1.5
育肥牛	1.6～1.8	1.0～1.2	1.0～1.5
分娩母牛	1.8～2.2	1.2～1.5	1.0～1.5
成年奶牛舍	1.75～1.85	1.2～1.5	1.0～1.5

② 饲槽。采用单一类型的全日粮配合饲料，即用青贮料和配合饲料调制成混合饲料，在采用舍饲散栏饲养时，大部分精饲料在舍内饲喂，青贮料在运动场或舍内食槽内采食，青、干草一般在运动场上饲喂。饲槽位于牛床前，通常为统槽。饲槽长度与牛床宽度相等，饲槽底平面高于牛床5厘米。饲槽需坚固，表面光滑不透水，多为砖砌水泥砂浆抹面，饲槽底部平整，两侧弧形，以适应牛用舌采食的习性。槽底向排水口的方向稍有坡度，便于清洗与消毒。为了不妨碍牛的卧息，饲槽前壁（靠牛床的一侧）应做成一定弧度的凹形窝。也有采用无帮浅槽的，把饲喂通道加高30～40厘米，前槽帮高20～25厘米（靠牛床），槽底部高出牛床10～15厘米。这种饲槽有利于饲料车运送饲料，饲喂省力。采食不“窝气”，通风好。牛的饲槽尺寸见表3-3。

表3-3　牛的饲槽尺寸

类别	槽内（口）宽/厘米	槽有效深/厘米	前槽沿高/厘米	后槽沿高/厘米
奶牛	60	40	25 ~ 30	60 ~ 70
成年牛	60	35	45	65
育成牛	50 ~ 60	30	30	65
犊牛	40 ~ 50	10 ~ 12	15	35

③ 饲喂通道。饲喂通道设在牛食槽前面，宽度为1.6 ~ 2.0米（奶牛舍一般宽度为1.2 ~ 1.5米），一般贯穿牛舍中轴线，通道坡度为1%。

④ 清粪通道与粪尿沟。清粪道的宽度要满足运输工具的往返和牛的出入，且注意防滑。宽度一般为1.5 ~ 1.7米（奶牛舍宽度应为1.6 ~ 2.0米），路面要有1%的拱度。通道标高低于牛床的地面5厘米。

在牛床与清粪通道之间一般设有排粪尿明沟。排粪明沟宽度为32 ~ 35厘米，深度为5 ~ 15厘米（奶牛舍沟深为5 ~ 18厘米），沟底应为方形，便于用锹除粪。粪尿沟有6%的排水坡度，向下水道倾斜。当深度超过20厘米时，应设漏缝沟盖，以免胆小牛不越或失足时下肢受伤。

⑤ 牛栏和颈枷。牛栏位于牛床与饲槽之间，和颈枷一起用于固定牛只，牛栏由横杆、主立柱和分立柱组成，每两个主立柱间距离与牛床宽度相等，主立柱之间有若干分立柱，分立柱之间距离为10 ~ 12厘米，颈枷两边分立柱之间距离为15 ~ 20厘米。最简便的颈枷为下颈链式，用铁链或结实绳索制成，在内槽沿上有固定环，绳索系于牛颈部、鼻环、角之间和固定环之间。此外，直链式、横链式颈枷也常用到。

（2）不同类型牛舍的设计　专业化肉牛场一般只饲养育肥牛，牛舍种类简单，只需要肉牛舍；自繁自养的肉牛场和奶牛场牛舍种类复杂，需要有犊牛舍、育肥舍、繁殖牛舍和分娩牛舍。

① 犊牛舍。犊牛舍必须考虑屋顶的隔热性能和舍内的温度及昼夜温差，所以墙壁、屋顶、地面的设计均应重视。并注意门窗安排，避免穿堂风。初生牛犊（0 ~ 7日龄）对温度的适应力较差，所以南

方气温高的地方注意防暑。在北方，重点在于防寒，冬天初生犊牛舍可用厚垫草。犊牛舍不宜用煤炉取暖，可用火墙、暖气等，初生犊牛舍冬季室温宜在10℃左右，2日龄以上因需放室外运动，所以注意室内外温差不超过8℃。

犊牛舍可分为两部分，即初生犊牛栏和犊牛栏。初生犊牛栏，长1.8~2.8米，宽1.3~1.5米，过道侧设长0.6米、宽0.4米的饲槽，门宽0.7米。犊牛栏之间用高1米的挡板相隔，饲槽端为栅栏（高1米）带颈枷，地面高出10厘米，向门方向做1.5%坡度，以便清扫。犊牛栏长1.5~2.5米（靠墙为粪沟，也可不设），过道端设统槽，统槽与牛床间以带颈枷的木栅栏相隔，高1米，每头犊牛占地面积3~4米^2。

② 肉牛舍。肉牛舍可以采用封闭式、开放式或棚舍。要求具有一定保温隔热性能，特别是夏季防热。肉牛舍的跨度由清粪通道、饲槽宽度、牛床长度、牛床列数、粪尿沟宽度和饲喂通道等因素决定。一般每栋牛舍容纳牛50~120头。以双列对头为好。牛床长加粪尿沟需2.2~2.5米，牛床宽0.9~1.2米，中央饲料通道1.6~1.8米，饲槽宽0.4米。

③ 繁殖牛舍。繁殖牛舍的规格和尺寸同肉牛舍。

④ 成年奶牛舍。一般采用链条拴系饲养。牛床宽度1.2米，饲料通道宽度为1.2~1.5米，其他同肉牛舍。

⑤ 分娩牛舍。分娩牛舍多采用密闭舍或有窗舍，有利于保持适宜的温度。饲喂通道宽1.6~2米，牛走道（或清粪通道）宽1.1~1.6米，牛床长度1.8~2.2米，牛床宽度1.2~1.5米。可以是单列式，也可以是多列式。

（3）门窗的设计 牛舍门洞大小依牛舍而定。繁殖母牛舍、育肥牛舍门宽1.8~2.0米，高2.0~2.2米；犊牛舍、架子牛舍门宽1.4~1.6米，高2.0~2.2米。繁殖母牛舍、犊牛舍、架子牛舍的门洞数要求有2~5个（每一个横行通道一般设门洞1个），育肥牛舍1~2个。高2.1~2.2米，宽2~2.5米。门一般设成双开门，也可设上下翻卷门。封闭式的窗应大一些，高1.5米，宽1.5米，窗台距地面1.2米高为宜。

【小知识】 奶牛舒适的场所条件：一是足够的地面垫料；二是足够的休息区域；三是足够的起卧进出空间；四是挡胸板不应高于10.16～15.24厘米，并且边缘圆滑。

四 辅助性建筑和设施设备

1. 辅助性建筑

（1）运动场 运动场是牛休闲的地方，与肢蹄病发病高低密切相关。运动场与牛舍相隔5米，宜设在牛舍南侧向阳地方，便于绿化。每头种公牛、成年奶牛、青年和育成牛、犊牛的运动场面积分别为：15～25米^2、15～20米^2、10～15米^2、5～8米^2。奶牛运动场地应该干燥、平坦，同时要有4%的坡度利水（其中央较高，向东、西、南三面倾斜）。除靠近牛舍的一边外，其他三边必须开排水沟，以便在下大雨、暴雨时排除场内的积水，并且经常保持运动场的整洁和干燥。运动场四周还要建围栏。围栏可以用水泥柱或钢管做支柱，用钢筋棍将其连在一起，也可用石料做围栏。成年母牛、青年牛、育成牛围栏高度均为1.4～1.6米；犊牛为1.2～1.4米。运动场可以使用砖、三合土或石块铺设。运动场应搭设遮阴、避雨的凉棚，或采用隔栏式的休息棚。场内还应设饮水槽，旁边另设盛矿物质饲料和食盐的槽子。

（2）草料库 草料库的大小根据饲养规模、粗饲料的储存方式、日粮的精粗料比重等确定。用于贮存切碎粗饲料的草料库应建得高一些，一般为5～6米。

【注意】 草料库的窗户离地面也要高，至少为4米。草料库应设防火门，距下风向建筑物应大于50米。

（3）饲料加工场 饲料加工场包括原料库、成品库、饲料加工间等。原料库应能够贮存肉牛场10～30天所需要的各种原料，成品库可略小于原料库，库房内应宽敞、干燥、通风良好。室内地面应高出室外30～50厘米，地面以水泥地面为宜，房顶要具有良好的隔热、防水性能，窗户要高，门窗注意防鼠，整体建筑注意防火等。

（4）青贮窖或青贮池　青贮窖或青贮池应建在饲养区，靠近牛舍的地方，位置适中，地势宜高，防止粪尿等污水浸入污染，同时要考虑进出料时运输方便，降低劳动强度。根据地势、土质情况，可建成地下式或半地下式长方形或方形的青贮窖，长方形青贮窖的宽、深比以1∶(1.5～2) 为宜，长度据需要量确定。

2. 设施设备

（1）消毒室和消毒池　在生产区大门口和人员进入饲养区的通道口，分别修建供车辆和人员消毒的消毒池和消毒室。车辆用消毒池的宽度以略大于车轮间距为宜，参考尺寸为长3.8米、宽3米、深0.1米，池底低于路面，坚固耐用，不渗水（见图3-2）；人员消毒室（见图3-3）大小可根据外来人员的数量设置，一般为串联的2个小间，其中一个为消毒室，内设小型消毒池和洗浴设施或紫外线灯，紫外线灯每平方米功率2～3瓦，另一个为更衣室。人员消毒池，参考尺寸为长2.8米、宽1.4米、深0.1米。池内放入踏脚垫并浸湿药液供消毒使用。

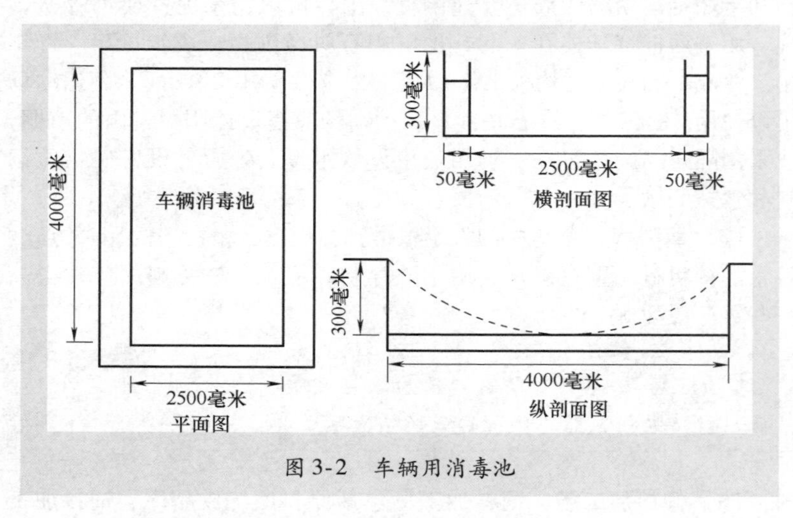

图3-2　车辆用消毒池

（2）沼气池　建造沼气池，把牛粪、牛尿、剩草、废草等投入沼气池封闭发酵，产生的沼气可作为生活或生产用燃料，经过发酵的残渣和废水是良好的肥料。目前，普遍推广水压式沼气池，这种沼气池具有受力合理、结构简单、施工方便、适应性强、就地取材、成本较低等优点。

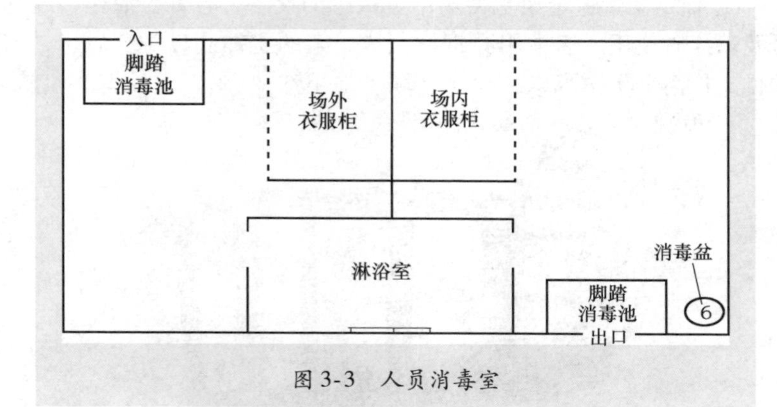

图 3-3　人员消毒室

（3）地磅　对于规模较大的牛场，应设地磅，以便对各种车辆和牛等进行称重。

（4）装卸台　可减轻装车与卸车的劳动强度，同时减少牛的损伤。装卸台可建成宽 3 米、长 8 米的驱赶牛的坡道，坡的最高处与车厢平齐。

（5）排水设施与粪尿池　牛场应设有废弃物储存、处理设施，防止泄露、溢流、恶臭等对周围环境造成污染。粪尿池设在牛舍外、地势低洼处，且应在运动场相反的一侧，池的容积以能储存 20～30 天的粪尿为宜，粪尿池必须位于饮水井 100 米以外。牛舍粪尿沟与粪尿池之间设地下排水管，向粪尿池方向应有 2%～3% 的坡度。

（6）补饲槽和饮水槽　在运动场的适当位置或凉棚下设置补饲槽和饮水槽，以供牛群在运动场采食粗饲料和随时饮水。根据牛的数量决定饲槽和饮水槽的数量和长短。每个饲槽长 3～4 米，高0.4～0.7米，槽上宽 0.7 米，底宽 0.4 米。每 30 头牛左右要有一个饮水槽，用水时加满，至少在早晚各加水 1 次，水槽要抗寒防冻。也可以用自动饮水器。

（7）清粪形式及设备　牛舍的清粪形式有机械清粪、水冲清粪和人工清粪。我国牛场多采用人工清粪。机械清粪中采用的主要设备有连杆刮板式，适于单列牛床；环行链刮板式，适于双列牛床；双翼形推粪板式，适于舍饲散栏饲养牛舍。

（8）保定设备 包括保定架、鼻环、缰绳与笼头、吸铁器。

① 保定架。保定架是牛场不可缺少的设备，打针、灌药、编耳号及治疗时使用。通常用圆钢材制成，架的主体高度160厘米，前颈枷支柱高200厘米，立柱部分埋入地下约40米，架长150厘米，宽65～70厘米。也有活动式保定架，见图3-4。

图3-4 活动式保定架

② 鼻环。鼻环有两种类型：一种用不锈钢材料制成，质量好又耐用，但价格较高；另一种用铁或铜材料制成，质地较粗糙，材料直径4毫米左右，价格较低。农村用铁丝自制的圈，易生锈，不结实，易将牛鼻拉破引起感染。

③ 缰绳与笼头。缰绳与笼头为拴系饲养方式所必需，采用围栏散养方式可不用缰绳与笼头。缰绳通常系在鼻环上以便牵牛；笼头套在牛的头上，抓牛方便，而且牢靠。缰绳材料有麻绳、尼龙绳，每根长1.6米左右，直径0.9～1.5厘米。

④ 吸铁器。由于牛采食是不经咀嚼直接将饲料吞入口中，若饲料中混有铁钉、铁丝等则容易误食，一旦吞入，无法排出，造成牛的创伤性网胃炎或心包炎。吸铁器有两种：一种用于体外，即在草料传送带上安装磁力吸铁装置；另一种用于体内，称为磁棒吸铁器。使用时将磁棒吸铁器放入病牛口腔近咽喉部，灌水促使牛吞入瘤胃，随着瘤胃蠕动，经过一定时间，慢慢取出，瘤胃中混有的细小铁器吸附在磁力棒上一并带出。

（9）饲料生产与饲养器具 大规模生产饲料时，需要各种作业机械，如拖拉机和耕作机械。制作青贮时，应有青贮料切碎机；一般肉牛育肥场可用手推车给料，大型育肥场可用拖拉机等自动或半自动给料装置给料；切草用的铡刀、大规模饲养用的铡草机；还有称料用的计量器，有时需要压扁机或粉碎机等。

第二节　牛场的环境控制

一 场区的环境管理

1. 合理规划牛场

牛场不仅要做好分区规划，还要注意牛舍朝向、牛舍间距、牛场道路、贮粪场以及绿化等设计。

（1）牛舍朝向和间距　牛舍朝向直接影响到牛舍的温热环境维持和卫生，一般应以当地日照和主导风向为依据，使牛舍的长轴方向与夏季主导风向垂直。如我国夏季盛行东南风，冬季多为东北风或西北风，所以，南向的牛场场址和牛舍朝向是适宜的。牛舍之间应该有 20 米左右的距离。

（2）牛场道路　牛场设置清洁道和污染道，清洁道供饲养管理人员、清洁的设备用具、饲料和健康牛等进入使用；污染道供清粪、污浊的设备用具、病死和淘汰牛等进出使用。清洁道在上风向，与污染道不交叉。

（3）贮粪场　牛场设置粪尿处理区。粪场可设置在多列牛舍的中间，靠近道路，有利于粪便的清理和运输。贮粪场（池）设置应注意：一是贮粪场应设在生产区和牛舍的下风处，与住宅、牛舍之间保持一定的卫生间距（距牛舍 30 ~ 50 米），并应便于运往农田或做其他处理；二是贮粪池的深度以不受地下水浸渍为宜，底部应较结实。贮粪场和污水池要进行防渗处理，以防粪液渗漏流失污染水源和土壤；三是贮粪场底部应有坡度，使粪水可流向一侧或流向集液井，以便取用；四是贮粪池的大小应根据每天牛场排粪量多少及贮藏时间长短而定。

（4）绿化　绿化不仅可以美化、净化环境，改善小气候，而且有防疫防火的作用。做好场界林带、场区隔离林带的设置，做好场

内外道路两旁的绿化，运动场设置遮阴林。

2. 隔离卫生和消毒

牛场隔离卫生和消毒是维持场区良好环境和保证牛体健康的基础。

（1）严格隔离 隔离是指阻止或减少病原进入肉牛体的一切措施，这是控制传染病的重要且常用的措施，其意义在于严格控制传染源，有效防止传染病的蔓延。

① 牛场的一般隔离措施。除了做好牛场的规划布局外，还要注意牛场周围设置隔离设施（如隔离墙或防疫沟），牛场大门设置消毒室（或淋浴消毒室）和车辆消毒池，生产区中每栋建筑物门前要有消毒池。进入牛场的人员、设备和用具只能经过大门消毒以后方可进入；引种时要隔离饲养，观察无病后方可大群饲养等。

② 发病后的隔离措施。一是分群隔离饲养。在发生传染病时，要立即仔细检查所有的牛，根据牛的健康程度不同，可采取不同的牛群隔离管理措施（见表3-4）。二是禁止人员和牛流动。禁止牛、饲料、养牛的用具在场内和场外流动，禁止其他畜牧场、饲料间的工作人员的来往以及场外人员来肉牛场参观。三是紧急消毒。对环境、设备、用具每天消毒一次并适当加大消毒液的用量，提高消毒效果。当传染病被扑灭后，经过2周不再发现病肉牛时，进行一次全面彻底的消毒后，才可以解除封锁。

表3-4 不同牛群的隔离措施

肉牛群	隔离措施
病牛	在彻底消毒的情况下，把症状明显的肉牛隔离在原来的场所，在偏僻、易于消毒的地方单独或集中饲养，专人饲养，加强护理、观察和治疗，饲养人员不得进入健康牛群的牛舍。要固定所用的工具，注意对场所、用具的消毒，出入口设有消毒池，进出人员必须经过消毒后，方可进入隔离场所。粪便进行无害化处理，其他闲杂人员和动物避免接近。如经查明，场内只有极少数的牛患病，为了迅速扑灭疫病并节约人力和物力，可以扑杀病牛
可疑病牛	与传染源或其污染的环境（如同群、同笼或同一运动场等）有过密切的接触，但无明显症状的牛，有可能处在潜伏期，并有排菌、排毒的危险。对可疑病牛所用的用具必须消毒，然后将其转移到其他地方单独饲养，紧急接种和投药治疗，同时限制活动场所，平时注意观察

（续）

肉牛群	隔离措施
假定健康牛	无任何症状，一切正常，要将这些牛与上述两类牛分开饲养，并做好紧急预防接种工作。同时加强消毒，仔细观察，一旦发现病牛，要及时消毒、隔离。此外，对污染的饲料、垫草、用具、牛舍和粪便等进行严格消毒；妥善处理好尸体；做好杀虫、灭鼠、灭蚊蝇工作。在整个封锁期间，禁止由场内运出和向场内运进

（2）卫生与消毒 保持牛场和牛舍的清洁和卫生，定期进行全面的消毒，可以减少病原的种类和含量，防止或减少疾病发生。

3. 水源防护

牛场水源的水质必须符合卫生要求（见表3-5）。

表3-5 牛饮用水水质标准

	项目	畜（禽）标准
感官性状及一般化学指标	色度≤	30
	浑浊度≤	20
	臭和味	不得有异臭异味
	肉眼可见物	不得含有
	总硬度（按 $CaCO_3$ 计，毫克/升）≤	1500
	pH≤	5.0～5.9（6.4～8.0）
	溶解性总固体（毫克/升）≤	1000（1200）
	氯化物（按 Cl 计，毫克/升）≤	1000（250）
	硫酸盐（SO_2^{2-} 计，毫克/升）≤	500（250）
细菌学指标	总大肠杆菌群数（个/100 毫升）≤	成畜 10；幼畜和禽 1
毒理学指标	氟化物（按 F^- 计毫克/升）≤	2.0
	氰化物（毫克/升）≤	0.2（0.05）
	总砷（毫克/升）≤	0.2
	总汞（毫克/升）≤	0.01（0.001）
	铅（毫克/升）≤	0.1
	铬（六价，毫克/升）≤	0.1（0.05）
	镉（毫克/升）≤	0.05（0.01）
	硝酸盐（按 N 计，毫克/升）≤	30

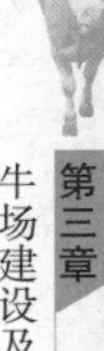

牛在生产过程中，用水量很大，如牛的饮水、粪尿的冲刷、用具及设施的消毒和洗涤，以及生活用水等。不仅在选择牛场场址时应将水源作为重要因素考虑，而且牛场建好后还要注意水源的防护，其措施如下。

（1）水源位置适当 水源位置要选择远离生产区的管理区内，远离其他污染源，并且建在地势高燥处。牛场可以自建深水井和水塔，深层地下水经过地层的过滤作用，又是封闭性水源，水质水量稳定，受污染的机会很少。

（2）加强水源保护 水源周围没有工业和化学污染以及生活污染（不得建厕所、粪池垃圾场和污水池）等，并在水源周围划定保护区，保护区内禁止一切破坏水环境生态平衡的活动以及破坏水源保护林、护岸林、与水源保护相关植被的活动；严禁向保护区内倾倒工业废渣、城市垃圾、粪便及其他废弃物；运输有毒有害物质、油类、粪便的船舶和车辆一般不准进入保护区；保护区内禁止使用剧毒和高残留农药，不得滥用化肥，不得使用炸药、毒品捕杀鱼类；避免污水流入水源。

（3）搞好饮水卫生 定期清洗和消毒饮水用具和饮水系统，保持饮水用具的清洁卫生。保证饮水的新鲜。

（4）注意饮水的检测和处理 定期检测水源的水质，受污染时要查找原因，及时解决；当水源水质较差时要进行净化和消毒处理。

4. 污水处理

牛场必须专设排水设施，以便及时排除雨、雪水及生产污水。全场排水网分主干和支干，主干主要是配合道路网设置的路旁排水沟，将全场地面径流或污水汇集到几条主干道内排出；支干主要是各运动场的排水沟，设于运动场边缘，利用场地倾斜度，使水流入沟中排走。排水沟的宽度和深度可根据地势和排水量而定，沟底、沟壁应夯实，暗沟可用水泥管或砖砌，如暗沟过长（超过200米），应增设沉淀井，以免污物淤塞，影响排水。但应注意，沉淀井距供水水源应在200米以上，以免造成污染。污水经过处理达标后才可排放；被病原体污染的污水，要进行消毒处理。

➡【提示】 比较实用的方法是化学药品消毒法。先将污水处理池的出水管用一木闸门关闭，将污水引入污水池后，加入化学药品（如漂白粉或生石灰）进行消毒。消毒药的用量视污水量而定（一般1升污水用2～5克漂白粉）。消毒后，将闸门打开，使污水流出。

5. 灭鼠

鼠是人、畜多种传染病的传播媒介，鼠还盗食饲料，咬坏物品，污染饲料和饮水，危害极大，牛场必须加强灭鼠。

化学灭鼠效率高、使用方便、成本低、见效快，缺点是可能会引起人、畜中毒，而且有些鼠对药剂有选择性、拒食性和耐药性。所以，使用时需选好药剂，注意使用方法，以保安全有效。灭鼠药剂种类很多，主要有灭鼠剂、熏蒸剂、烟剂、化学绝育剂等。化学灭鼠应当使用慢性长效灭鼠药，如溴敌隆、敌鼠钠盐等。

牛场化学灭鼠要注意定期和长期结合。定期灭鼠有三个时机：一是在牛群淘汰后，切断水源，清走饲料，此时投放毒饵的效果最好；二是在春季鼠类繁殖高峰期，此时的杀灭效果也较好；三是秋季天气渐冷，外部的老鼠迁入舍内之际。在这三个时机灭鼠，能达到事半功倍的效果。长期灭鼠的方法是在室内外老鼠活动的地方放置一些毒饵盒。毒饵盒要让老鼠容易进入和通过，而又要使其他动物不能接触毒饵。要经常更换毒饵。

牛场的鼠类以饲料库、牛舍最多，这两处是灭鼠的重点场所。饲料库可用熏蒸剂毒杀鼠类。

⚠【注意】 投放毒饵时，要防止毒饵混入饲料中。鼠尸应及时清理，以防被人、畜误食而发生二次中毒。选用鼠喜爱的食物做饵料，突然投放，饵料充足，分布广泛，以保证灭鼠的效果。常用的药物是慢性灭鼠药物，如敌鼠钠盐等。

6. 杀昆虫

蚊、蝇、蚤、蜱等吸血昆虫会侵袭牛并传播疫病，因此，在肉

牛生产中，要采取有效的措施防止和消灭这些昆虫。

（1）环境卫生 搞好牛场环境卫生，保持环境清洁、干燥，是杀灭蚊蝇的基本措施。蚊虫需在水中产卵、孵化和发育，蝇蛆也需在潮湿的环境及粪便等废弃物中生长。因此应填平无用的污水池、土坑、水沟和洼地。保持排水系统畅通，对阴沟、沟渠等定期疏通，勿使污水储积。对贮水池等容器加盖，以防蚊蝇飞入产卵。对不能清除或加盖的防火贮水器，在蚊蝇滋生季节，应定期换水。永久性水体（如鱼塘、池塘等），蚊虫多滋生在水浅而有植被的边缘区域，修整并加大边岸坡度，填充浅湾，能有效地防止蚊虫滋生。牛舍内的粪便应定时清除，并及时处理，贮粪池应加盖并保持四周环境的清洁。

（2）生物杀灭 利用天敌杀灭害虫，如池塘养鱼即可达到鱼类治蚊的目的。此外，应用细菌制剂——内菌素杀灭吸血蚊的幼虫，效果良好。

（3）化学杀灭 化学杀灭是使用天然或合成的毒物，以不同的剂型（粉剂、乳剂、油剂、水悬剂、颗粒剂、缓释剂等），通过不同途径（胃毒、触杀、熏杀、内吸等），毒杀或驱逐蚊蝇。化学杀虫法具有使用方便、见效快等优点，是当前杀灭蚊蝇的较好方法。

7. 粪便处理

牛粪尿中的尿素、氨以及钾磷等，均可被植物吸收。但粪中的蛋白质等未消化的有机物，要经过腐熟分解成氨或铵，才能被植物吸收。所以，肉牛的粪尿可做底肥。为提高肥效，减少肉牛粪中的有害微生物和寄生虫卵的传播与危害，肉牛粪在利用之前最好先经过发酵处理。

① 处理方法。将牛粪尿连同其垫草等污物，堆放在一起，最好覆盖一层泥土，让其增温、腐熟。或将牛粪、杂物倒在固定的粪坑内（坑内不能积水），待粪坑堆满后，用泥土覆盖严密，使其发酵、腐熟，经15~20天便可开封使用。经过生物热处理过的肉牛粪肥，既能减少有害微生物、寄生虫的危害，又能提高肥效，减少氨的挥发。肉牛粪中残存的粗纤维虽肥分低，但对土壤具有疏松的作用，可改良土壤结构。

② 利用方法。直接将处理后的牛粪用作各类旱作物、瓜果等经

济作物的底肥。其肥效高，肥力持续时间长；或将处理后的牛粪尿加水制成粪尿液，用作追肥喷施植物，不仅用量省、肥效快，而且增产效果也较显著。粪液的制作方法是将牛粪存于缸内（或池内），加水密封10～15天，经自然发酵后，滤出残余固形物，即可喷施农作物。尚未用完或缓用的粪液，应继续存放于缸中封闭保存，以减少氨的挥发。

③ 生产沼气。固态或液态粪污均可用于生产沼气。沼气是厌气微生物（主要是甲烷细菌）分解粪污中的含碳有机物而产生的一种混合气体，其中甲烷约占60%～75%，二氧化碳占25%～40%，还有少量氧、氢、一氧化碳、硫化氢等气体。将牛粪、牛尿、垫料、污染的草料等投入沼气池内，经封闭发酵生产出的沼气，可用于照明、做燃料或发电等。沼气池在厌氧发酵过程中可杀死病原微生物和寄生虫，发酵粪便产气后的沼渣还可再用作肥料。

二 牛舍的环境控制

影响牛群生活和生产的主要环境因素有温度、湿度、气流、光照、有害气体、微粒、微生物、噪声等。在科学合理地设计和建筑牛舍、配备必须设备设施以及保证良好的场区环境的基础上，加强对牛舍环境的控制，保证牛舍良好的小气候，为牛群的健康和生产性能的提高创造条件。

1. 舍内温度的控制

（1）舍内温度要求 肉牛增重的适宜温度为5～21℃，奶牛产乳的适宜温度是3.4～23℃，泌乳量最高的温度为18.5℃。不同牛舍的适宜温度见表3-6。

表3-6 牛舍的适宜温度

类　型	最适温度/℃	最低温度/℃	最高温度/℃
奶牛舍	16～20	-4	24
肉牛舍	10～15	2～6	25～27
哺乳犊牛舍	12～15	3～6	25～27
断乳牛舍	6～8	4	25～27
产房	15	10～12	25～27

（2）舍内温度的控制

① 牛舍的防寒保暖。牛的抗寒能力较强，冬季外界气温过低时也会影响牛的增重、产乳和犊牛的成活率。所以，必须做好牛舍的防寒保暖工作。一是加强牛舍保温设计。牛舍保温隔热设计是维持牛舍适宜温度的最经济、最有效的措施。根据不同类型牛舍对温度的要求设计牛舍的屋顶和墙体，使其达到保温要求。二是减少舍内热量散失。如关闭门窗、挂草帘、堵缝洞等措施，减少牛舍热量外散和冷空气进入。三是增加外源热量。在牛舍的阳面或整个室外覆盖塑料大棚。利用塑料薄膜的透光性，白天接受太阳能，夜间可在棚上面覆盖草帘，降低热能散失。犊牛舍必要时可以采暖。四是防止冷风吹袭机体。舍内冷风可以来自墙、门、窗等缝隙和进出气口、粪沟的出粪口，局部风速可达4～5米/秒，使局部温度下降，影响牛的生产性能，冷风直吹机体，增加机体散热，甚至引起伤风感冒。冬季到来前要检修好牛舍，堵塞缝隙，进出气口加设挡板，出粪口安装插板，防止冷风对牛体的侵袭。

② 牛舍的防暑降温。夏季，环境温度高，牛舍温度更高，易使牛发生严重的热应激，轻者影响生长和生产，重者导致发病和死亡。因此，必须做好夏季防暑降温工作。一是加强牛舍的隔热设计。加强牛舍外维护结构的隔热设计，特别是屋顶的隔热设计，可以有效降低舍内温度。二是环境绿化遮阳。在牛舍或运动场南面和西面的一定距离外栽种高大的树木（如树冠较大的梧桐），或丝瓜、眉豆、葡萄、爬山虎等藤蔓植物，以遮挡阳光，减少牛舍的直接受热；在牛舍顶部、窗户的外面或运动场上拉折光网，也是有效的降温方法，其折光率可达70%，而且使用寿命达4～5年。三是墙面刷白。不同颜色对光的吸收率和反射率不同。黑色吸光率最高，而白色反光率很强，可将牛舍的顶部及南面、西面墙面等受到阳光直射的地方刷成白色，以减少牛舍的受热度，增强光反射。可在牛舍的顶部铺放反光膜，能够降低舍温2℃左右。四是蒸发降温。牛舍内的温度来自太阳辐射，舍顶是主要的受热部位。降低牛舍顶部热能的传递是降低舍温的有效措施，在牛舍的顶部安装水管和喷淋系统；舍内温度过高时，可以使用凉水在舍内进行喷洒、喷雾等，同时加强通风。

五是加强通风。密闭舍加强通风可以增加对流散热，必要时可以安装风机进行机械通风。

2. 舍内湿度的控制

湿度是指空气的潮湿程度，生产中常用相对湿度表示。相对湿度是指空气中实际水汽压与饱和水汽压的百分比。牛体排泄物和舍内水分的蒸发都可以产生水汽，从而增加舍内湿度。

【小常识】 舍内上下湿度大，中间湿度小（封闭舍）。如果夏季门窗大开，通风良好，差异不大。保温隔热不良的畜舍，空气潮湿，当气温突然下降时，容易达到露点，凝聚为雾。虽然舍内温度未达露点，但由于墙壁、地面和天棚的导热性强，温度达到露点，即在畜舍内表面凝聚为液体或固体，甚至由水变成冰。水渗入围护结构的内部，气温升高时，水又蒸发出来，使舍内的湿度经常很高。潮湿的外围护结构保温隔热性能下降，常见天棚、墙壁生长绿霉、灰泥脱落等。

（1）舍内湿度要求 封闭式牛舍空气的相对湿度以60%～70%为宜，最高不超过75%。

（2）舍内湿度调节措施

① 湿度低时。舍内相对湿度低时，可在舍内地面洒水或用喷雾器在地面和墙壁上喷水，水的蒸发可以提高舍内湿度。

② 湿度高时。当舍内相对湿度过高时，可以采取如下措施：一是加大换气量。通过通风换气，驱除舍内多余的水汽，换进较为干燥的新鲜空气。舍内温度低时，要适当提高舍内温度，避免通风换气引起舍内温度下降。二是提高舍内温度。舍内空气中的水汽含量不变，提高舍内温度可以增大饱和水汽压，降低舍内相对湿度。特别是冬季或犊牛舍，加大通风换气量对舍内温度影响大，可提高舍内温度。

③ 防潮措施。保证牛舍干燥需要做好牛舍防潮，除了牛舍选择地势高燥、排水好的场地外，还可采取如下措施：一是牛舍墙基设置防潮层，新建牛舍待干燥后使用。二是舍内排水系统畅通，粪尿、污水及时清理。三是尽量减少舍内用水。舍内用水量大，舍内湿度

容易提高。防止饮水设备漏水，能够在舍外洗刷的用具尽量在舍外洗刷或将洗刷后的污水及时排到舍外，不要在舍内随处抛洒。四是保持舍内较高的温度，使舍内温度经常处于露点以上。五是使用垫草或防潮剂（如撒生石灰、草木灰），及时更换污浊潮湿的垫草。

3. 光照的控制

光照不仅显著影响牛繁殖，而且对牛有促进新陈代谢、加速骨骼生长以及活化和增强免疫机能的作用。在舍饲和集约化生产条件下，采用16小时光照8小时黑暗制度，育肥牛采食量增加，日增重得到明显改善。一般要求肉牛舍的采光系数为1∶16，犊牛舍为1∶(10～14)，奶牛舍的应在1∶(10～12)。

4. 有害气体的消除

牛的呼吸、排泄物和生产过程的有机物分解，有害气体成分要比舍外空气成分复杂且含量高。密闭牛舍内，有害气体含量容易超标，可以直接或间接引起牛群发病或生产性能下降，影响牛群安全和产品安全。有害气体的消除措施：一是重视场址选择和合理布局，避免工业废气污染。合理设计肉牛场和肉牛舍的排水系统及粪尿、污水处理设施。二是加强防潮管理，保持舍内干燥。有害气体易溶于水，湿度大时易吸附于材料中，舍内温度升高时又挥发出来。三是适量通风。干燥的环境可以有效减少有害气体的产生，通风是消除有害气体的重要方法。当严寒季节保温与通风发生矛盾时，可向牛舍内定时喷雾过氧化物类的消毒剂，其释放出的氧能氧化空气中的硫化氢和氨，起到杀菌、除臭、降尘、净化空气的作用。四是加强牛舍管理。一是舍内地面、畜床上铺设麦秸、稻草、干草等垫料，可以吸附空气中的有害气体，并保持垫料清洁卫生；二是做好卫生工作。及时清理污物和杂物，排出舍内的污水，加强环境的消毒等。五是加强环境绿化。绿色植物进行光合作用可以吸收二氧化碳，生产出氧气。六是采用化学物质消除有害气体。使用过磷酸钙、丝兰属植物提取物、沸石以及木炭、活性炭、生石灰等具有吸附作用的物质吸附空气中的臭气。

5. 舍内微粒的控制

微粒是以固体或液体微小颗粒形式存在于空气中的分散胶体。

牛舍中的微粒来源于牛的活动、采食、鸣叫，饲养管理过程中也能产生微粒，如清扫地面、分发饲料、饲喂及通风除臭等机械设备运行。微粒可以影响牛的被毛质量，引发呼吸道病和传染性疾病等。舍内微粒的消除措施：一是改善畜舍和牧场周围地面状况，实行全面绿化，种树、种草和种植农作物等。植物表面粗糙不平，多绒毛，有些植物还能分泌油脂或黏液，能阻留和吸附空气中的大量微粒。含微粒的大气流通过林带，风速降低，大径微粒下沉，小的微粒被吸附。夏季可吸附 35.2% ~66.5% 微粒。二是维持牛舍清洁。牛舍远离饲料加工场，分发饲料和饲喂动作要轻；保持牛舍地面干净，禁止干扫；更换和翻动垫草时动作要轻；保持舍内通风换气，必要时安装过滤设备。三是保持适宜的湿度。适宜的湿度有利于尘埃沉降。

6. 舍内噪声的控制

物体呈不规则、无周期性震动所发出的声音叫噪声。噪声可由外界产生，如飞机、汽车、拖拉机、雷鸣等；也可由舍内机械产生，如风机、除粪机、喂料机等；也可由牛本身产生，如鸣叫、走动、采食、争斗等。噪声可以引起牛的应激，影响其采食、生长和繁殖。一般要求牛舍的噪声水平不超过 75 分贝。改善措施：一是选择场地。牛场选在安静的地方，远离噪声大的地方，如交通干道、工矿企业和村庄等。二是选择设备。选择噪声小的设备；三是搞好绿化。场区周围种植林带，可以有效地隔声；四是科学管理。生产过程的操作要轻、稳，尽量保持牛舍的安静。

第四章

牧草生产及利用技术

第一节　牧草的生产

一　豆科牧草

1. 紫花苜蓿

（1）生物学特性　紫花苜蓿为虫媒异花授粉植物，适宜温暖、半干旱半湿润气候，因而多分布在长江以北地区。抗寒抗旱能力都很强。生长发育最适温度为25℃左右，温带和寒带均能生长，在我国北方冬季－30～－20℃低温条件下能安全越冬。紫花苜蓿由于根系强大，入土深，可利用土壤深层水分，因此其抗旱能力也强。紫花苜蓿需水量高，尤其是孕蕾至始花期，需水量比禾本科牧草多2倍，适于在年降水量500～800毫米的地区和半干旱有灌溉条件下生长。紫花苜蓿不耐水淹，如果地下水位高，土壤过于潮湿或雨水后积水，再遇高温则会引起烂根死亡。对土壤的要求不严，除太黏重的土壤或极瘠薄的沙土以及强酸或强碱性土壤外，都能生长，最适宜在富含钙质的土壤或沙土上生长。具有一定的抗碱能力，可在含盐量0.3%的土壤上生长。

（2）栽培管理技术　紫花苜蓿是我国农作物栽培制度中的一种非常重要的作物。在我国西北、华北及其他一些地区，农民习惯把紫花苜蓿与粮食作物套种或轮作，既增产了粮食，又为家畜提供了大量优质饲草，还能改良土壤，提高土壤肥力，增加土壤团粒结构，显著增加了粮食产量。紫花苜蓿对耕作要求不严，种植紫花苜蓿后，土壤肥力提高，富含氮素，宜种经济价值高的作物，如棉花、麦类、亚麻、蔬菜等。紫花苜蓿在以作物为主的轮作中的年限以2~3年为宜，在以饲料为主的轮作区可种植4~5年。

① 品种选择。紫花苜蓿品种繁多，对环境条件的要求也不相同，应根据各地的自然条件选择适宜的品种。在选择品种时，首先应考虑的是苜蓿的秋眠性，在北方寒冷地区以种植秋眠性较强、抗旱的品种为宜，而在长江流域等温暖地区应选用秋眠性较弱或非秋眠且耐湿的品种。在盐碱土壤上种植，除考虑秋眠性外，还需考虑其耐盐性。

② 选地和倒茬。应选择平坦地和缓坡地。以排水良好、水分充足、土质肥沃的沙土地或土层深厚的黑土地最为适宜。内涝的低温地、贫瘠的黄土地、多石的沙砾地、土层较薄的白浆土地等都不适宜。

紫花苜蓿合理倒茬很重要，选茬不当不仅抓不住苗，产量不高，品质也不好。良好的前作是伏翻的麦类、亚麻、瓜类等早熟作物和管理水平较高的大豆、玉米、高粱等作物。各种叶菜和根菜类也是苜蓿的好茬口。向日葵、甜菜、苏丹草、籽粒苋等消耗地力较强的饲料作物，适时耕翻和施足基肥，也是紫花苜蓿的良好前作。

紫花苜蓿为肥田作物，其后作要选择产量高、经济效益大的作物。用紫花苜蓿茬地种植玉长、大豆、小麦、甜菜、油料、棉花和麻类等作物，都能获得高产且品质良好的产品。种植在贫瘠的黄土地、白浆土地、沙壤土地和岗坡地上，可起到明显的改土肥田作用。

③ 整地。紫花苜蓿种子细小，没有良好的整地质量，就没有良好的播种质量。因此要求进行秋翻、秋耙、秋施肥，以便接受较多的秋冬降水，这是保证全苗、促进生长的关键性措施。风沙干旱区，尤其应进行立秋翻和秋耙。翻地深度在25厘米以上，但耕层较薄的白浆土地和盐碱土地不要太深，以防进一步白浆化和盐渍化。

夏播紫花苜蓿，在雨季到来之前翻地和耙地。早熟作物之后复种的，在前作作物收获后，随即翻地和耙地。做到翻耙和播种同时进行，以免耽误播种期。有灌溉条件的地方，翻地前最好灌一次透水，当土壤充分潮湿，地表见干时，抓紧翻地，趁湿播种，保证出苗整齐。

④ 播种。紫花苜蓿以春播和秋播为主，也可夏播或冬播。一般在气候比较寒冷、生长季较短，但春季墒情较好、风沙少的地区，以春播为主，如东北、西北地区；在比较温暖的华北地区、江淮流域，越冬前株高可达10～15厘米的地区，以秋播为宜，时间大致在8月下旬至9月中旬，秋季墒情好，杂草危害较轻；在春季干旱、晚霜较迟、风沙较大、无灌溉条件的地区可在雨季夏播。播量一般每亩1～1.5千克，收草者宜高，收种者宜低。播深2～3厘米，但需视土壤水分状况而定，土湿宜浅，土干则深。播种方法有条播、撒播、点播，通常以条播为主，条播行距20～30厘米，播种后适当镇压，便于田间管理。

⑤ 施肥。紫花苜蓿以施基肥为主，适当搭配化学肥料。各种厩肥、堆肥、灰土粪肥等都可施用。每亩有机肥施肥量为2000～3000千克。为促进紫花苜蓿初期生育旺盛，获得高产，可每亩增施过磷酸钙150～230千克、硫酸钙5～15千克，与有机肥料混拌后，翻地前施入。

⑥ 田间管理。苗期和刈割后，应注意及时除草。防除杂草的方法有播前深耕、休闲、延迟播种、苗期中耕除草等；注意灌溉。紫花苜蓿耗水量大，每生产1千克干物质，需水800千克，在干旱季节灌溉可大幅度提高产草量。冬前灌溉水有利于植株越冬。早春灌溉和每次刈割后灌溉，对提高紫花苜蓿的产量非常显著。紫花苜蓿生长速度快，再生能力强，为了获得高产，必须施足肥料，浇足水。施肥能够加快紫花苜蓿再生，从而增加刈割次数。高产紫花苜蓿从土壤中摄取的营养物质要比玉米或小麦多，特别是它对磷、钾、钙的吸收量大。因此，为了使紫花苜蓿高产、稳产、优质，就必须注意施肥问题，尤其是磷、钾肥。紫花苜蓿的含磷量虽然只有0.2%～0.4%，但磷在苜蓿的生命活动中的作用却是非常重要的。磷肥一般在播前或播种时施入，也可在苜蓿返青时或刈割后施入。钾是苜蓿

中含量比较高的一种元素，为了获得优质高产的苜蓿干草，必须特别注意施用钾肥，如果不注意施钾肥，苜蓿生长过程中钾供应不足，就会导致苜蓿株丛很快变得稀疏，逐渐被禾本科牧草和杂草所取代。另外，苜蓿如果缺钾，还会影响蛋白质的合成。但钾肥施量过高，往往会发生某些暂时危害。因此，钾肥一定要分期施入。钾肥可以作为种肥，也可在苜蓿生长过程中施入。在早春返青前，耙地或刈割后中耕松土，有利于改善土壤通气性和保蓄土壤水分，促进苜蓿生长。危害苜蓿的主要害虫有蚜虫、蓟马、叶跳蝉、盲椿象等，可用杀螟松、乐果等喷雾防治。生长期间有时发生锈病、菌核病、霜霉病、褐斑病等，可用多菌灵、甲基硫菌灵等药剂防治。

⑦ 收获。苜蓿再生能力较强，每年可刈割2~5次，多数地区以每年刈割3次为佳。北方地区春播当年，若有灌溉条件，可刈割1~2次，此后每年可刈割3~5次，长江流域每年可刈割5~7次。鲜草产量一般为1~4吨/亩，水肥条件好时可达5吨/亩以上。各次刈割的产量以第一茬最高，约占总产量的50%，第二茬约为总产量的20%~25%，第三茬和第四茬为10%~15%。一般认为苜蓿最经济的刈割时期为初花期，过早会影响产量，过迟则会降低饲用价值。早春当苜蓿还幼嫩时刈割是有害的，会明显降低产草量和牧草的寿命。北方地区秋季最后一次刈割时期也是非常重要的，一般应在早霜来临前30天左右刈割，如果迟于这一时期，会降低根和根茎中碳水化合物的贮藏量，则不利于越冬和翌年春季生长。此外，还必须注意留茬高度，正常的刈割留茬高度以5厘米为宜，以利于再生，但越冬最后一次刈割留茬高度应稍高一些，以7~8厘米为宜，这样能保持根部营养和固定积雪，有利于苜蓿越冬。

（3）饲用价值 紫花苜蓿以“牧草之王”著称，质地柔软、味道清香、适口性好，适合各种畜禽饲用。紫花苜蓿的草质优良，富含蛋白质、氨基酸、维生素和矿物质，初花期干物质中粗蛋白质含量为21%，青饲、放牧利用或调制成干草、青贮、加工成草粉，适口性好，易于消化，消化率可达70%~80%。苜蓿中赖氨酸含量为1.06%~1.38%，比玉米高4~5倍，色氨酸和蛋氨酸也显著高于玉米。苜蓿富含多种维生素和微量元素，同时还含有一些未知促生长

因子，对畜禽的生长发育具有良好作用。

同一块地，每隔20～30天放牧一次，每次每亩可放牧2～3头牛，放牧4～5小时。奶牛在苜蓿地放牧，不经喂料产奶量也可提高20%～30%；肉牛在苜蓿地放牧，不给料增重也快。紫花苜蓿单独青贮比较困难，常与禾本科牧草、青玉米或农作物秸秆等混合青贮。调制干草或加工成草粉是紫花苜蓿的一种非常重要的利用方式。苜蓿草粉占牛日粮的比例达到40%～70%。

【注意】 紫花苜蓿鲜草中含有皂角素，反刍家畜多量采食能在瘤胃中产生泡沫样物质，引起膨胀病，严重时可导致死亡。

2. 红豆草

（1）生物学特性 红豆草性喜温凉和干燥气候，适应环境的可塑性大，耐干旱，能克服寒冷、早霜、深秋降水、缺肥贫瘠土壤等不利因素。与苜蓿比，抗旱性强，抗寒性稍弱。适应栽培在年均气温3～8℃，无霜期140天左右，年降水量400毫米上下的地区。能在年降水量200毫米的半荒漠地区生长，只需在种子发芽、植株孕蕾至初花期，土壤上层有较足水分就能正常生长。对温度的要求近似苜蓿，种子在1～2℃的温度条件下即开始发芽。生活两年以上，春季气温回升3～4℃时，即开始返青再生。它有发达的根系，主根粗壮，侧根很多，播种当年主根生长很快，生长二年在50～70厘米深土层以内，侧根重量占总根量的80%以上，在富含石灰质的土壤、疏松的碳酸盐土壤和肥沃的田间生长极好。在酸性土、沼泽地和地下水位高的地方都不适宜栽培。在干旱地区适宜栽培利用。

（2）栽培管理技术

① 整地。在前作收获后，应及时浅耕灭茬，以除草保墒。秋季要进行土壤深耕，深度为20～30厘米。这是因为深耕既有利于吸水保墒，清除病虫草害，也能为以后根系充分生长创造条件。对于干旱、半干旱地区和盐渍地、砂砺沙壤地，一般不宜春耕，以防水分损失。播前耙耱及干旱地区的早春镇压，对平整土地、粉碎土块、减少土壤空隙，对播种、出苗及以后生长都十分必要。

② 播种。在干旱半干旱地区，春季解冻后或雨季来临时播种，

在湿润及灌溉区春夏秋季均可播种，但一般不迟于 8 月中旬。播种方法多为单播、条播。行距，种子田 30 厘米，收草田 20 厘米。播量，种子田 22.5 ~ 30 千克/公顷，收草田为 37.5 ~ 45 千克/公顷。红豆草与无芒雀麦，或与苜蓿混播，更有利于提高牧草产量，还有利于减少病虫害的危害。

③ 施肥。红豆草种子大，发芽出土快，播种后 3 ~ 4 天发芽，6 ~ 7 天出土，一般带荚播种，播种前要施足基肥。基肥可以选用有机肥、磷肥、钾肥，此外需要少许氮肥。

④ 田间管理。红豆草为子叶出土型，因此播种后未出苗前不能灌溉，出苗前因降雨或灌水出现土壤板结时，要用环形镇压器或铁耙打碎，以保证种子出苗，如有杂草要及时耕除，尤其不能使杂草种子成熟。生产种子的红豆草，在开花期应进行人工辅助授粉（方法与苜蓿同），或放养蜂群，提高授粉率。有资料报道，利用蜂群帮红豆草传粉，可使其种子产量提高 35% ~ 40%；红豆草每次刈割后应结合田间松土，追施磷二铵 112.5 ~ 150 千克/公顷，灌溉地可结合灌水进行施肥，施用磷肥能明显提高种子产量。干旱而有灌溉条件的地方，冬前灌水对红豆草安全越冬和提高翌年产量有重要作用，但不能过量而形成冰层，造成地下根和分蘖芽窒息而死。春季萌生前耙集残茬作为燃料或堆肥。

⑤ 收种。因种子成熟期不一，落粒性强，一般在 50% ~ 60% 的荚果变为黄褐色时收获较好。刈割青饲或调制干草，以孕蕾至初花期最好，可使高产与优质兼得。第一茬收后也可每隔 30 ~ 40 天再割 1 次，在停止生长前 1 个月停止刈割或放牧（旱作区每亩可产干草 500 ~ 1000 千克）。红豆草因耐刈和耐牧性不如苜蓿，刈牧次数应从严掌握，留茬高度 5 ~ 6 厘米为好。

（3）饲用价值 红豆草粗蛋白质含量为 13.58% ~ 24.75%，单位面积干物质含量高，含有丰富的维生素和矿物质，无论青草还是干草，都是畜禽的优等饲草。红豆草做饲用，可青饲、青贮、放牧利用、晒制青干草，加工草粉，配合饲料和多种草产品。青草和干草的适口性均好，各类畜禽都喜食，尤为兔所贪食。与其他豆科不同的是，它在各个生育阶段均含很高的浓缩单宁，可沉淀能在瘤胃

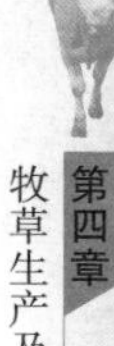

中形成大量持久性泡沫的可溶性蛋白质，使反刍家畜在青饲、放牧利用时不发生膨胀病。

3. 白三叶

（1）生物学特性 白三叶喜温暖、向阳的环境和排水良好的粉沙壤土或黏壤土。适应性广，在 pH 5.5～7 的土壤中都能生长。耐寒、耐热、耐霜、耐旱、耐践踏。不耐阴，在盐碱土中不适应。白三叶是一种匍匐生长型的多年生牧草，喜欢温凉、湿润的气候，最适生长温度为 16～25℃，适应性比其他三叶草广，耐热耐寒性比红三叶及绛三叶强，能适应亚热带的夏季高温，在东北、新疆有雪覆盖时，均能安全越冬。较耐阴，在部分遮阴条件下生长良好。对土壤要求不高，耐贫瘠、耐酸，最适排水良好、富含钙质及腐殖质的黏质土壤，不耐盐碱、不耐旱。

（2）栽培管理技术

① 整地。由于白三叶种子细小，幼苗顶土力差，因而播种前务必将地整平耙细，清除杂草，施足底肥，以利于出苗。在土壤黏重、降水量多的地域种植，应开沟做畦以利排水。山地种植利用鲜草的，宜选择较为背阴或土壤较为湿润的地段种植。

② 播种。白三叶 3～10 月均可播种，以秋播（9～10 月）为最佳。在长江中下游地区，一般在 9 月中旬前后播种。在南方山地高海拔地区，秋播要适当提早。单播，每亩播种量 0.5～1 千克。播种方法有撒播或条播。条播行距为 30 厘米。由于白三叶种子细小，可用等量的沃土拌匀后增量播种。与牛尾草、黑麦草等混播时，混播量适当减少。

③ 施肥。白三叶根系有根瘤，具有固氮能力，对氮肥要求较低，但少量的氮肥有利于壮苗。其根瘤和根系形成需要较多的磷、钾营养，施磷肥和钾肥有很好的增产作用，少施氮肥。播种前，每亩施过磷酸钙 20～25 千克和一定数量的厩肥做基肥。出苗后，植株矮小、叶色黄的，要施少量氮肥，每亩 10 千克尿素或相应的硫酸铵，以促进壮苗生长和提高产草量。

④ 田间管理。白三叶苗期生长缓慢，易受杂草侵害，在苗期应勤除草，春播更应如此。在高温季节，白三叶停止生长，在形成草

层覆盖后的 2 ~ 3 年间要及时去除杂草；由于夏季高温、炎热、干旱，极易形成缺苗，可在秋季适当补播，恢复产草力；每次刈割或放牧后应及时追肥灌溉。

⑤ 收获。秋季播种的，次年 4 月现蕾开花，5 月中旬盛开。青饲以开花前刈割为宜，20 ~ 25 厘米是刈割的适宜期，留茬高度 5 厘米。刈割后再生能力强，迅速形成二茬草层覆盖草地。秋季生长茎叶应予保留，以利越冬。一般每 25 ~ 30 天利用一次，每年可刈割鲜草 4 ~ 5 次。一般产鲜草 4000 ~ 5000 千克/亩，丰产可达 5000 ~ 7000 千克/亩。白三叶一般生存 7 ~ 8 年，田间管理精细的可延长利用年限，实现高产稳产。

（3）饲用价值 白三叶适口性好，茎叶柔嫩，营养丰富，尤其富含蛋白质（干草，现蕾期为 32.49%，盛花期为 21.46%），适口性好。营养成分和消化率高于紫花苜蓿和红三叶。

【注意】 放牧时最好与禾本科牧草混种，可以防止臌气病的发生。

4. 沙打旺

（1）生物学特性 沙打旺抗逆性强，适应性广，具有抗旱、抗寒、抗风沙、耐瘠薄等特性，且较耐盐碱，但不耐涝。沙打旺的越冬芽至少可以忍耐 -30℃的地表低温，连续 7 天日平均气温达 4.9℃时越冬芽即开始萌动。种子发芽的下限温度为 10℃左右。茎叶可抵御的最低温度为 -10 ~ -6℃。沙打旺的根系深，叶片小，全株被毛，具有明显的旱生结构，在年降雨量 350 毫米以上的地区均能正常生长。在土层很薄的山地粗骨土上，在肥力最低的沙丘、滩地上，沙打旺往往能很好地生长，而此时其他绿肥如草木樨、苜蓿等则常常生长不良。沙打旺对土壤要求不严，并具有很强的耐盐碱能力，在 pH 9.5 ~ 10、含盐量 0.3% ~ 0.4% 的盐碱地上，沙打旺可正常生长。沙打旺也能在疏林、幼林下生长。沙打旺的硬籽率不高，播种前一般不需要进行种子处理。

（2）栽培管理技术

① 整地。沙打旺对土壤要求不严，选择土层较厚的丘陵、沟壑、

沙丘等不受水淹的土地均可种植，最好选中性、微碱性的土壤或沙质土壤，在酸性土壤生长不佳。沙打旺种子很小，在播前需深耕耙，地面要平整。生荒地最好进行秋翻，春季镇压保墒，熟荒地也要进行破茬合垄、镇压。

② 施肥。一般不需要施肥，但豆科牧草需磷较多，在缺磷的土壤上施磷肥，可以显著提高产草量。有条件地区可以结合整地每亩施过磷酸钙 10～30 千克做基肥。生育期间叶面喷施硼、铝微量元素肥料 2 次；每亩喷洒铝胺 80 克 1500 倍液（一次 40 克）或者硼砂 200 克 1000 倍液（一次 100 克），这样可提高沙打旺的产草量。

③ 播种。沙打旺没有固定的播种期，从早春到初秋均可，主要根据当地的条件和利用的方式来决定，但不能迟于初秋，否则难以越冬。在春旱严重地区，可以在早春刚解冻时顶凌播种，这时土壤墒情好，容易抓全苗。在春季风大、土壤墒情不好的地区，可以在夏季和雨后播种，最迟播种期不要晚于 8 月上旬。也可以在冬前播种不使出苗，寄籽越冬，第二年春天利用早春解冻水早出苗。播种方式有条播、撒播和穴播三种。牧草宜条播，行距 30 厘米，播种宜浅，覆土厚度以 1～1.5 厘米为宜。如果种子纯度高、发芽率在 80% 以上，条播每亩播种量 0.5～0.75 千克，撒播 0.75～1 千克，穴播 0.25～0.27 千克。

④ 田间管理。沙打旺种子小，播种前一定要精耕细作；苗期生长缓慢，易受杂草危害，苗齐以后就耕地除草，以促进幼苗生长，到封垄时除净。生长二年以上的沙打旺地块，要在早春返青前和收割后根据杂草生长情况及时中耕除草；沙打旺不耐土壤水分过多，否则易造成幼苗死亡，因此雨季应注意排水。在生长旺季需水较多，干旱期要及时灌水，以提高产草量、产籽量和品质。危害沙打旺的病虫害有根腐病、白粉病和蚜虫病等，要及时防治。此外，菟丝子的寄生对沙打旺的危害严重，个别地区常遭到毁灭性灾害。

⑤ 收获。沙打旺的最适刈割时间是 7 月下旬至 8 月上旬（现蕾末期至开花初期），这段时间刈割产草量稍低于晚收，但营养成分好于晚收。同时对越冬和第二年产草量均有利，切忌 8 月下旬和 9 月份收割，这段时间收割不利于沙打旺越冬。多次刈割时留茬高度要

在 10 厘米以上，以利再生。

（3）饲用价值 沙打旺营养价值高，蛋白质含量 17%，粗脂肪 3%，还有丰富的必需氨基酸，是家畜的优质饲草，粉碎后也可做饲料用。放牧利用、制干草、青贮后，牛都喜食。稍老的鲜草，可切短喂牛。用沙打旺和玉米秸秆混合青贮后喂奶牛，可以提高产奶量 20% ~30%，还可节省精饲料。制成草粉加入牛料中，可替代部分蛋白质饲料。

> ⚠【注意】 沙打旺植株体内含有脂肪族硝基化合物，在动物体内可代谢为β-硝基丙酸和β-硝基丙醇等有毒物质。牛的瘤胃微生物可以将其分解，饲喂比较安全，但最好与其他饲料混合饲喂。

5. 红三叶

（1）生物学特性 红三叶属长日照植物，但在营养生长期却能耐阴。光照在 14 小时以上时，才能开花结荚，成熟后种子不易脱落。性喜凉爽湿润气候，在夏不太热，冬不太寒，年平均气温 5 ~ 7℃，≥10℃年积温 2000℃左右，年降雨量 1000 毫米左右，微酸性至微碱性而富含钙质的黏土壤，排水良好，土质肥沃的条件最为适宜，最适温度为 15 ~25℃。耐湿而不耐旱，在夏季酷热，年降雨量低于 400 毫米的地区需有灌溉条件，夏季高温则生长停滞或枯死。在过冷过旱地区、沼泽地、强酸性或强盐碱地均不适应，适宜 pH 为 6 ~7.5。根据成熟期的迟早，红三叶可分为晚熟型和早熟型两个类型。

（2）栽培管理技术

① 整地。红三叶忌连作，在同一块土地上最少要经过 4 ~6 年后才能再种。红三叶种子细小，幼苗出土能力差，播种地要进行深翻细整，使耕层疏松，土块细碎，以利出苗。耕地要于上年前作收获后及时翻耕，灭茬除草，蓄水保墒，翌年播种。

② 施肥。灌区要灌足冬水，结合深耕整地，施足底肥，每亩施有机肥料 1500 ~2500 千克，过磷酸钙 20 ~30 千克。种子田在播种时再适当加施速效氮肥。

③ 播种。温暖湿润地区，以秋播为好，在海拔较高的地区以春、夏季播种为佳，秋播的要使幼苗在冬前有 1 个月以上的生长期。播种方法可条播，也可以撒播、混播和单播。种子田要单播、条播，行距 30 ~ 40 厘米；收草或放牧地，可撒播和条播，行距 20 ~ 30 厘米。播种后要耱地镇压。种子田每亩播种量 0.4 ~ 0.5 千克，用草地每亩 0.6 ~ 0.75 千克。播种深度 1 ~ 2 厘米。原则是如果土壤墒情差，整地质量低，播种量要大，覆土要深，反之则小、浅若播种过深，会使贮存于种子中的营养物质消耗殆尽而难以出苗。红三叶与禾本科牧草混播时，在较高寒而湿润地区，宜与猫尾草配合，效果较好；在温暖湿润地区，宜与多年生黑麦草混播，在温暖而稍干旱地区，则与鸡脚草混播较好。混播比例一般为 1∶1。

④ 田间管理。红三叶幼苗生长缓慢，易被杂草危害，苗期要及时松土锄草，以利幼苗生长，出苗前如遇水造成土壤板结，要用钉齿耙或带齿圆形镇压器等及时破除板结层，以利出苗；在保护作物下播种的，要及时收割保护作物，减少抑制，保护作物刈割留茬高度在 15 厘米以上，以利冬季积雪，保护越冬；生长两年以上的草地，在早春返青前和每次刈割或放牧后要耙地松土，改善土壤通透性，深度 2 ~ 3 厘米。红三叶在生长过程中，所需磷、钾、钙等元素较多，结合耙地，每亩要追施过磷酸钙 20 千克，钾肥 15 千克或草木灰 30 千克。种子田如用 4% 的氮、磷、钾盐溶液于盛花期喷洒，进行根外追肥，可提高种子产量。灌区要在每次刈割放牧利用后灌溉，全年 2 ~ 4 次。红三叶病虫害少，常见病害有菌核病，早春雨后易发生，主要侵染根茎及根系。施用石灰，喷洒多菌灵可以防治。

⑤ 收获。红三叶青草产量高，于 3 月返青，从 4 月开始利用一直到 10 月底，利用期可达 6 ~ 7 个月。南方每年可刈割 2 ~ 3 次，每亩产鲜草 2500 千克。

（3）饲用价值 红三叶营养丰富，蛋白质含量为 17.4%，粗脂肪 3.5%，草质柔嫩多汁，适口性好，干物质消化率达 61% ~ 70%，多种家畜都喜食。可以青饲、青贮、放牧利用、调制青干草、加工草粉和各种草产品。调制青干草时叶片不宜脱落，可制成优质干草。青饲或放牧反刍家畜时，极少发生膨胀病。打浆后饲喂，可节省精饲料。与多年生禾本科牧草混播，可以使草地生产力稳定高产，饲草营养价值和适口性都可显著改善。

⚠【注意】 红三叶略带苦味，牛不贪食，放牧牛很少发生臌胀病。

6. 毛苕子

（1）生物学特性 毛苕子属春性和冬性的过渡类型，偏冬性。与春箭舌豌豆比，它的生育期较长，开花期及成熟期约推迟半个月，种子成熟期也晚些。喜温暖湿润的气候，生长的最适温度为20℃。不耐高温，当日平均气温超过30℃时，植株生长缓慢。能耐－20℃的低温。耐旱能力也较强，在年降水量高于450毫米地区均可栽培。其种子发芽时需较多水分，表土含水量达17%时，大部分种子能出苗。不耐水淹，水淹2天，20%～30%的植株死亡。毛苕子喜沙土或沙壤土，排水良好，在黏土上也能生长。在潮湿或低湿积水的土壤上生长不良。耐盐性和耐酸性均强。毛苕子耐阴性较强，在果树林下或高秆作物行间均能正常生长。在山西右玉4月上旬播种，5月上旬分枝，6月下旬现蕾，7月上旬开花，下旬结实，8月上旬荚果成熟。从播种至荚果成熟约需140天。

（2）栽培管理技术 毛苕子可与高粱、谷子、玉米、大豆等轮作，其后茬可种水稻、棉花、小麦等作物。在甘肃、青海、陕西关中等地可春播或与冬作物、中耕作物以及春种谷类作物进行间、套、复种，于冬前刈作青饲料，根茬肥田种冬麦或春麦。也可于翌年春季翻压做棉花、玉米等作物的基肥。种过毛苕子的地种小麦，可增产15%左右。

① 整地播种。毛苕子根系入土较深，为使根系发育良好，必须深翻土地，创造疏松的根层。播种前在翻耕、整地的同时施足有机肥，每亩1500～2500千克，并每亩施入过磷酸钙25～50千克或磷二铵10～15千克为底肥，对牧草和种子生产均有良好效果，磷肥还能促进根瘤固氮作用。

西北、华北及内蒙古等地多为春播，以4月初至5月初较适宜；南方宜秋播，在江淮流域以9月中下旬播种为宜。播种过迟，生长期短，植株低矮，产量低。冬麦收获后复种也可以。毛苕子的硬实率为15% ~30%，播前进行种子硬实处理（用机械方法擦破种皮，或用温水浸泡24小时后再种）能提高发芽率。单播时撒播、条播、点播均可，以条播或点播较好。条播行距20 ~30厘米，点播穴距25厘米左右，收种行距45厘米。播种深度为3 ~4厘米。一般收草用播量3 ~4千克/亩，收种用播量2 ~2.5千克/亩。

毛苕子茎长而细弱，单播时茎匍匐蔓延，互相缠绕易产生郁闭现象。以收草为目的者可与禾本科牧草如黑麦草、苏丹草或与燕麦、大麦等麦类作物混播。与意大利黑麦草混播比例以（2 ~3）∶1为佳，每公顷用毛苕子种子30千克，意大利黑麦草种子15千克；与麦类混播比例1∶（1 ~2），每公顷用毛苕子种子30千克，燕麦种子30 ~60千克。混播方式以间行密条播为好。甘肃在玉米行内或小麦灌2 ~3次水后套种毛苕子；陕西关中在玉米最后一次中耕除草时套种毛苕子，翌年4月下旬至5月初收制干草，或翻压后做棉田绿肥；四川、湖南在油菜地间做毛苕子，先撒播毛苕子，然后点播油菜；江苏7 ~8月间先种胡萝卜，9月再条播毛苕子；苕子与苏丹草混播时，鲜草中蛋白质含量要比单播苏丹草提高64%；毛苕子与冬黑麦混播，产草量比毛苕子单播时增产39%，比冬黑麦单播时增产24%。

② 田间管理。在播前施磷肥和厩肥的基础上，生长期可追施草木灰或磷肥1 ~2次。在土壤干燥时，应于分枝期和盛花期灌水1 ~2次。春季多雨地区应进行挖沟排水，以免茎叶萎黄腐烂，落花落荚。受蚜虫为害时可用40%乐果乳剂1000倍稀释液喷杀。

③ 收获。毛苕子青饲时，从分枝盛期至结荚前均可分期刈割，或草层高度达40 ~50厘米时即可刈割利用。调制干草者，宜在盛花期刈割。毛苕子的再生性差，刈割越迟，再生能力越弱，若利用再生草，必须及时刈割并留茬10厘米左右，齐地刈割会严重影响再生能力。刈后待侧芽萌发后再行灌溉，以防根茬水淹死亡。与麦类混播者应在麦类作物抽穗前刈割，以免麦芒长出降低适口性并对家畜造成危害。

毛苕子为无限花序，种子成熟参差不齐，当茎秆由绿色变黄色，中下部叶片枯萎，50%以上荚果变成褐色时即可收种，每亩可收种子30～60千克。

（3）饲用价值 毛苕子茎叶柔软，蛋白质含量丰富（开花期粗蛋白质23.38%，粗脂肪5.81%），无论鲜草或干草，适口性均好，各种家畜都喜食。可青饲（乳牛每头每天可喂40～50千克）、放牧或刈割干草。毛苕子于早春分期播种，5～7月间分批收割，以补充该阶段青饲料的不足。毛苕子也可在营养期用于短期放牧，再生草用来调制干草或收种子。

> ⚠【注意】 放牧牛时要注意防止臌胀病。

7. 百脉根

（1）生物学特性 百脉根喜温暖湿润气候。幼苗易受冻害，成株有一定耐寒能力，在-7～-3℃低温下茎叶枯黄。耐30～35℃的高温。在亚热带冷凉地区也可生长。长日照植物，需16～18小时日照，短日照情况下开花减少，出现匍匐或呈莲座状生长。不耐阴，喜肥沃、灌溉良好的黏壤土生长。沙壤土、土质浅薄和微酸与微碱土壤均可适应。适宜的土壤pH为6.2～6.5。在排水不良的地区也能生长。

（2）栽培管理技术

① 整地。百脉根对土壤要求不严，在沙壤土、黏壤土、瘠薄地、排水不良的低湿地和微酸性或微碱性土壤均可种植。种子细小，幼苗细弱，出土能力差，要求精细整地，才能保证全苗。在上年前作收获后即应伏耕、秋耕、灭茬除草。旱作地秋季耙耱保墒蓄水，冬季镇压保墒，灌区要进行冬灌泡地，冬春耙耱镇压保墒。翌年播种前进行浅耕整地，达到土块细碎，地面平整。

② 施肥。百脉根播种后，利用年限较长，耗肥量大，要结合秋耕深翻一次，施足底肥，每亩施有机肥1500～2500千克，标准过磷酸钙25～50千克，过磷酸钙需事先与有机肥混合，洒水使其湿润，堆积腐熟发酵20～30天再施用。播前结合深耕，每亩施硝酸铵5～10千克，促进幼苗生长。

③ 播种。百脉根种子硬实率高，播种前要进行处理（机械法擦伤种皮，用温水浸泡24小时，晾干再播；或用浓硫酸浸泡20～30分

钟，用清水冲洗干净，晾干再播）。播种量，种子田条播，每亩0.4～0.5千克，行距30～40厘米；收草田条播，每亩0.5～0.6千克，行距20～30厘米，撒播0.7～0.8千克，与禾本科牧草混播，百脉根占40%～50%。播种深度1～2厘米。播种期因地区间气候差异而不同，寒冷地区应早春播种，温暖地区可以春播，也可以夏播和秋播，秋播不应迟于8月下旬，要使幼苗有1个月以上的生长期，以利越冬。建立永久性人工草地时，可以单播，也可以混播，常用适宜混播组合草种有草地早熟禾、无芒雀麦、鸡脚草、多年生黑麦草、高牛尾草等。混播比例，百脉根占40%～50%为宜。在进行纯种繁育时，可将根或茎切段扦插繁殖。在补播改良天然草地时，可调整控制利用，以利种子充分成熟，便于借种子自然落粒，自行繁衍改良。

④ 田间管理。播种当年，幼苗与杂草的竞争能力较弱，易受杂草危害，要及时中耕，松土锄草，严禁放牧，践踏毁坏幼苗；草地建植后，也不能过度放牧，或在灌水、降雨后放牧，免损生机；每次刈割后，灌区要结合灌水追肥，旱地要利用降雨追肥。每亩施过磷酸钙10～15千克，磷二铵或硝酸铵4～5千克。刈割留茬5～8厘米，放牧留茬10～15厘米。

⑤ 收获。第一次初花时收割，盛花期品质仍佳。再生慢，每隔6～8周，可刈割1次。或叶层30厘米高时收割。根据各地生长季节长短，每年可割2～4次，最后一次割距严霜期不少于40天。

（3）饲用价值 营养含量居豆科牧草的首位，特别是茎叶保存养分的能力很强，在成熟收种后，蛋白质含量仍可达17.4%，品质仍佳。百脉根茎细叶多，产草量高，一般亩产鲜草1500～3000千克，高者可达4000千克。刈割后，再生缓慢，一般每年刈割2～3次。因其耐热，夏季一般牧草生长不良时，百脉根仍能良好生长，延长利用期。刈割利用时期对营养成分影响不大，因而饲用价值很高。其茎叶柔软细嫩多汁，适口性好，各类家畜均喜食，可作为牛的优质饲草。可刈割青饲，可调制青干草，加工草粉和混合饲料。

【提示】 用于青饲时，其青绿期长，含皂素低，耐牧性强，不会引起家畜膨胀病，为一般豆科牧草所不及。

8. 箭筈豌豆

（1）生物学特性 适于气候干燥、温凉、排水良好的砂质壤土上生长，适宜土壤 pH 6.5～8.5。抗寒性较毛苕子差，当苗期温度为 -8℃，开花期为 -3℃，成熟期为 -4℃时，大多数植株会受害死亡。耐旱能力和对土壤的要求与毛苕子相似。对长江流域以南的红壤、石灰性紫色土、冲积土都能适应。箭筈豌豆为长日照植物，缩短日照时数，植株低矮，分枝多，不开花。

（2）栽培管理技术

① 播种。箭筈豌豆是各种谷类作物的良好前作，它对前作要求不严，可安排在冬作物、中耕作物及春谷类作物之后种植。北方宜春播或夏播，南方宜9月中下旬秋播，迟则易受冻害。箭筈豌豆种子较大，用作饲草或绿肥时，每公顷播种量 60～75 千克，收种时45～60 千克。箭筈豌豆单播时容易倒伏，影响产量和饲用品质，通常与燕麦、大麦、黑麦、苏丹草等混播，混播时箭筈豌豆与谷类作物的比例应为 2∶1 或 3∶1，这一比例的蛋白质收获量最高。箭筈豌豆的播种方式方法及播后田间管理与毛苕子相似。

② 田间管理。在播前施磷肥和厩肥的基础上，生长期可追施草木灰或磷肥 1～2 次。在土壤干燥时，应于分枝期和盛花期灌水 1～2 次。春季多雨地区应进行挖沟排水，以免茎叶萎黄腐烂，落花落荚。受蚜虫为害时可用 40% 乐果乳剂 1000 倍稀释液喷杀。

③ 收获。箭筈豌豆收获时间因利用目的而不同。用以调制干草的，应在盛花期和结荚初期刈割；用作青饲的则以盛花期刈割较好。如利用再生草，注意留茬高度，在盛花期刈割时留茬 5～6 厘米为好；结荚期刈割时，留茬高度应在 13 厘米左右。种子收获要及时，过晚会炸荚落粒，当 70% 的豆荚变成黄褐色时清晨收获，每亩可收种子 100～150 千克，高者可达 200 千克。

（3）饲用价值 箭筈豌豆茎叶柔软，叶量大，营养丰富，适口性好，是牛的优良牧草。茎叶可青饲、调制干草和放牧利用。鲜草蛋白质含量达到 13.55%，干草为 14.14%，籽实中粗蛋白质含量高达 30%，较蚕豆、豌豆种子蛋白质含量高，粉碎后可做精饲料。

▲【注意】 箭筈豌豆籽实中含有生物碱和氰苷两种有毒物质。饲用需做去毒处理，如氢氰酸遇热挥发，遇水溶解即可降低，即其籽实经烘炒、浸泡、蒸煮、淘洗后，氢氰酸含量可下降到规定标准以下。此外，也可选用氢氰酸含量低的品种或避开氢氰酸含量高的青荚期饲用，并禁止长期大量连续饲喂，均可防止家畜中毒。

➡【提示】 因具茸毛，适口性较差，但牛易于适应。

9. 鲁梅克斯 K-1

（1）生物学特性 抗寒、返青早，耐旱、耐涝、耐一定盐碱，适应性广，适宜全国大多数地区。

（2）栽培技术

① 整地施肥。播种前地块墒情不够的要补墒，湿度要达到80%，要对土地耕翻耙磨，耕翻深度15厘米以上，将地整平整细，结合整地施入农家肥和氨、磷、钾肥做底肥，每亩地施农家肥1500千克、氮肥8千克、磷肥4千克、钾肥10千克。

② 播种。播种行距70厘米，株距20厘米，或行距、株距均为50厘米，播种深度2厘米。穴播每穴3～5粒。播种时地温应在10℃以上，播后要镇压（雨后种可不镇压）。每亩地播种量0.2千克，播种期4～6月份、9～10月份，高寒地区宜选择在4～6月份播种（高温季节播种出苗较弱），播后5～6天种子便可萌芽出土。育苗移栽效果更好，成活率基本上达到100%。

③ 田间管理。播种出全苗后要进行中耕除草、间苗定株，每棵只留一株壮苗。每年中耕2～3次，春季追肥一次，每亩追施氨、磷、钾无机肥料4千克，三者比例为1∶1∶1。土壤湿度低于80%时要灌溉，每收割一次后灌溉一次，每年夏季以灌溉3～4次为宜，无灌溉条件者产量较低。

鲁梅克斯牧草播种当年一般不收割，若降雨多、土壤水肥充足、牧草长势茂盛可收割1～2次，但最后长出的牧草在霜冻之前不要收割，以利于牧草根部安全越冬，需产种子的牧草也不要收割。该牧草在中原地区一般第二年5月份开花结籽，6月份籽粒成熟后可立即收获种子（与小麦基本同步），每亩地产种子70~100千克，收种子后，每亩可收获干草2300千克。气候干旱时，种子收获后再长出的牧草一般不要再刈割利用；若土地水肥充足，还可再刈割1~2次，每次收割后要留茬5~7厘米。

（3）饲用价值 鲁梅克斯K-1寿命可达25年，在良好的管理和栽培条件下，高产期可达10~15年。在水肥条件良好的条件下，每30~45天可收割1次，鲜草产量可达10~15吨/亩，干草产量可达1~1.5吨/亩。叶簇期干物质粗蛋白质含量高达30%~34%，现蕾期干物质粗蛋白质也高达28%~29%；亩产粗蛋白质可达280~420千克，大大高于种植玉米、大麦等的粗蛋白质收获量。

【提示】 鲁梅克斯K-1鲜草含水分90%左右，可直接鲜喂，适口性很好。也可打浆与精饲料混合饲喂。

二 禾本科牧草

1. 无芒雀麦

（1）生物学特性 无芒雀麦是用作干草、青贮、青饲和水土保持最好的冷季型禾本科牧草。根系发达，地下茎强壮，蔓延能力极强，可防沙固土，对气候条件适应性广，特别适于寒冷（-30℃低温可安全越冬。种子发芽最低温度7~8℃，最适温度20~25℃，最高温度35℃。温度22~26℃时有5~6天即发芽出苗。耐寒性相当强，幼苗能忍受-5~-3℃的霜寒，直至结冻才枯死，成为生育期长达200多天的寒地型牧草）、干燥地区（夏季不太热、年降水量400~500毫米的地区生长良好），在贫瘠的土壤上生长较差，不适宜在高温高湿地区生长。不耐强碱或强酸性土壤，耐水淹的时间可达50天。无芒雀麦为中旱生植物，在排水良好、土壤水分充足的地方生长最好。在北方4~6月的干旱季节，能有效利用秋冬降水，迅速返青和生长，雨季到来时完成营养生长过程。适宜的空气湿度和充足的土壤水分，对开花和授粉都有利，可提高种子产量和品质。

出苗至拔节期生长较慢，需水量较少。拔节至孕穗期生长最快，需水量最多，为全生育期总需水量的40%～50%。开花以后需水量渐少，干燥的气候条件对种子成熟有利。其根系能从深层土壤中吸收水分，较抗旱。在6～7月份，50多天无雨的酷旱期，即使植株很矮也能开花结实。

无芒雀麦是长寿禾本科牧草，其寿命长达25～50年。一般于生长第二年至第七年生产力较高，在精细管理下可维持10年左右的稳定高产。

（2）栽培管理技术

① 整地施肥。无芒雀麦根系发达，地下茎强壮，播种前易深耕（翻地深度应在20厘米以上）。由于苗期生长缓慢，所以需要精细整地。春旱地区利用荒废地种无芒雀麦时，需在前一年秋季耕翻整地，来不及秋翻的则要早春翻，以防失水跑墒，夏播或秋播需在播种前1个月耕翻整地，无论春翻还是秋翻，翻后都要及时耙地和压地。有灌溉条件的地方，翻后尚应灌足底墒水，以保证发芽出苗良好。

无芒雀麦为喜肥牧草，又是一次种植多年利用，所以要多施肥。需氮较多，单播时需求尤为迫切。施足基肥，有机厩肥1000～1500千克/亩，过磷酸钙15千克/亩；播种时施种肥，硫氨5千克/亩。在拔节、孕穗或每次刈割后再追施氮肥，尿素10千克/亩可显著提高干草产量。无芒雀麦对磷肥极其敏感，当施入磷肥10千克/亩作为种肥时，干草产量可提高1.7倍左右。

② 播种。春播、夏播或早秋播均可，但在风沙较大的地区，夏、秋雨季播种较好。东北、西北较寒冷的地区多行春播，也可夏播。北方春旱地区，应在3月下旬或4月上旬，也就是土壤解冻层达预期深度时播种。如果土壤墒情不好，也可错过旱季，雨后播种。东北中、南部7月上旬雨后播种，华北、西北等地早秋播种，也能安全越冬。在草荒地种植，最好清除杂草后再播种。

条播、撒播均可。条播，行距15～30厘米，播量单播时每亩1.5～2千克，播种深度3～4厘米。播后镇压1～2次；撒播，播量可增至3千克左右。无芒雀麦除单播外，还可进行保护播种和混播，在北方干旱地区，可用大麦、燕麦、糜子、谷子做保护作物。无芒雀麦在北方地区宜与紫花苜蓿、红豆草、沙打旺、野豌豆、百脉根、按1∶1比例混播，在南方高海拔地区还可与红三叶混播，借助豆科牧草的固氮作用，促进无芒雀麦良好生长。可行1∶1或2∶2隔行间种，或1∶1混种。无芒雀麦竞争力强，混播时很快压倒豆科牧草，所以要适当增加豆科牧草的播种量。与紫花苜蓿混播时，播种量为无芒雀麦0.5千克/亩，紫花苜蓿0.75千克/亩。

③ 田间管理。播种当年生长较慢，易受杂草危害，注意及时中耕除草。抗病虫害能力较强，较少受害。病害有麦角病、白粉病、条锈病等。麦角病可使牲畜中毒，播种前应注意清除种子中的麦角。后两种病，可喷施石硫合剂、萎锈灵等杀菌剂防治。病害严重地区，注意轮作倒茬，选育抗病品种。

无芒雀麦具有发达的地下根茎，生长3~4年以后，由于根茎相互交错，结成硬的草皮，致使土壤通透性变差，植株低矮，抽穗植株减少，鲜草和种子产量都降低，必须及时更新复壮。应于早春萌发前用圆盘耙耙地松土，划破草皮，改善土壤通气、透水状况，以促进其旺盛生长。

④ 收获。无芒雀麦干草的适宜收获时间为开花期。收获过迟不仅影响干草品质，也有碍再生，减少二茬草的产量。春播时当年可以刈割1~2次，从第二年起，每年可以刈割2~3次，每亩产鲜草1000~2000千克，折合干草300~500千克。每次刈割之后应追施氮肥，每亩施氮肥15千克，有条件时刈割后追肥、灌水，增产效果十分明显。

> 【提示】 无芒雀麦寿命长，一般可利用6~7年，在管理水平较高的情况下，可以利用10年以上。

（3）饲用价值 无芒雀麦草质柔嫩，营养丰富（鲜草，粗蛋白质2.38%，粗脂肪0.88%，无氮浸出物15.12%；干草分别为8.18%、2.59%和8.68%），叶量丰富，适口性好，是牛的优良青饲料，也是一种放牧和割草兼用的优良牧草。即使收割稍迟，质地也并不粗老。经霜后，叶色变紫，而口味仍佳。幼嫩的无芒雀麦，其营养价值不亚于豆科牧草，饲喂效果好。无芒雀麦可以刈割，可青贮、青饲或调制干草，也可放牧利用。无芒雀麦为富含碳水化合物的青贮原料，可调制成优质的青贮饲料。在孕穗至结实期刈割，经流失部分水分后青贮，可调制成酸甜适口的半干青贮饲料。窖贮或袋贮均可，与豆科牧草混贮则品质更好。

2. 多年生黑麦草

（1）生物学特性 多年生黑麦草喜温凉湿润气候，生长温度为20～25℃。其特点是生长发育速度快，产草量高，适宜在夏季凉爽、冬季不太寒冷的地区生长。光照强、日照短、温度较低对分蘖有利，温度过高则停止分蘖或生长不良，甚至死亡。不耐高温，不耐严寒。遇35℃以上的高温，生长受阻，甚至枯死，遇－15℃以下低温越冬不稳，或不能越冬。要求夏季凉爽、冬无严寒。在年降水量500～1500毫米的地方都可种植，最宜900～1000毫米的降水条件。其生长发育的最适温度为20～25℃，在10℃时亦能较好生长。性喜肥，适宜在肥沃、湿润、排水良好的土壤或黏土上种植，也可在微酸性土壤上生长，适宜的pH为6～7。

（2）栽培管理技术 多年生黑麦草在冬季寒冷地区只能春播，春季干旱地区也可夏播，在长江流域及以南各地春、秋季均可播种。多年生黑麦草早期生长较其他多年生牧草快，秋播后如天气温暖湿润，在初冬和早春即可生产相当量鲜草。播种翌年达最盛时期，杂草也难侵入。播种方法，条播、撒播均可，行距15～30厘米，播深2～3厘米，播种量每亩1～1.5千克，晚播或青刈利用时适当增加播种量，也可撒播。南方雨水较多地区应开好排水沟。根据利用目的不同，可单播，也可混播，常与短期生长的豆科牧草如红三叶、紫云英等混播。多年生黑麦草与寿命长的牧草混播时，其植株不应超过总株数的25%，因其侵占性强，会使其他多年生牧草受排挤而减少。多年生黑麦草生长发育快，需肥较多，播前结合整地，每亩应施1500千克有机肥、30千克过磷酸钙做基肥，刈割后及时施速效氮肥，每次刈割后每亩追施氮肥10～20千克。在北方旱作区，生长期间应注意浇水。

长江中下游地区9月底播种者，越冬前株高可达15～20厘米，有8～10个分蘖。翌年春3月底株高30厘米以上，4月下旬抽穗，

6月上旬结实成熟。一般在暖温带2次刈割应间隔3~4周。刈割留茬高度5~10厘米。

（3）饲用价值 多年生黑麦草是一种经济价值很高的牧草，营养丰富。茎叶干物质中含粗蛋白质17%、粗脂肪3.2%、粗纤维24.8%、无氮浸出物42.6%、粗灰分12.4%，其中钙0.79%、磷0.25%。多年生黑麦草茎叶繁茂，幼嫩多汁，各种家畜均喜食。多年生黑麦草生长速度较其他多年生牧草为快，产量高，再生能力强，每年可刈割3~4次，每亩产青草3000~4000千克。适于青饲、调制干草，青饲宜在抽穗前或抽穗期刈割，调制干草可延迟至盛花期。多年生黑麦草因产草量高、草质优良，成为我国北方温暖湿润地区及南方诸省的主要优良禾草。

【提示】 特别适合肉牛的放牧利用或调制干草。

3. 多花黑麦草

（1）生物学特性 多花黑麦草是一种喜温牧草，抗寒力不强，不耐晚霜，抗旱能力较差，不耐热，耐湿和耐盐碱能力较强。适合在我国长江流域诸省及北方较温暖多雨地区种植，也能在亚热带地区生长。喜肥沃深厚的壤土或沙壤土。在肥沃、湿润而土层深厚的地方生长极为茂盛，鲜草产量很高。多花黑麦草寿命较短，通常为一、二年生。播后第二年抽穗结实后则大多数植株即行死亡，但在水土条件适宜的情况下也可成为短期多年生牧草。在温带牧草中，多花黑麦草为生长最为迅速的禾本科牧草，冬季如气候温和也能生长，在初冬或早春即可供应鲜草。在海拔较高、夏季凉爽的地区，如果管理得当可生长2~3年。

（2）栽培管理技术

① 整地播种。播前结合整地，每亩施有机肥1500千克，过磷酸钙30千克。多花黑麦草生长快，产量高，较适于单播。播种时间春、秋季皆可，但以秋播为主。长江以南各地适于秋播，以便冬季和翌年春季提供鲜草。可撒播，也可条播，条播行距15~30厘米，播深2~3厘米，每亩播种量1~1.5千克。也可与水稻轮作，秋季水

稻收获前15～20天撒播多花黑麦草，或在水稻收获后立即整地播种。多花黑麦草生长迅速，产量高，较宜单播，也可与红三叶、白三叶、毛苕子、紫云英等混种。棉区每亩可用多花黑麦草0.55千克与毛苕子2～2.5千克或箭筈豌豆3～4千克混合，在秋季结合棉田中耕松土时套入。水稻区则可用多花黑麦草1千克与紫云英3千克套播于水稻田。在3年以上的牧草地上宜少用多花黑麦草，以免前期阻碍生长较缓慢的多年生牧草，后期死亡后留下隙地，给杂草以侵入的机会。

② 管理。多花黑麦草喜氮肥，较多年生黑麦草施氮效果更显著，但应注意不可猛施氮肥。每次刈割后每亩追施速效氮肥10～20千克。多花黑麦草生长迅速，产量高，秋播翌年可收割3～5次，每亩产量0.4万～0.5万千克，在良好水肥条件下，鲜草产量可达1万千克/亩。但多花黑麦草产草主要集中在春季，在南京秋播后，翌年春季的鲜草产量可占总产草量的85%。

（3）营养价值 多花黑麦草营养价值高，茎叶干物质中含粗蛋白质13.7%、粗脂肪3.8%、粗纤维21.3%、无氮浸出物46.4%、粗灰分14.8%。多花黑麦草草质好，柔嫩多汁，适口性良好，各种家畜均喜食，适宜青饲、调制干草或青贮，是兔等畜禽的优质饲草。适宜刈割时期：青饲为孕穗期或抽穗期，调制干草或青贮为盛花期。

4. 扁穗雀麦

（1）生物学特性 扁穗雀麦喜温暖湿润的气候条件，适宜暖温带地区种植，越冬性差，在北京、青海、辽宁等地种植越冬不稳定或不能越冬。耐旱性一般，不耐积水，不耐湿热，但其抵抗晚秋初冬的寒冷低温能力较强，在北京青草期可延续至12月中旬。喜肥沃黏质土壤，耐盐碱能力强。

（2）栽培管理技术 扁穗雀麦在长江流域及以南冬季温暖地区宜秋播，可利用2～3年。在北方温暖地区宜春播，可利用1～2年。以条播为主，单播时每亩播种量1.5～2千克，行距15～20厘米，播深3～4厘米，播后要镇压，一般与黑麦草、三叶草、鸭茅混播。生长期间适时除草，追肥浇水，可以大幅度提高产草量和改善品质。

(3) 饲用价值 扁穗雀麦适宜建立短期人工草地，其株丛繁茂，茎叶鲜嫩，草质优良，营养丰富。抽穗期茎叶干物质中含粗蛋白质18.4%、粗脂肪2.7%、粗纤维29.9%、无氮浸出物39.6%、粗灰分11.7%，其中钙2.51%、磷0.29%。适口性好，各种草食家畜均喜食，尤其适于饲喂兔和草食性鱼类。在北京地区一年可刈割2~3次，每亩产干草400~500千克；在青海地区，每亩产干草达500~700千克。扁穗雀麦草质优于无芒雀麦，可以青饲、青贮或调制干草。

5. 老芒麦

(1) 生物学特性 老芒麦耐寒性很强，能耐-40℃低温，可在青海、内蒙古、黑龙江等地安全越冬。从返青至种子成熟，需≥10℃有效积温700~800℃。在年降水量400~600毫米的地区可旱作栽培，但干旱地区种植需有灌溉条件。老芒麦对土壤要求不严，在瘠薄、弱酸、微碱或富含腐殖质的土壤上均生长良好，也能在轻微盐渍化土壤中生长。老芒麦春播当年可抽穗、开花甚至结实，从返青至种子成熟需120~140天。播种当年以营养枝占优势，几乎占总枝条数的3/4；第二年后以生殖枝占绝对优势，达2/3。

(2) 栽培管理技术

① 整地。播前深翻土地（如春播，应在前一年夏秋季翻地），施足基肥，每亩施1.5吨厩肥和15千克碳酸氢铵。播前耙耱，使地面平整。

② 播种。老芒麦种子具长芒，播前应去芒。春、夏、秋季播种均可。有灌溉条件或春墒较好地方，可春播；无灌溉条件的干旱地方，以夏秋季播种为宜；在生长季短的地方，可采用秋末冬初寄籽播种。播种时应加大播种机的排种齿轮间隙或去掉输种管，时刻注意种子流动，防止堵塞，以保证播种质量。春播应防止春旱和一年生杂草的危害；秋播则应在初霜前30~40天播种，过晚则苗期时间短，养分贮备不足，易造成越冬死亡。宜条播，行距20~30厘米，收草者播量1.5~2千克/亩，收种者1.0~1.5千克/亩，覆土2~3厘米。

老芒麦为短期多年生牧草，适于在粮草轮作和短期饲料轮作中应用，利用年限2~3年。后作宜种植豆科牧草或一年生豆类作物，也可与山野豌豆、沙打旺、紫花苜蓿等豆科牧草混播。

③ 收获。老芒麦属上繁草，适于刈割利用，宜抽穗至始花期进行。北方大部分地区，每年刈割1次；水肥良好地区，可年刈2次，年产干草200～400千克/亩。老芒麦种子极易脱落，采种宜在穗状花序下部种子成熟时及时进行，可产种子50～150千克/亩。

（3）饲用价值 老芒麦草质柔软，适口性好，各类家畜均喜食，饲用价值高。老芒麦叶量丰富，一般占鲜草总产量的40%～50%，再生草中达60%～80%。营养成分含量丰富（如粗蛋白质，孕穗期11.19%，抽穗期13.90%，开花期10.63%，成熟期9.06%），消化率较高，夏秋季节对幼畜发育、母畜产仔和牲畜增膘都有良好的效果。叶片分布均匀，调制的干草，各类家畜都喜食，特别是冬春季节，幼畜、母畜最喜食。牧草返青早，枯黄迟，绿草期较一般牧草长30天左右，从而提早和延迟了青草期，对各类牲畜的饲养都有一定的经济效果，其营养成分含量高。

6. 羊草

（1）生物学特性 羊草抗寒、抗旱、耐盐碱、耐土壤瘠薄，适应范围很广。多生于开阔平原、起伏的低山丘陵、河滩及盐碱低地。在冬季-40.5℃可安全越冬，年降水量250毫米的地区生长良好。羊草喜湿润的沙壤质栗钙土和黑钙土，在pH 5.5～9.4的土壤上皆可生长，最适于pH 6～8的土壤。在排水不良的草甸土或盐化土、碱化土中也生长良好。由于根部发达，能从土壤深处吸收水分和养料，所以特别抗旱和耐沙，是风沙干旱区很有发展前途的牧草。但不耐水淹，长期积水会大量死亡。羊草在湿润年份，茎叶茂盛常不抽穗；在干旱年份，草高叶茂，能抽穗结实。羊草根茎发达，根茎上具有潜伏芽，有很强的无性更新能力。早春返青早，生长速度快，秋季休眠晚，青草利用时间长。生育期可达150天左右。生长年限长达10～20年。

羊草播种后10～15天出苗，苗期生长缓慢，竞争力弱，易受草害。东北的中部和北部，羊草在3月下旬或4月上旬返青，4月中旬展叶，4月下旬分蘖拔节，6月上旬抽穗，6月中下旬开花，开花期长达50～60天。7月上中旬达乳熟期，7月中下旬达成熟期。

(2）栽培管理技术

① 整地播种。羊草对土地要求不严，除低洼内涝地外均可种植，但以排水良好、土层深厚、多有机质的肥沃耕地种植最佳。过牧退化草原和退耕还牧地也适合种羊草。羊草还适合在盐碱地种植，但必须注意暗碱和地面碱化的程度。碱性过大的碱斑地，非经改良不能播种。

羊草可分为春播或夏播。杂草较少且土地质量好的可春播。春旱区在3月下旬或4月上旬抢墒播种；非春旱区在4月中下旬播种。杂草较多的地块播种前要除草，在5月下旬或7月上旬播种。黑龙江省肇东市，推迟到7月20日以后播种的羊草，虽然出苗率较高，但越冬前仅有2～3枚真叶，根40～50条，基本未产生根茎，越冬后死苗率达80%以上。在华北、西北、内蒙古等地，夏播羊草一般不要迟于7月中旬。

羊草可用种子繁殖，也可用根茎进行无性繁殖。羊草种子出苗率低，小苗细弱，易受草害，用种子繁殖，播前必须精细整地，达到土壤细碎、地面平整，播期以夏季为主。每亩播种量3～4千克，条播行距15～30厘米，播深2～4厘米，播后镇压。羊草种子空秕粒多，播前应清选，以提高发芽率。羊草种子发芽率较低又易伤苗，所以要正确掌握播种量。根据羊草种子成熟情况和实际发芽率，播种量以2.5～3千克/亩为宜。整地质量较差、毒草较多、种子品质不良时，可增至3.5～4千克。无性繁殖，可牧羊草的根茎切成小段，一般长5～10厘米，有2～3个节，按一定行距埋入整好的地中，栽后灌水或在雨季栽植，成活率高。种子出苗期长，幼苗生长慢，易受干旱及杂草危害，应注意加强管理，适时灌水、除草、追肥。羊草宜与紫花苜蓿、沙打旺、野豌豆等豆科牧草混播。混播时因羊草根茎发达，竞争力强，非根蘖性豆科牧草往往处于劣势，经3～4年即自行消失。为此，应适当增加豆科牧草的播种量，以每亩羊草2～2.5千克，紫花苜蓿或沙打旺2.5～3千克为宜。

羊草利用年限长，产量高，需肥多，必须施足基肥和及时追肥。羊草需氮肥多，无论基肥还是追肥，都要以氮肥为主，适当搭配磷肥和钾肥。每亩施半腐熟的堆肥、厩肥2.5～2.7吨，翻地前均匀撒

人。土壤贫瘠的沙质地和碱性较大的盐碱地，应多施一些有机肥料，不仅能提高土壤肥力，改善土壤结构，还可缓冲土壤的酸碱性，对羊草生长尤为有利。

羊草无论单种还是混种，多条播，行距30厘米。羊草种子轻而长，流种不畅，所以播种前要把播种机的播种舌和开沟器的分种管取掉，作业中经常疏通排种管，以防堵塞。与豆科牧草混播又以隔行混播为好。覆土2~3厘米。播种后镇压1~2次。渠道坡面或冲刷沟壁播种时，要横向开沟条播，或刨穴点种。也可将种子均匀撒落地面，用齿耙盖籽覆土。

② 田间管理。羊草苗期生长十分缓慢，易被杂草抑制。因此必须及时消灭杂草。等羊草长出2~3枚真叶时，中耕可消灭杂草90%以上。生育后期还要割除高大杂草，以免受草害，最终获得草层厚密，产草量高的效果。单播的羊草草地，也可用2，4-D类除草剂灭草。在杂草苗高8~12厘米时，喷洒0.5%的2，4-D钠盐，可彻底杀死菊科、黎科、蓼科等各种阔叶杂草。

③ 收获。羊草为刈牧兼用型牧草，栽培的羊草主要用于调制干草，孕穗期至始花期刈割为宜。营养枝比例大，抽穗期调制干草颜色深绿，气味芳香，是牛的上等青干草。旱作人工羊草草地，每亩产干草150~300千克，灌溉地400千克以上。再生性良好，水肥条件好时每年刈割2次。

（3）饲喂价值　羊草茎秆细嫩，叶量丰富，适口性好，各种家畜均喜食，营养价值高（分蘖期、拔节期、抽穗期和结实期的蛋白质含量分别达到18.53%、16.17%、13.35%和14.53%；粗脂肪含量分别为3.68%、2.76%、2.58%和2.53%；且矿物质、胡萝卜素含量丰富。每千克干物质中含胡萝卜素49.5~85.87毫克）。羊草草地可放牧利用、青饲和青贮，但主要供调制干草用。用羊草调制的干草，颜色浓绿，气味芳香，是上等优质饲草，现为我国唯一作为商品出口的禾本科牧草。

7. 苇状羊茅

（1）生物学特性　苇状羊茅适应性广，可在多种气候条件下和多种生态环境中生长，抗寒、耐热、耐干旱、耐潮湿，在冬季－15℃

条件下可安全越冬，夏季在38℃高温下可正常越夏，最适宜在年降水量450毫米以上和海拔1500米以下的温暖潮湿地区生长，对土壤要求不严，可在各种类型的土壤上生长，耐酸性土壤，并有一定的耐盐能力，在肥沃、潮湿的黏土上生长最繁茂。春、秋两季均可播种，每亩播种量1~1.5千克，可与白三叶、红三叶、紫红苜蓿、沙打旺混播利用。

（2）栽培管理技术 苇状羊茅易建植，春、秋两季均可播种，华北大部分地区以秋播为宜。结合整地，施足基肥，每公顷施有机肥22 500千克、复合肥450千克。每公顷播种量10.5~19.5千克，条播行距30厘米，播深2~3厘米，播后适当镇压。可单播，也可混播，常与三叶草、紫红苜蓿、红三叶、沙打旺混播建立人工草地。苇状羊茅对水肥敏感，在返青和刈割后适时浇水，追施速效氮肥，可以提高产草量和质量。每年可刈割3~4次，每亩产鲜草2500~4000千克。

（3）饲喂价值 苇状羊茅叶量丰富，草质较好，如能掌握利用适期，可保持较好的适口性和利用价值。茎叶干物质中含粗蛋白质15.4%、粗脂肪2%、粗纤维26.6%、无氮浸出物44%、粗灰分12%。草质较粗糙，品质中等，适宜刈割青饲、调制干草，也可放牧利用。草食家畜均喜食。此外，苇状羊茅抗逆性强，绿期长，耐践踏，适宜铺设草坪。

8. 草地羊茅

（1）生物学特性 草地羊茅喜温暖湿润气候，耐寒、耐热，较苇状羊茅抗旱性差，适宜在年降水量600~800毫米的地区生长。比苇状羊茅稍耐寒，在北京地区可安全越冬；东北地区有雪覆盖时也能越冬。耐高温，在长江流域炎热地区可越夏。对土壤的适应性较广，最适宜在肥沃的黏壤土上生长，尤其对瘠薄、排水不良、盐碱度较高或酸性较强的土壤均有一定抗性，能在pH 9.5的土壤上良好生长，但在石灰质和沙性土壤上需有足够水分才能生长良好。

草地羊茅属典型的冬性牧草，播种当年只分蘖不抽茎，翌年当气温上升至2~5℃时开始返青，北方6月上旬抽穗，下旬开花，7月中旬种子成熟，生育期100~110天。播后2~4年产量最高，可保持

7~8年高产，水肥及管理条件好时可达12~15年。种子寿命较长，贮藏5~6年仍可保持50%的发芽率，9~10年后才全部丧失活力。

（2）栽培管理技术 草地羊茅种子细小，播前耕翻整地，每亩施有机肥1500千克、复合肥30千克。我国北方宜春播或夏播，南方以秋播多见。条播行距20~30厘米，播深2~3厘米，播后镇压，以利出苗。每亩播种量1~1.3千克。常与猫尾草、黑麦草、紫红苜蓿、白三叶等牧草混播。

当年苗期应注意中耕除草，且要封闭禁用。翌年开始正常刈割和收籽利用，生长期长，再生性强，水肥条件好时年可刈割3~5次，以抽穗期刈割为宜。每亩产鲜草2500~3000千克。

（3）饲用价值 草地羊茅茎叶干物质中含粗蛋白质12.3%、粗脂肪5.6%、粗纤维25.7%、无氮浸出物47.7%、粗灰分8.7%。草质略粗糙，可用于青饲、调制干草和青贮。

9. 紫羊茅

（1）生物学特性 紫羊茅喜冷凉湿润的气候条件，适宜在高山地带生长。抗寒性强，在我国东北及新疆都能安全越冬。不耐夏季炎热气候，多数品种越夏有死苗现象，但春、秋两季生长旺盛。紫羊茅有一定的耐阴性，在疏林地带生长良好，也较耐干旱和瘠薄，适应性也较强，分蘖能力强，易形成密集的草地。

（2）栽培管理技术 播前要精细整地，每亩施有机肥1500千克、复合肥30千克。可春播、秋播，也可雨季播种，华北地区一般秋播为宜。条播行距15~20厘米，播深1~2厘米，每亩播种量1~1.5千克。除单播外，还可与红三叶、白三叶、多年生黑麦草等混播，建立高质量的放牧草地。

（3）饲喂价值 紫羊茅茎叶干物质中含粗蛋白质21.1%、粗脂肪3.1%、粗纤维24.6%、无氮浸出物37.6%、粗灰分13.6%。紫羊茅各个生长时期的草质都很优良，营养价值高，适口性好，草食家畜均喜食。

10. 鸭茅

（1）生物学特性 鸭茅适温暖湿润的气候条件，抗寒性低于猫尾草和无芒雀麦，最适生长温度为10~28℃，昼夜温度变化大对生长有影响，昼温22℃，夜温12℃最宜生长。耐热性差，高于30℃生长显著受阻。耐旱性差，但其耐旱性强于猫尾草。其耐热性和耐寒性都优于多年生黑麦草。对低温反应敏感，6℃时即停止生长，冬季无雪覆盖的寒冷地区不易安全越冬。略能耐酸，不耐盐碱。对氮肥反应敏感。

鸭茅对土壤要求不严，但在肥沃的壤土或黏壤土上生长最为繁茂，在较瘠薄和干燥土壤上也能生长，但在沙土地则不甚相宜。需水，但不耐水淹。耐阴性强，阳光不足或荫蔽的条件下生长正常，生长在光线缺乏的地方。增强光照强度和光照持续期，均可增加产量、分蘖和养分的积累。适宜混播或在疏林草地及果园中种植，因此又称“果园草”。鸭茅的发育比其他禾本科牧草慢，但再生能力强，寿命长（是长寿命的多年生牧草），一般可生存6~8年，多者可达15年，以第二年和第三年产草量最高。在几种主要多年生禾本科牧草中，鸭茅苗期生长最慢。南京、武昌、雅安9月下旬秋播者，越冬时植株小而分蘖少，叶尖部分常受冻凋枯。翌年4月中旬迅速生长并开始抽穗，抽穗前叶多而长，草丛展开，形成厚软草层。5月上中旬盛花，6月中旬结实成熟。3月下旬春播者，生长很慢，7月上旬个别抽穗，一般不能开花结实。鸭茅在广西越夏难，在山西中南部地区可以越冬。

鸭茅再生能力强，放牧或割草以后，恢复很迅速。早期收割，其再生新枝的65.8%从残茬长出，34%从分蘖节及茎基部节上的腋芽长出。其干草和第一茬青草产量较无芒雀麦或猫尾草稍低，但在盛夏时高于上述两种草，其再生草产量占总产量的33%。

（2）栽培管理技术 鸭茅生长缓慢，分蘖迟，植株细弱，与杂草竞争能力弱，早期中耕除草又易伤害幼苗，整地务宜精细，以出苗整齐。

鸭茅可单播，也可混播。春播、秋播皆可，秋播宜早，以免幼苗遭受冻害。长江以南各地，秋播不应迟于9月中下旬，可用冬小麦或冬燕麦做保护作物同时播种，以免受冻害。宜条播，行距15~30厘米，播种量0.75~1千克/亩。种子空粒多，应以实际播种量计算。密行条播较好，覆土宜浅，以1~2厘米为宜。鸭茅可与苜蓿、

白三叶、红三叶、杂三叶、黑麦草、牛尾草等混种。鸭茅丛生，如与白三叶混种，白三叶可充分利用其空隙匍匐生长并供给禾本科草以氮素使其生长良好。鸭茅与豆科牧草混种时，禾豆比按2:1计算，鸭茅用种量为0.5～6.5千克/亩。

鸭茅是需肥最多的牧草之一，尤以施氮肥作用最为显著。在一定限度内，牧草产量与施氮肥成正比关系。据试验，每亩施氮量为47.5千克时鸭茅干草产量最高，达每亩1200千克。如施氮量超过47.5千克/亩时，不仅产量降低，而且植株数量减少。

鸭茅生长发育缓慢，产草量以播后2～3年产量最高，播后前期生长缓慢，后期生长迅速。南京地区9月底播种者越冬前分蘖很少，株高仅10厘米左右，越冬以后生长较快。越夏前一般可刈割2～3次，每亩产鲜草2500千克左右，高者可达4500千克。春播当年通常只能刈割1次，每亩产鲜草1000千克左右。刈割时期以刚抽穗时最好。延期收割，不仅茎叶粗老，严重影响牧草品质，且影响再生草的生长。初花和花后2周收割的再生草产量比刚抽穗刈割的分别少15%和26%。

> 【提示】 延期收割，不仅茎叶粗老，严重影响品质，且影响再生草的生长。

（3）饲用价值 鸭茅草质柔嫩，营养丰富，适口性好，是牛的优质饲草。可以放牧利用，也可以调制干草、青饲或制作青贮。

11. 扁穗牛鞭草

（1）生物学特性 扁穗牛鞭草喜温暖湿润气候，在亚热带冬季也能保持青绿色。既耐热又耐低温，极端温度39.8℃生长良好，-3℃时枝叶仍能保持青绿色。在海拔2132.4米的高山地带，能在有雪覆盖下越冬。该草适宜在年平均气温16.5℃地区生长，气温低则会影响产量。在地形低湿处生长旺盛，为稻田、沟底、河岸、湿地、湖泊边缘常见的野生禾草。扁穗牛鞭草对土壤要求不严，在各类土壤上均能生长，但以酸性黄壤产量更佳。在四川，扁穗牛鞭草7月中下旬抽穗，8月上中旬开花，9月初结实，9～10月种子成熟，结实率较低，种子小，不易收获。生产上广泛采用无性繁殖，繁殖系数为 98～105。

扁穗牛鞭草再生性好，每年刈割4～6次。每次刈割后50天即可生长至100厘米以上。刈割促进分蘖，第一次刈割后分蘖数增加153.1～174.5倍。

（2）栽培管理技术 由于生长期内需水量大，且耐短暂渍水，多安排在排灌方便的土壤上种植。其对整地要求不严，耐粗放。

扁穗牛鞭草的结实率低，一般在1%～2%，现均用生长健壮的茎段（带2～3个节的茎段）做种苗，进行扦插繁殖。全年均可种植，但以5～9月份栽插为宜。越冬的草地如做种用，1年可刈种茎2～3次。6月份第一次扦插的植株，生长60天，即到8月份，又可刈种茎再繁殖1次，不过产草量较老草地要低。繁殖1公顷草地，以栽75万株（穴距10厘米×15厘米）计，约需种茎2000千克。

栽植前，要将地耕翻耙平，按行距开沟，深8厘米左右，顺序排好种茎，然后覆土，使种茎有1～2节入土，1节露出土面即可，抢在雨前扦插或栽后灌水，成活率很高。气温15～20℃时，7天长根，10天露出新芽，移栽成活率极高。在美国，刈割种茎前2～3周时，对草地施氮肥，刈下后稍有凋萎即打捆运至繁殖地，将种茎均匀撒在地表，随即用圆盘耙进行作业，使种茎受到部分覆土，再稍加碾压，如土表没有足够的湿度，则需灌溉。成活后和每次刈割后应适当追施氮肥，以提高产草量。开花后，茎叶生长量小，质地变硬。因此，宜在孕穗期和花期前利用，一般在拔节—孕穗期刈割，此时产量、营养品质均较理想。据四川农业大学似“广益”扁穗牛鞭草品种试验，在洪雅县种植，年可刈割5～6次，再生力强，每亩年产鲜草9900千克，合干物质约1540千克。刈割高度视其饲喂对象和利用而定。

牛鞭草与多种豆科牧草混播效果良好。在牛鞭草草地秋季套播，以红三叶的产量较高，虽然其根分泌物对于牛鞭草的生长有一定抑制作用。

（3）饲用价值 牛鞭草作为饲用植物，其营养成分丰富（拔节期、结实期的蛋白质含量达到17.28%和6.25%；粗脂肪为3.78%和3.68%）。扁穗牛鞭草含糖分较多，味香甜，无异味。拔节期刈

割，其茎叶较嫩。一般青饲为好，青饲有清香甜味，各种家畜都喜食。调制干草不易掉叶，但脱水慢、晾晒时间长，遇雨易腐烂。青贮效果好，利用率高。

12. 苏丹草

（1）生物学特性 苏丹草喜温暖，不耐寒，种子发芽最低温度8℃，最适温度为20～25℃；幼苗遇低于3℃的温度即受冻害或完全冻死。成株在低于12℃时生长变慢。根系强大，入土很深，能利用土壤深层的水分和营养。抗旱能力极强，在降雨量仅250毫米地区种植仍可获得较高产量。对土壤要求不严，一般土壤均可种植，但不宜种植在沼泽土和流沙地上。对水肥反应良好。要获高产，必须施肥灌水。对其后作，也要多施肥料保证丰产。苏丹草宜在晚霜后播种。生育期100～120天。进入分蘖期后的整个生育过程中能不断分蘖，而且从分蘖开始，生长速度加快，一昼夜生长5～10厘米。这期间施肥灌水可获高产。

苏丹草对土壤要求不严，耐酸碱能力较强，只要排水良好，在沙壤土、重黏土、弱酸性和轻度盐渍土上均可种植，而在肥沃的黑钙土、暗栗钙土上生长最好。因其吸肥能力强，在过于瘠薄的土壤上生长不良。

适宜条件下，播后7～8天齐苗。苗期根生长快而茎叶生长慢，当根系入土50厘米时，地上株高才20厘米左右。约1个月出现5片叶片时，开始分蘖，而且整个生育期间能不断分蘖，最多时高达100个以上。此后茎叶旺盛生长。80～90天后开始开花，开花顺序是由圆锥花序顶端向下延伸，每个花序的开花期7～8天。其小花开放多在清晨和温暖的夜间进行，要求最适气温20℃，空气相对湿度80%～90%。由于分蘖多，整个植株开花延续很长时间，有时直至霜降为止。

苏丹草为异花授粉植物，种子成熟极不一致，往往同一圆锥花序的下面小花还在开放，而最上部的小穗已处于乳熟期。苏丹草为短日照作物，生育期100～120天，要求积温2200～3000℃。在内蒙古呼和浩特地区，4月底播种，5月初齐苗，6月上旬分蘖，6月末拔节，7月中下旬开始抽穗和开花，9月大部分种子才成熟。

（2）栽培管理技术

① 整地播种。选取粒大、饱满的种子，并在播前进行晒种，打破休眠，提高发芽率。在北方寒冷地区，为确保种子成熟，可采用催芽播种技术，即在播前1周，用温水处理种子6～12小时，后在20～30℃的地方积成堆，盖上塑料布，保持湿润，直到半数以上种子微露嫩芽时播种。

苏丹草对土壤养分和水分的消耗量很大，是多种作物的不良前作，尤忌连作，故收获后要休闲或种植一年生豆科牧草。玉米、麦类和豆类作物都是其良好的前作，但以多年生豆科牧草或混播牧草为最好。生产中，苏丹草可与秣食豆、豌豆和毛苕子等一年生豆科植物混种。苏丹草喜肥喜水，播种前应深翻耕地，结合耕翻整地每亩施有机肥1500千克。在干旱地区或盐碱地带，为减少土壤水分蒸发和防止盐渍化，也可进行深松或不翻动土层的重耙灭茬，翌年早春及时耙耱或直接开沟于春末播种。以春播为主，当土表温度稳定在10℃（2～12℃时）即可播种，北方多在4月下旬至5月上旬。多采用条播，干旱地区宜行宽行条播，行距45～50厘米，每亩播量1.5千克；水分条件好的地区可行窄行条播，行距30厘米左右，每亩播量1.5～2千克。播种深度4～6厘米。播后及时镇压以利出苗。另外，混播可提高草的品质和产量，每亩播种量为1.5千克苏丹草及1.5～3千克豆类种子。也可分期播种，每隔20～25天播1次，以延长青饲料的利用时间。

② 田间管理。苗期注意中耕除草，干旱时适当灌溉。刈割后每亩追施氮肥10千克左右，以提高再生草产量。苏丹草苗期生长慢，不耐杂草，需在苗高20厘米时开始中耕除草，封垄后则不怕杂草抑制，可视土壤板结情况再中耕1次。苏丹草根系强大，需肥量大，尤其是氮、磷肥，必须进行追肥。在分蘖、拔节及每次刈割后施肥灌溉，一般每次施7.5～10千克/亩硝酸铵或硫酸铵，附加10～15千克/亩过磷酸钙。

③ 收获。青饲苏丹草最好的利用时期是孕穗初期，这时其营养价值、利用率和适口性都很高。若与豆科作物混播，则应在豆科草现蕾时刈割，刈割过晚，豆科草失去再生能力，往往第二茬只留下苏丹草。调制干草以抽穗期为最佳，过迟会降低适口性。青贮用则

可推迟至乳熟期。在北方生长季较短的地区，首次刈割不宜过晚，否则第二茬草的产量低。苏丹草株高茎细，再生性强，产量高，适于调制干草。苏丹草再生能力较强，每年可刈割2~3次，每亩产鲜草0.3万~0.5万千克。华中地区每亩产良鲜草可达1万千克，每亩产粗蛋白质约300千克。

（3）饲用价值 苏丹草茎叶产量高，含糖丰富，尤其是与高粱的杂交种，最适于调制青贮饲料。在旱作区栽培，其价值超过玉米青贮料。苏丹草营养丰富，且消化率高。营养期粗脂肪和无氮浸出物较高，抽穗期粗蛋白质含量较高（3.3%），粗蛋白质中各类氨基酸含量也很丰富。另外，苏丹草还含有丰富的胡萝卜素。苏丹草作为夏季利用的青饲料最有价值。此时，一般牧草生长停滞，青饲料供应不足，而苏丹草正值快速生长期，鲜草产量高。苏丹草适宜青饲、调制干草，也可青贮或放牧。

> **【提示】** 苏丹草苗期含有氢氰酸，放牧或饲喂易引起家畜中毒，应在株高50~60厘米时放牧，或刈割后稍加晾晒再饲喂。

13. 燕麦草

（1）生物学特性 适应的气候条件与鸭茅相同，喜温暖湿润，能耐夏季炎热，但耐寒性不及猫尾草。耐旱能力较强，耐旱性不及无芒雀麦和冰草，而强于其他牧草。对土壤要求不严，宜生长于腐殖质多的沙壤土、黏土及干涸的沼泽地。

（2）栽培管理技术 燕麦草在南方可秋播，北方宜春播，条播每亩播种量2.5~4千克，行距15~30厘米，播深4~5厘米，生长期3~4年。

（3）饲喂价值 燕麦草的营养成分大致与鸭茅相似。粗蛋白质含量，鲜草为2.6%，干草为7.5%；粗脂肪，鲜草为0.9%，干草为2.4%；无氮浸出物，鲜草为10.5%，干草为30.1%。主要用以刈割调制干草，刈割次数不宜太多。当土壤肥沃时再生能力很强，每年可刈割3~4次；土壤瘠薄时，每年只能刈割1~2次，最佳刈割时期为开花期。不宜放牧，每亩产干草400~1000千克。

⚠【注意】 燕麦草可与其他牧草混播，最宜与鸭茅、牛尾草、杂三叶及红三叶等混播。

14. 黑麦

（1）生物学特性 黑麦喜冷凉气候，分冬性和春性两种。在高寒地区只能种春性品种，温暖地区两种均可种植。黑麦的生育期与小麦相似，具有较强的抗旱、抗寒和耐瘠能力。生产上以冬性品种为主。冬性品种具有较强的抗寒性，能忍受-25℃的低温，有积雪时能在-35℃低温下越冬，故在我国中北部地区均能栽培。种子发芽最低温度为6~8℃，22~25℃时4~5天即发芽出苗。幼苗可耐5~6℃低温，但不耐高温，全生育期要求≥10℃积温达2100~2500℃。耐瘠薄，但不耐高温和湿涝，不耐盐碱，对土壤要求不严，在瘠薄的沙质土壤上能良好生长，但以沙壤土为宜。耐干旱，在年降水量300~1000毫米地区均能适应。北京地区9月下旬播种，10月初分蘖，翌年3月上旬返青，4月上旬拔节，中旬孕穗，5月初抽穗，中旬开花，6月下旬结实成熟。

（2）栽培管理技术 在华北及其他较温暖的地区，黑麦为玉米、高粱、谷子、大豆的后作，青刈黑麦常作为棉花的前作。黑麦也是玉米、甘薯、豆类等的良好前茬。较耐连作，可进行2~3茬连作。

黑麦一般9月下旬至10月上旬播种，播前需将地整好，每亩施有机肥2000千克、过磷酸钙30千克。在地下害虫如地老虎、蝼蛄、蛴螬严重的地方，每亩用50%辛硫磷乳剂50毫升加适量水拌炒熟的谷子或玉米碎粒5千克撒于田间诱杀地下害虫。常条播，行距15~30厘米，播深3~5厘米。青刈黑麦每亩播种量为12千克，播后立即镇压。6~7天可出苗。翌年3月中旬返青，4月中旬拔节，拔节时注意施肥、浇水。东北和西北寒冷地区只能春播，一般5月上旬播种。在河南、山东及河北南部，若在8月下旬完成播种，冬季12月份可刈割1茬青饲料或放牧利用。

黑麦为密播作物，可抑制杂草生长，一般不中耕。为防止土壤板结，利于根系活动及再生苗生长，应于翌年中耕除草1~2次。春季返青期及每次刈割后，应追肥和浇水。每亩追施尿素10~15千克。

冬前压麦2次，可促进分蘖和提高越冬率。

（3）饲用价值 黑麦可作为粮食，也可作为饲料。黑麦返青早，生长速度快，北方地区常作为青饲料栽培，以作为早春青饲料供应。黑麦叶量大，茎秆柔软，营养丰富（拔节期、孕穗期、抽穗期的粗蛋白质占干物质的比例分别达到15.08%、17.16%和12.95%，粗脂肪为4.43%、3.62%和3.29%），适口性好，是牛的优质饲草。黑麦孕穗期粗蛋白质含量及产草量较高，是刈割青饲的最佳时期。若调制干草，则抽穗期刈割最好，黑麦产量较高，1年可刈割2~3次，每亩产鲜草2000~2500千克，每亩产干草400~500千克。刈割时留茬5~8厘米，以利于再生。黑麦的消化率也较高。冬牧70黑麦目前是华北及江淮温暖地区很有前途的一种青饲料，特别在棉花产区，既解决了家畜的早春饲料问题，又解决了冬闲问题。

15. 墨西哥玉米

（1）生物学特性 墨西哥玉米喜温、喜湿、耐肥。种子发芽的最低温度为15℃，最适温度为24~26℃。生长最适温度为25~35℃。耐热，能耐受40℃的持续高温。不耐低湿霜冻，气温降至10℃以下生长停滞，0~1℃时死亡。年降水量800毫米以上，无霜期180天以上的地区可种植。对土壤要求不严，适应于pH为5.5~8的微酸性或微碱性土壤。不耐涝，被淹数日即可引起死亡。

（2）栽培管理技术 选择排灌方便、土壤肥沃的地块，结合耕翻，每亩施厩肥2000千克作为基肥。春季时期早播。条播行距50厘米，播种量每亩0.5千克。穴播，穴距50厘米×50厘米，每穴播种子2~3粒，播深2厘米，苗期生长缓慢，注意中耕除草，分蘖至拔节期生长加快，每亩追施氮肥5~10千克，株高达1.5米时即可刈割，留茬高10厘米，刈割后施速效氮肥，以促进再生草生长。每亩产鲜草1万千克。从墨西哥引进的最新牧草品种，在我国河南、河北、山西、广东等地多点试种表明，每亩最高产量可达3.5万千克。

（3）饲用价值 墨西哥玉米开花期饲草干物质中含粗蛋白质9.5%、粗脂肪2.6%、粗纤维27.3%、无氮浸出物51.6%、粗灰分9%。茎叶脆嫩多汁、味甜，适口性好，是牛的多汁饲料。适宜青饲、青贮。当株高1~1.5米时刈割，直接或切碎喂牛，效果良好，青贮饲料是奶牛的优质饲草。

➡【提示】 专做青贮时，可与豆科类植物混种，以提高青贮质量。

三 其他科牧草与饲料作物

1. 串叶松香草

（1）生物学特性 串叶松香草为喜温耐寒抗热植物，是适宜温带地区种植的一种高产饲用植物。耐寒性较强，生长中的植株遇 -4～-3℃的霜寒，仍能生长，-29℃宿根不受冻害，在东北南部、华北及西北地区能够安全越冬。最适生长温度为 20～28℃，也能耐 30℃以上的高温，在长江流域，夏季高温季节仍然生长良好，在华北及西北地区能够越冬。耕层土壤温度在 5℃以上时开始返青，5 厘米地温稳定在 10℃时，种子需 10 天左右发芽出苗，22～25℃时经 5～6天就可发芽出苗。当温度在 25～28℃时，日增长高度可达 2.5 厘米。较耐旱、耐湿，需水需肥较多，特别是现蕾开花期需水最多。

凡年降水量 450～1000 毫米的地方都能种植（适宜的年降水量为 600～800 毫米）。由于根系发达，具有一定的抗旱能力。耐涝性较强，地表积水长达 4 个月时，仍能缓慢生长。喜中性至微酸性的肥沃土壤，壤土及沙壤土都适宜种植，适宜的土壤 pH 为 6.5～7.5。黏土会妨碍根的发育，抗盐性及耐瘠薄能力也差，故黏土、盐碱地和贫瘠的土壤不适宜种植。再生性强，耐刈割。

播种当年，地下除根系生长外，还产生根茎和根茎芽，这些根茎芽可独立发育成新植株，上部只生长莲座状叶丛。以后各年地下根的数量增加，老的根和根茎不断死亡，新的根和根茎不断产生。一株串叶松香草，几年就可扩展成一片。地上部返青时先出现莲座状叶丛，此后抽茎、现蕾、开花、结实。种子成熟期分乳熟、蜡熟、完熟 3 个时期，蜡熟末期至完熟期的种子，发芽率高，生活能力强。在北京地区 4 月上旬返青，6 月中旬开花，7 月中下旬种子成熟，生育期为 110 天左右，11 月下旬干枯，全生长期为 230 天左右，在南方生长期可达 300 天以上。串叶松香草属长寿牧草，可生长 10～15 年。

（2）栽培管理技术　串叶松香草植株高大，产量高，利用时间长，消耗地力较大，容易造成土壤板结，肥力下降。因此不宜连作，最好种植3～4年后，再种豆类作物以恢复地力。串叶松香草要求土壤及水肥条件较高，应选择水肥条件较好的地块种植。播前深耕细耙，创造疏松的耕作层，最好秋翻地，耕深20厘米以上，来不及秋翻的要早春翻耕。清除杂草，施足基肥，每亩施有机肥3000～4000千克、磷肥17千克、氮肥15千克。

播种时要尽可能选用前一年采收的种子，并晒种2～3小时，然后在25～30℃温水中浸种12小时，晾干后用潮湿的细沙均匀拌和，置于20～25℃的室内催芽3～4天，待种子多数露白后播种。可春播也可秋播，在北方春、夏、冬3季均可播种。春播在3月下旬至4月上旬，夏播在6月中下旬，不要晚于7月中旬，也可冬前寄籽播种。在南方春播、秋播均可，春播在2月中旬至3月中旬为宜，秋播宜早不宜晚，以幼苗停止生长时能长出5～7片真叶为宜。每亩播种量0.15～0.25千克，条播或穴播，以穴播为主，收草用行距40～50厘米、株距20～30厘米，每穴播种子3～4粒，覆土深度2～3厘米。除用种子直播外，也可育苗移栽，还可用根茎进行分株繁殖。

出苗后及时间苗、定苗，3～4片叶时定苗，每亩留苗3000～6000株，苗期生长缓慢，及时中耕除草。在封垄之前除草2～3次。中耕时根部附近的土层不宜翻动过深，以不超过5厘米为宜，以防损伤根系和不定芽。如果头两年管理得好，串叶松香草本身灭草能力较强，可以减少除草次数，甚至不必除草。

生长期间氮肥的效应极大，因而要及时追施氮肥，一般于返青期及每次刈割后进行，每次每亩追施硫酸铵10～15千克或尿素5～7千克，施后及时浇水。每年冬春季节要追施1次有机肥或复合肥，每次刈割之后应施1次速效氮肥，追肥与灌水同时进行。但需注意刈后追肥应待2～3天伤口愈合后进行。寒冷地区为了安全越冬，要进行培土或人工盖土防寒，也可灌冬水，促进早返青、早利用。

播种当年不刈割，以后各年在现蕾至开花初期开始刈割，每隔40～50天刈割1次。北方年刈割3～4次，南方4～5次为宜。每亩鲜草产量为10 000～20 000千克。刈割3次时，第一茬产草量约占总产草量的50%，第二茬占30%～40%，第三茬占10%～20%。刈割时留茬10～15厘米。采种田一般不刈割，并多施磷、钾肥。为防止倒伏，生育后期要减少追肥和灌水。

（3）饲用价值　串叶松香草是一种高产青饲料，一般切碎后生喂，也可调制青贮饲料和干草。串叶松香草播种当年不能抽薹开花，以营养生长为主，产草量不很高，每亩产鲜草2000～3000千克。第二年可抽薹开花结实，植株高度在2米左右，产量较高。最适收割期为开花初期，以后每隔40～50天收割1次，每年可收割3次，每亩产鲜草1万千克左右。

串叶松香草不仅产量高，而且品质好，粗蛋白质（干物质中粗蛋白质含量为22%）和氨基酸含量丰富，特别是富含碳水化合物，钙、磷和胡萝卜素的含量也极为丰富，茎叶柔嫩，适口性较好，消化率高，是畜禽的优质饲料。

2. 菊苣

（1）生物学特性　菊苣喜温暖湿润气候，15～25℃生长迅速，夏季高温，只要雨水充足，仍具有较强的再生能力。耐寒性较强，在－10～－8℃时仍保持青绿，－20～－15℃时能安全越冬。耐热，在长江中下游地区能过夏。根系发达，抗旱性能较好，在辽宁朝阳地区种植，2个月未降透雨，玉米枯黄的情况下菊苣仍能生长。较耐盐碱，在pH为8.2的土地上生长良好。喜肥喜水，但低洼易涝地区易发生烂根，对氮肥敏感，对土壤要求不严，旱地、水浇地均可种植。耐盐碱，喜水喜肥，在水肥条件较好的沙壤土上，生产性能很高。

菊苣茎叶含有白色乳汁，稍具苦味，病虫害较少。寿命中等，可利用4～5年。生育期140天，生长期240～260天。菊苣在春播当年基本不抽茎，翌年开始抽茎，并开花结实。生长2年以上的植株，根茎上不断产生新的萌芽，并逐渐取代老株。

在太原种植，3月中旬返青，5月上旬抽茎，5月下旬现蕾，6月中旬开花，8月初种子成熟，10月底停止生长，全生长期230天左右；在宁夏种植，4月中旬返青，6月下旬始花，8月下旬第一批种子成熟，11月上旬枯黄，全生长期200天左右，绿期较长。

（2）栽培管理技术　菊苣以种子直播为主。因其种子细小，播

前应精细耕地，深耕细耙。播前每亩施有机肥2500～3000千克。春播、秋播皆可，每亩播种量0.5千克左右，条播、撒播均可，以条播为主，行距35～40厘米，播种时最好用细沙与种子混合，以便播种均匀。覆土深度为1.5～2厘米，播种后及时镇压，苗期及每年返青后应及时中耕除草、间苗、定苗。株高15厘米时间苗，留苗株距12～15厘米。菊苣生长速度快，需水需肥较多。从第二年开始，每年每亩应追施氮肥25～30千克，可在返青及每次刈割后结合中耕及灌水分批施入速效复合肥15～20千克。

要及时排除积水，以防烂根死亡。菊苣在株高40厘米时可刈割利用。播种当年，灌水1次的情况下，刈割2次的草产量约7000千克/亩，折合干物质1000千克/亩；第二年以后产量增加，每年可刈割3～4次，每亩产鲜草1万千克左右，其中第一次产量最高。刈割留茬高度为15～20厘米。

（3）饲用价值 菊苣产草量高，抗旱、耐寒、耐盐碱，再生能力强。菊苣在太原地区每年可以刈割3次，每亩产鲜草1.1万千克，折合干草1700千克；在长江中下游地区每年可刈割4次以上，每亩产鲜草2万～3万千克，折合干草2200千克。菊苣含有畜禽所需的多种营养成分（干物质中粗蛋白质可以达到22.87%），适口性好，是牛的优质青饲料。其在产草量、适口性、抗逆性和营养价值方面均是当前牧草饲料中的佼佼者。初花期粗纤维含量虽有所增加，但适口性仍较好，畜禽极喜食，适口性明显优于串叶松香草和聚合草。菊苣以青饲为主，也可与无芒雀麦、紫花苜蓿等混合青贮，或调制干草。

3. 饲用甜菜

（1）生物学特性 饲用甜菜对温度的要求高，在种子萌发时为6～8℃，幼苗在子叶期不耐冻，一直到真叶出现后抗寒力逐渐增强，可忍耐-6～-4℃的短暂低温。生长最适宜的温度为15～25℃。饲用甜菜对水、肥要求比较高，在黑土、沙土上种植，具有充足的水、肥时，可获得高产，单株块根重可达6～7.5千克。在轻度盐渍化土地上也可种植，但产量不高。

（2）栽培管理技术

① 整地施肥。甜菜是高产作物，且主产品为肉质根，根大叶茂，

所以要选择土层深厚、富含有机质、排水良好、有灌溉条件的地块种植。甜菜地下部十分发达，入土深度可达 2 米左右，四周延伸达 1.4 米。因此需深耕细作，提高整地质量。种植甜菜以秋深耕最好，深耕 20～30 厘米，可以增产 10%～20%。

甜菜一生需肥量大，平均每生产 1000 千克甜菜需氮 45 千克、磷 15 千克和钾 55 千克。一般每亩施用腐熟的有机肥 30～40 吨、尿素 250 千克、磷酸二铵 130 千克、硫酸钾 280 千克。

甜菜连作不仅能降低块根的产量和糖分，而且增加病虫害。前茬多选用麦茬、蚕豆茬、马铃薯茬，忌种植油菜茬，通常 3～4 年或 4～5 年轮作为好。播种前用 72% 都尔（用量为 150～180 克/亩）或 72% 甜菜灵（用量为 150 克/亩）兑水 30～40 千克/亩喷雾，混土层 3～4 厘米，到头到边，将土地整理成待播状态。

② 播种。应选用种球直径 2.5 毫米以上、发芽率不低于 75%、净度不低于 97%、千粒重超过 20 克的新鲜种球作为种子。甜菜种球具有木质化花萼，不光滑，为便于下种，可用碾子或石滚碾压磨光，并进行闷种，然后用 70% 甲基托布津可湿性粉剂 0.5 千克或 50% 福美双 0.5 千克拌种。

甜菜是喜温耐寒、长日照作物，要求光照时数在 14 小时以上，光照不足 14 小时，就不能正常抽薹开花。以 5 厘米深地温达到 5℃为甜菜的适宜播种期，在西北和华北地区，一般为 3 月底至 4 月上旬，东北地区为 4 月上旬。青海地区种植甜菜主要是春播，一般在 4 月上中旬至 5 月上旬播种。

甜菜播种量应根据种子发芽率、种球大小、播种方式、土壤墒情而定。播种分条播和穴播两种，条播行距 45～60 厘米，播种量为 1～1.5 千克/亩，播种深度为 2～4 厘米，播后镇压；穴播行距 50～60 厘米，穴距 20～25 厘米，播种量为 0.5～1 千克/亩，覆土 2～3 厘米。

饲用甜菜苗期生长缓慢，从播种到封垄约需 70～90 天。为了提高土地利用率，在垄间可套种一茬速生青饲料，如蔬菜花缨萝卜等，每亩可增收 4000 千克左右的青饲料。为了增加饲料，减少或避免与粮油作物争地，可利用春油菜、小麦等收后的短期休闲地移栽复种。

③ 田间管理。甜菜苗齐以后就要进行第一次中耕除草，同时疏

苗。2~3片真叶时进行第二次中耕除草，同时间苗，一般每隔7~8厘米留苗1株。7~8片真叶时进行第三次中耕除草，同时定苗。饲用甜菜株距35~40厘米，保苗5万~6.3万株/亩。中耕之后要培土，土埋根茎，以减少“青顶子”。

甜菜喜肥喜水，除上足底肥外，在繁茂期和肉质根肥大生长期，要及时追肥和灌水。每次每亩追施硫酸铵100~150千克、尿素70~85千克、过磷酸钙200~300千克。根旁深施，施后灌水。

饲用甜菜的主要病害为褐斑病、根腐病、立枯病等，主要虫害为象甲、地老虎、三叶草夜蛾。褐斑病可用50%甲基托布津可湿性粉剂800~1000倍液或禾本卡等药剂防治；根腐病、立枯病可用50%福美双、70%土菌消等药剂，并结合轮作倒茬进行防治。地老虎可用90%敌百虫800~1000倍液灌根，三叶草夜蛾用2.5%溴氰菊酯2000倍液喷洒。

④ 收获与贮藏。饲用甜菜的叶和肉质根都是良好的青绿多汁饲料，要集中收回饲用；由于甜菜是以肉质块根为主产品，一般在根重和根中糖分达到最高水平时为收获适期。在当地气温下降到5℃以下时，饲用甜菜的外部表现为外围变黄，生长趋于停止，株丛疏散，块根发脆。收获时要做到随起、随捡、随切割、随埋藏保管连续作业（饲用甜菜的收获一般在10月中下旬）。

甜菜在叶和块根的利用方法上各有不同。甜菜叶柔嫩多汁，香甜适口，要现收现喂或青贮，一般不提倡晒干饲喂。甜菜叶青贮比较普遍，是畜禽的上好饲料。甜菜块根可鲜喂，也可青贮。甜菜茎叶和肉质块根含糖量都高，青贮可获得带有浓厚酸甜水果香味的优良青贮饲料。通常切削好的块根和茎叶要及时做堆，进行临时贮藏。一般在收获时，挖深30厘米、直径15~20厘米的圆坑，或宽1米、长5米的坑。每坑贮藏甜菜1米多高，3吨左右，堆上覆土20厘米。青贮前晾晒1~2天，并将土清理干净，以利于提高青贮品质。甜菜青贮料适宜喂猪、牛、羊及其他动物。饲喂时可与糠麸等拌混喂给，饲喂过量会引起腹泻，如有冻块要化开后再喂。

留种母根的收藏，应选择1~1.5千克的小母根，且没有破损、根冠完好，进行窖藏。放置时一层块根撒一层湿土或沙土，温度应保持在3～5℃左右。

（3）饲用价值 饲用甜菜是秋、冬、春三季均很有价值的多汁饲料，它含有较高的糖分、矿物盐类以及维生素等营养物质，其粗纤维含量低，易消化，是奶牛的优良多汁饲料。饲用甜菜的产量很高，但因栽培条件不同，产量差异很大。在一般栽培条件下，亩产根叶5000～7500千克，其中根量达3000～5000千克。在水肥充足的情况下，每亩根叶产量可达12 000～20 000千克，其中根量达6500～8000千克。饲用甜菜不论正茬或移栽复种，均比糖用甜菜产量高，从单位面积干物质计算，饲用甜菜比糖用甜菜产量低，但从饲用价值看，应以种植饲用甜菜为宜。因为饲用甜菜的含糖量仅为6.4%～12.0%，可以避免由于饲料中含糖量高对家畜消化带来的不良影响。饲用甜菜，可以切碎生喂或熟喂，也可以打浆生喂，叶可青饲和青贮。

4. 牛皮菜

（1）生物学特性 牛皮菜是藜科甜菜属两年生草本植物，第一年为营养生长期，第二年开花结实。喜温暖湿润气候，生长适宜温度为15～25℃，是需水较多的作物，在土壤温度和空气温度较高的条件下，生长迅速，质地柔软。适应性较强，在各种土壤中均能生长，耐盐碱。对水肥要求较高，喜排灌良好的肥沃土壤，在氮肥充足的情况下，可以大大提高鲜叶产量。

（2）栽培管理技术 牛皮菜不宜连作，应轮作，适宜的前作为瓜类、豆类及禾谷类。牛皮菜根系发育较弱，要求土壤疏松，播前要将地耙碎整平，并施足基肥。北方地区以春播为主，南方地区以秋播为主。为提高发芽率，直播前可实行浸种，先用50～55℃温水浸种30分钟，在冷水中浸泡24小时，捞出晾干，即可播种。可条播、点播，行距30厘米左右，覆土深度为2～3厘米，播种量为每亩1.5～2千克。牛皮菜出苗后应及时间苗，2～3片真叶时间苗一次，4～6片真叶时定苗。生长期间应及时除草、松土、灌水，并结合剥叶，每亩追施人粪尿400～500千克或速效氮肥8～10千克。牛皮菜常见的病害有褐斑病、叶斑病，可用多菌灵或波尔多液进行防治。发现虫害要科学用药，加以防治。

（3）饲用价值 牛皮菜一般用作青饲料，并剥叶利用。牛皮菜

定植30~40天即可剥叶利用，每株每次剥叶3~5片，留4~5片叶子继续生长。南方地区，播种当年9~11月及翌年3~5月生长较快，能收8~10次，每亩产鲜叶1万~1.5万千克。北方地区6~7月生长较快，能收4~5次，每亩产鲜叶4000~5000千克。它的叶中含粗蛋白质20.21%、粗脂肪3.8%、粗纤维7.4%，含水15.61%，柔嫩多汁，适口性好，可喂牛、猪和禽，也可打浆喂鱼。

5. 胡萝卜

（1）生物特性 胡萝卜喜温和冷凉气候，幼苗较耐寒，种子发芽的最低温度4~6℃，28~30天发芽，18~25℃时5天即可发芽。幼苗能耐短期-5~-3℃的低温。茎叶生长的适宜温度为23~25℃，肉质根生长适宜温度为13~18℃，在此温度范围内，生长快，品质好。如果超过25℃，肉质根的颜色较淡，末端尖，品质差，低于适温生长发育也不良。胡萝卜种子发芽及苗期需要适当的水分，才能保证出苗及幼苗生长发育，当根系充分发育后比较耐旱，在肉质根膨大时又需要较多水分，怕积水，不耐涝。胡萝卜适宜在土层深厚、富含有机质、排水良好的沙壤土种植，对土壤酸碱度适应性较强。胡萝卜为长日照作物，越冬后在14小时长光照下才能抽薹开花结实。

（2）栽培管理技术

① 整地施肥。胡萝卜的根系入土深，适于肥沃疏松的沙壤土，并且在前茬作物收后，深耕33厘米左右，施足基肥。每亩施腐熟的底肥和稀薄的粪肥2500千克、过磷酸钙15~25千克、草木灰100千克。如果仅用化肥，可每亩用硫酸铵20千克、过磷酸钙30~35千克、钾盐25~30千克，施肥后耕翻、耙细、整平。

② 播种。胡萝卜种子的发芽率一般只有70%左右，隔年的陈种发芽率降低到65%以下，在露地播种常因缺苗而影响产量。因此，选用质量高的新种子，搓去刺毛，创造良好的发芽条件，是保证全苗，获得丰产的重要措施。如果先行浸种、催芽与低温处理再播种，可提早出苗5~6天而获得较高产量。方法是：在播种前4天，把搓去刺毛的种子用40℃水泡2小时，沥去水后置于20~25℃条件下催芽，当大部分种子发芽即可播种。

平畦撒播时可在准备好的畦面上直接播种，播后覆土不可过深，一般3～4厘米。覆土要做到轻、浅、匀、遮，覆上后进行镇压（脚踩），浇水，并在上面覆盖遮阴物，不仅可以保持土壤湿度及降低土温，也可以防止暴雨使土壤板结而影响出苗。

③ 田间管理。播种后幼苗出土，此时气温较高，降雨也多，杂草生长较快，要结合间苗进行除草，使用除草剂较为理想，如用25%除草醚，每亩用0.75～1千克，先用少量水将药溶入，加水稀释到120～200倍，播后立即喷地表，先出土的杂草即被杀死，也可用除草剂一号或扑草净等。间苗一般要进行3次，在苗高3厘米左右，出1～2片真叶时进行第一次间苗，苗距3厘米左右；苗高10厘米，出3～4片真叶时进行第二次间苗，间距6厘米左右；具有5～6片真叶时进行第三次间苗（定苗），苗距12～15厘米。要保证每亩有苗3万～3.5万株。留苗形状以正方形为好，使胡萝卜的四面侧根都能平衡发展。结合间莆除草，条播的还要中耕松土；由于胡萝卜种子发芽出土比较困难，播后如果天气干旱或土壤干燥，必须适当浇水，并保持土壤经常湿润，土壤湿度维持在60%～80%。叶生长盛期的后期，要适当控水蹲苗，以防止地上部徒长，肉质根生长盛期要注意浇水；胡萝卜以基肥为主，在生长过程中，还需适当追肥2～3次。第一次在出苗后20～25天，生有3～4片真叶后进行，每亩施硫酸铵2.5～3千克、过磷酸钙3～3.5千克、钾肥1.5～2千克；第二次在第一次后20～25天，于定苗后进行，每亩可施硫酸铵7.2千克、过磷酸钙3～3.5千克、钾肥3～3.5千克。

④ 收获。北方寒冷地区应在霜冻来临之前收获，以防受冻，不耐贮藏。一般在胡萝卜心叶黄绿色，外叶稍有枯黄时，根已长成，即可收获。南方能在露地越冬的，可随用随收。食用胡萝卜每亩产量为3000～4000千克，饲料胡萝卜亩产可达5000～7500千克以上，叶产量为1000千克。

（3）饲用价值 胡萝卜是营养价值较高的多汁饲料，各种畜禽均爱吃，还含有丰富的维生素和糖分，特别是胡萝卜素含量较高，每千克根中有112～180毫克，胡萝卜素进入家畜体内后即可转化为维生素A，供畜体利用。胡萝卜叶含蛋白质较高，也是优良的青饲料。胡萝卜柔嫩多汁，适口性好，容易被畜禽吸收和消化，能促进

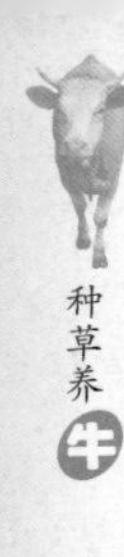

幼畜正常生长，提高种畜的生产能力，有利于产仔、产蛋、产乳等，是冬春季节重要的维生素来源，适合饲喂兔、牛、羊、猪等各种畜禽。一般都是切碎生喂，也可将根及叶青贮后利用，效果都很好。

6. 聚合草

（1）生物学特性 聚合草耐寒、喜温暖湿润气候。根在土壤中可忍受一定程度的冬季低温，经过抗寒锻炼可忍受－30℃的低温，但越冬率还与土壤含水量有直接关系，如果遇到低温干旱年份，聚合草在我国北方的越冬率会大幅度降低。22～28℃条件下生长最快，低于7℃时生长缓慢，低于5℃时停止生长。聚合草需水量较多，当温度为20℃以上，土壤持水量为70%～80%时，生长最快，当土壤水分降到30%左右时，生长缓慢。不耐水淹，在南方种植，如果雨季不能及时排水，会造成大片死亡。聚合草对土壤要求不高，除低洼和重盐碱地，一般土壤都能生长，土壤含盐量不超过0.3%、pH不超过8即可种植。最适于排水量好、土壤深厚、肥沃的壤土或沙质壤土。

（2）栽培管理技术

① 选地与整地。聚合草是抗逆性和生长能力强的饲料植物，对土壤要求不高。栽培聚合草的土地应尽量选择地势平坦、土层深厚的肥沃土壤。也可利用河堤、各类滩地、荒山荒坡、果园林下、四旁地等各类废弃地种植。聚合草生长快，产量高，刈割次数多，喜水喜肥，施肥后增产效果显著。各种农家肥、厩肥或圈肥均可施用，施用猪粪尿效果尤为显著。

② 栽植。聚合草以无性繁殖为主，主要以切根繁殖。栽植的密度由种根品质、土壤肥力和管理水平决定。土壤肥力差、管理水平低的实行密植栽培，株行距为50厘米×40厘米，每亩保苗3000～3500株，土壤肥沃的地块，株行距为70厘米×50厘米或60厘米×50厘米，每亩保苗1800～2000株，其中以60厘米×50厘米产量为最高。

③ 切根繁殖方法。聚合草根营养丰富，再生能力强，切断根部，能从顶端切口处形成层中，产生新芽。凡直径在0.3厘米以上的主侧根、支根均可做根苗用。种根切段大小可根据种根数量确定，一般切段长度应在2厘米以上，如果种根充足，根段可长些，即2～5厘米。根粗不小于0.8厘米、长5厘米以上的根，可垂直（即纵向）

切成两瓣，直径1.5厘米以上的根可垂直切成四瓣或六瓣。

④ 采收。聚合草的饲用部分是叶和茎枝，每年可割4～5次，栽植当年可割取1～2次。利用目的不同，刈割时期也有差异。用作青饲料，聚合草现蕾至开花期产量高，营养丰富，为收获适期。用作青贮或调制干草，应在干物质含量较高的盛花期刈割。若收获过晚，茎叶变黄，茎秆变老，产量和品质均下降，也会影响聚合草的生长和下一次刈割的产量，并减少刈割次数。若收割过早，产量低，养分含量少，总干物质产量低，而且根部积累的营养物质少，影响其再生能力。割青还应按饲喂对象而定，兔宜割嫩。聚合草的收割留茬高度对生长发育和产量影响较大，贴地割虽然产量高，但返青慢，后几茬产量低。留茬过高，损失浪费严重，一般留茬高度为5～6厘米。最后一次收割应在停止生长前30天完成，以便有足够的再生期，积累充足的养分，利于越冬芽形成良好，安全越冬。

（3）饲用价值 聚合草是优质高产的畜禽饲料植物，一次种植可连续利用20多年，产草量高，再生能力强。春、夏、秋三季可随割随长，一个生长季，北方可刈割3～4次，南方可刈割4～6次。一般每茬鲜草产量4000～5000千克/亩，是中国各类牧草中高产的优质牧草品种；适口性好，消化率高。聚合草枝叶青嫩多汁，气味芳香，质地细软。青草经切碎或打浆后散发出清淡的黄瓜香味，兔、猪、牛、羊、家禽、草食性鱼均喜食，并可显著促进畜禽的生长发育；营养价值高，聚合草富含蛋白质和维生素，各种营养成分的含量都高于一般牧草。经检验，聚合草开花期鲜草干物质中含粗蛋白质24.3%、粗脂肪5.9%、粗纤维10.1%。另外，它还含有大量的尿囊素和维生素B_{12}，可预防和治疗畜禽肠炎，牲畜食后不拉稀。

聚合草可以青贮（富含碳水化合物，是优良的青贮原料，切碎或打浆可调制成青贮料。聚合草既可以与玉米、甜高粱、高丹草、大麦、燕麦、苏丹草等青贮，也可以与甜菜叶、胡萝卜叶、甘蓝叶等农副产品混贮，混贮后能提高青贮料的适口性和营养价值。制成的青贮料具备酸、甜、香的味道，是难得的冬春贮备料。另外，聚合草青贮后，刚毛软化，毒性降低，可增强适口性）、打浆（摘选花期的叶片，经粉碎打浆后再加上半量的水，放置8小时后即成胶冻

状，散发出黄瓜香味，与精饲料搭配后畜禽喜食）、调制干草（在花期刈割的鲜草，将茎叶分离，分别干燥，可人工干燥，也可自然干燥。如果茎叶一起干燥，应在晴天先摊晒3～4小时，然后拢成条状或堆状，使其疏松，通风干燥1～2天，待水分降至符合要求时立即堆垛保存）、制草粉及颗粒饲料（叶期或花期刈割的鲜草，人工干燥后粉碎，制成浓绿而芳香的草粉，适合饲喂各种畜禽。也可与其他精饲料一起用黏结剂制成颗粒饲料）。

【提示】 聚合草是牛的好饲料，乳牛每天每头饲喂50千克，效果良好。

7. 紫云英

（1）生物学特性 喜温暖湿润气候，生长适宜温度为15～20℃。幼苗在－7～－5℃开始受冻或部分死亡，在气温较高地区生长不良。耐湿，播种至发芽前不能缺水，但生长发育期忌积水。耐旱性弱，久旱能促使紫云英提早开花，降低产量。紫云英喜沙壤土或黏壤土，也适应无石灰性冲积土。耐瘠性弱，在黏土和排水不良的低湿田，或保肥保水性差的沙性土壤均生长不良。较能耐酸，耐碱性弱，适宜pH为5.5～7.5。土壤含盐量超过0.2%时易死亡。

（2）栽培技术

① 种子处理。紫云英在播种前，种子应进行处理，以提高种子发芽率，使出苗整齐粗壮。

在播种前选晴天晒种1～2天，晒时要摊匀勤翻，做到晒种程度一致；用10%盐水溶液进行选种，淘出瘪籽、杂质和病菌；按每10千克种子掺1.5～2千克细沙，用碾米机打1～2次，以种子稍微发热为度，这样做可使种皮上蜡质层被擦破，有利于播后发芽；用0.2%钼酸铵溶液浸种24小时，或用腐熟人尿20%溶液泡16小时，既能使种子吸足水分，利于发芽，又有增产效果；接种根瘤菌是新种紫云英田块增产的重要措施，按每千克种子用4克菌粉加水少许拌和，拌后要避免阳光直射；每亩用过磷酸钙5千克与20～25千克土杂肥混合均匀，堆沤5～6天后再与种子充分拌匀，拌后即播。

② 播种。适播期为9月上旬至10月中旬，可根据本地气候和前

作收获时间灵活掌握。每亩播种 1.5～2 千克。紫云英与油菜混播，既可提高鲜草产量，又可以增加多种营养成分。油菜籽应在晚稻收割前 10 天左右趁土壤湿润播种，每亩用种 200 克，如果与黑麦草混播，可提高鲜草产量，同时增加鲜草的干物质含量，提高青草制作青贮饲料的质量。每亩紫云英和黑麦草各用种 1 千克。

③ 田间管理。紫云英田间管理要抓好五个重点：一是抗旱防渍保全苗。播种后如果遇干旱天气，要灌一次“跑马水”，保持田间湿润，既可满足紫云英种子对水分的需要，也能满足晚稻后期对水、气的要求，有利于灌浆结实。晚稻收割后，及时清理好“三沟”，保证“三沟”畅通，排灌方便。二是冬前追施提苗肥。一般出苗后，每亩用 250～300 千克稀薄粪水，结合抗旱浇施，充分利用冬前温光条件，加速幼苗生长。三是施好腊肥防冻害。在 12 月上中旬，每亩施土杂肥 400～500 千克加过磷酸钙 25～30 千克，以增强抗寒能力，减轻冻害。增施过磷酸钙是一项以小肥养大肥的重要增产措施，不可忽视。四是追施春肥促春发。开春后每亩追施尿素 2～4 千克，看苗施用，促平衡生长，为丰产搭架子。叶面喷施 0.2% 硼砂溶液 2 次，可提高鲜草产量 20%。五是防治病虫保丰产。紫云英主要有蚜虫、潜叶蝇、菌核病等病虫害。要及时喷药防治。对蚜虫、潜叶蝇一般用敌敌畏 1000 倍液喷雾防治，对菌核病可用 40% 灭病威 150 毫升或 70% 甲基托布津 75～100 克兑水 50 千克喷雾。

④ 留种。选排水好、土质带砂、肥力中等、非连作的田块作为留种田。最好选品种好、产量高、种性纯、成熟晚的紫云英种子进行播种，每亩播种量可减少到 1.5 千克左右。留种田不宜施氮肥，每亩增施 10 千克左右过磷酸钙和 10～15 千克草木灰，可提高种子产量和质量。紫云英荚果的成熟期不一致，一般以种荚有 80% 变黑时收获最好。通常每亩可收种子 50～60 千克。

（3）饲用价值 紫云英播种适时、管理良好的，年可收割 2～3 次，每亩产鲜草 2000～2500 千克，高者可达 4000 千克，紫云英茎叶鲜嫩多汁，富含蛋白质，无论做饲料还是做绿肥，都有很高的营养价值。盛花期鲜草干物质中含粗蛋白质 25.28%、粗脂肪 5.44%、粗纤维 22.16%，干物质消化率 46.8%，蛋白质消化率 63.9%。紫云英适口

性好，各种畜禽都喜食，且可全部采食。青饲、青贮或调制干草均可。

> 【提示】 紫云英能在冬春缺青季节提供青饲料，不仅可满足牛对蛋白质和能量的营养需要，而且还能提供多种维生素。

8. 籽粒苋

（1）生物学特性 籽粒苋为短日照植物，喜温暖湿润气候，生育期要求有足够的光照。对土壤要求不高，但消耗地力多，不耐阴，不耐旱。

（2）栽培管理技术

① 选地。要想获得高产，必须选择土质疏松、肥沃的地块种植，比如一般的耕地、田园、地头等都可种植；沙化土质、盐碱地和低洼地不宜种植籽粒苋。籽粒苋抗旱性较强，因此在丘陵坡地也可种植。

② 播种。籽粒苋不抗寒，稍遇低温就易发生冻害，因此播种期不可过早。在黑龙江大部分地区可在5月中旬播种，其他地区可根据本地的具体气候条件适当早播。籽粒苋种子细小，在水肥条件较好的地块播量为0.15~0.2千克/亩，但在一般地块种植，为了保全苗，并且有利于在苗期间苗收草，播种量都加大到0.4~0.5千克。由于籽粒苋植株高大，分枝较多，因此播种应采用大垄条播，行距60~70厘米，有利于高产；籽粒苋种子细小，顶土能力弱，覆土深度以2~3厘米为宜，过深易造成缺苗；覆土后必须及时镇压，以利于保持土壤墒情，保证种子及时萌发。

③ 田间管理。籽粒苋幼苗细小并且生长缓慢，极易受杂草危害，因此苗期除草是非常必要的，也是种植籽粒苋能否成功的关键。小面积地块以人工除草为主，大面积地块可利用防除狭叶草的除草剂进行化学除草。当籽粒苋株高达20~30厘米时，生长速度非常快，可有效抑制杂草的生长；籽粒苋后期生长速度快，间苗有利于植株生长和提高产量。间苗一般在5叶期之前进行，株距25~30厘米；间苗时去掉的小苗，可作为早春的青饲料饲喂畜禽；籽粒苋对地力消耗较大，为了获得高产，在施底肥的同时还应追施有机肥或化肥，

化肥以氮肥为主。

④ 收获。籽粒苋的收割方法应该以间苗和刈割相结合的方法进行。从苗期到株高 100 厘米期间，应进行间苗收获。方法是间大留小，间密留稀，逐渐间成单株，使留苗株距达到 30 厘米左右。当株高达到 100 厘米以上时，采用割头法进行刈割收获，留茬 30 ~ 50 厘米，以利于再生芽的生长。一般经过 30 ~ 45 天后，即可进行刈割第二茬，在黑龙江广大地区，一年可刈割 2 茬，南方省份可刈割 3 ~ 5 茬。

采用上述方法进行收获，在北方大部分地区可保证畜禽从每年的 6 月下旬一直到 9 月中下旬天天都能吃到新鲜的青绿饲料，可有效促进畜禽生长，提高其生产能力。当年用不完的籽粒苋可用于青贮，收割时期为 8 月下旬至 9 月上旬，籽粒苋青贮与玉米青贮方法相同，籽粒苋青贮料可作为冬春季牛、猪、兔、种鹅等的优质青饲料。

（3）饲用价值 籽粒苋具耐旱、高产、优质三大特点，很适于在东北、西南、华中、华北等地区生长。每亩每年可产 1 万 ~ 1.5 万千克，茎叶蛋白质含量可达 18% ~ 20%（其中叶片蛋白质含量为 24% ~ 34%），饲养兔、猪、牛、鱼皆适宜。

第二节 牧草的处理利用

一 牧草青饲的处理利用

1. 放牧

青绿饲料是牛放牧的优良饲料，也是蛋白质和维生素的良好来源。青绿饲料幼嫩时不耐践踏，放牧会影响其生长发育，故不宜过早放牧。青草地雨后或有露水时，要根据青草的具体情况决定是否放牧，以防破坏草地或由豆科牧草导致牛臌胀的发生。应注意放牧时间不宜过长。

2. 刈割

刈割所需费用较多，成本高，但可避免放牧时的践踏、粪尿污染和干燥贮存时的养分损失。与放牧一样，牛可以采食到新鲜幼嫩的饲草，促进增重和提高产奶量，生物学效应好。

（1）适时刈割 刈割时期一般根据饲喂对象和需要来确定，但也必须考虑牧草本身的生长情况。刈割太早，产量低；刈割太晚，草质粗老，营养下降，不利于再生。一般豆科牧草多在初花期，禾本科牧草在初穗期刈割，这样既能有较高的产量，同时营养也较丰富。刈割时留茬不能太低，留茬太低会破坏植株的生长点，影响牧草的再生；太高则会影响牧草的品质，种植的牧草一般留茬5~10厘米为宜，籽粒苋需留茬20厘米。刈割的次数和时间可根据品种特性和利用目的来决定，如果草质嫩，叶量多，就增加刈割次数。养牛要以禾本科牧草搭配豆科类等其他牧草为好，如可以用黑麦草搭配紫花苜蓿、红豆草、沙打旺、菊苣、籽粒苋等，养牛所用的草不要太单一，最好是2~3种草混合饲喂。

（2）合理饲喂 牧草养牛要保证新鲜干净，不喂腐烂发霉发黄变质牧草，冬季不喂冷冻结冰草，不喂喷过农药1个月以内的牧草，不喂带有雨水和露水的牧草。可以整株饲喂，也可以经切短、粉碎、揉碎等处理后饲喂。当牛的日粮由其他草更换为青草时，要有7~10天的过渡期，每天逐渐增加青草用量，突然大幅度更换容易造成牛拉稀，严重时引起瘤胃胀气，造成死亡。有些牧草要适当限制用量，如牛大量采食鲜嫩苜蓿时，就容易引起瘤胃臌胀。收割的牧草要摊开晾晒，厚度小于20厘米，以免发热霉败，暂时吃不完的要制成干草。

（3）注意事项

① 注意多样搭配。因为单喂禾本科牧草易导致矿物质缺乏，单喂豆科牧草易引发臌胀病，所以应该将富含碳水化合物的禾本科牧草，富含蛋白质的豆科牧草，富含维生素、矿物质的叶菜类牧草等几种牧草合理搭配喂牛。若能配以野生杂草、树叶、水生植物等，让其多样化，效果更好。正所谓："牛吃百样草，无料也能长得好。"

② 注意选优割采。首先要注意牧草的适期收割，禾本科牧草应在初穗期收割，豆科牧草宜在初花期收割，叶菜类牧草宜在叶簇期收割。其次要注意不割毒草，不割打过药的果园、农田附近的草，不割老黄草，不割不便调剂、牛不爱吃的草，不割生长在疫区病牛吃过的草。

③ 注意加工调制。为了使饲料营养全面、增强其适口性、提高

利用率，要注意采割青草的清洁，尤其要注意青草里是否混有树枝、塑料、金属制品等容易导致消化不良或损害牛消化道的异物，并且要将饲草用铡刀铡碎，与其他饲料混合饲喂。

④ 注意青干搭配。如果单用青绿饲料喂牛，牛虽然吃得很饱，但其机体吸取的干物质不能满足长肉、产奶和沉积脂肪的需要。另外，青绿饲草中粗纤维、木质素含量少，不利于牛反刍。所以，在用青绿饲料喂牛时，一定要补充优质青干草和适量的精饲料。青干草的补充量一般夏秋季占日粮的30%，冬季占70%。其他还可补充和掺入适量谷物饲料（玉米、高粱等）和蛋白质饲料（豆饼、花生饼等）。

⑤ 注意喂量适当。青饲料喂量因牛种及大小而异，一般适宜喂量：奶牛10千克/天左右，育肥牛12千克/天左右。要注意一次不要多喂，否则会对牛造成不利的影响，如牛吃豆科牧草过多易发生瘤胃臌胀。

⑥ 注意防止中毒。一防氢氰酸中毒。高粱苗、玉米苗、亚麻叶、苏丹草、御谷草等容易造成牛氢氰酸中毒。二防亚硝酸盐中毒。堆积时间过长或煮熟时间过长的菜叶类饲料（如白菜叶、萝卜叶等）含大量硝酸盐，其经腐败菌还原后变为亚硝酸盐，牛吃完这类饲料后会造成亚硝酸盐中毒。三防草木樨中毒。草木樨含有香豆素，当草木樨发霉腐败时，在细菌作用下，香豆素转变为有毒性的双香豆素，它与维生素K产生颉颃作用。由于中毒发生很慢，通常饲喂草木樨2~3周后才发病。饲喂草木樨应该逐渐增加饲喂量，不能突然大量饲喂，不饲喂发霉腐败的草木樨和苜蓿。四防有机农药中毒。刚喷过农药的牧草、蔬菜、青玉米及田间杂草，不能立即喂牛，要经过一定时间（1个月左右）或下过大雨后，待残留药物消失后才能饲喂。

⑦ 注意卫生。每次喂后要将饲槽打扫干净，不能直接将草扔在地上让牛吃。这样既能避免浪费，又有利于卫生防病。

二 牧草青贮的处理利用

1. 牧草青贮的特点

（1）增强适口性 青贮饲料适口性好，家畜喜食，消化率高。

而且由于青贮过程中产生了酸性物质，能促进家畜对饲料的消化和吸收。

（2）利于保存利用 青贮饲料可长期保存，不受气候和外在环境的影响。而且在贮藏过程中，青贮饲料不受风吹、雨淋、日晒等影响；青贮饲料基本保存了原料的营养特性，营养损失是青绿饲料加工方法中最少的，一般为3%～10%，尤其有利于维生素和蛋白质的保存，而自然晒制干草的营养损失达30%。在夏、秋季青饲料生长旺盛时期，适时收割青贮，可供冬季和早春利用，提高了牧草的利用效率。

（3）减少污染 可杀灭饲料中的病虫。青贮容器内无氧和酸性的环境可杀灭青绿饲料中所含的部分病菌虫卵，减轻对家畜的危害。

2. 青贮窖的准备

（1）选择窖址 青贮窖应建在离牛舍较近的地方，地势要干燥，易排水，切忌在低洼处或树荫下建窖，以防漏水、漏气和倒塌。

（2）窖形及规格 窖形及规格见表4-1。几种青贮原料的容重见表4-2。

表4-1 窖形及规格

窖形		规格	备注
小园窖		直径2米，深3米	适用于用草量少的养殖户
长方形窖	一般窖	宽1.5～2米（内壁呈倒梯形，倾斜度为每深1米，上口外倾15厘米）、深2.5～3米、长6～10米	适用于用草量多的养牛场
	大型	宽4.5～6米（内壁呈倒梯形）、深3.5～7米、长10～30米	适用于规模化的养牛场

宽度和深度确定后，根据青贮需要量，计算出青贮窖的长度。

$$窖长(米)=青贮需要量(千克)\div\left[\frac{上口宽(米)+下口宽(米)}{2}\times 深度(米)\times 每立方米原料重量(千克)\right]$$

表 4-2　几种青贮原料的容重

原　料	铡得细碎		铡得较粗	
	制作时	利用时	制作时	利用时
玉米秸/千克	450 ~ 500	500 ~ 600	400 ~ 450	450 ~ 550
藤蔓类/千克	500 ~ 600	700 ~ 800	450 ~ 550	650 ~ 750
叶、根茎类/千克	600 ~ 700	800 ~ 900	550 ~ 650	750 ~ 850

3. 青贮原料的选择

（1）对青贮原料的要求

① 含水量适宜。为造成无氧环境，需要把原料压实，而水分含量过低（低于60%）则不容易压实，所以青贮料一般要求适宜的含水量为65% ~70%，最低不少于55%。含水量也不要过高，否则青贮料易腐烂，因为压挤结成黏块易引起酪酸发酵。用手抓一把铡短的原料，轻揉后用力握，手指缝中出现水珠但不成串滴出，说明含水量适宜；无水珠则说明含水分少，成串滴出则说明水分过多。原料中含水分过多会造成压实结块，腐败发臭，品质降低。这样的原料在青贮前需加入适量的麸皮或干草等吸收水分，也可适当延长晾晒时间；原料中含水分过少，青贮时难压紧，窖内空气较多，使好气性菌大量繁殖，导致饲料发霉腐烂，应适量均匀加入清水或含水分高的青饲料。

② 含糖量适宜。青贮原料要含有一定的糖量，一般不应低于1%，这样才能保证乳酸菌活动。含糖量高的玉米秸宜可与禾本科草一块青贮。若含糖量不足的原料青贮时（如苜蓿等豆科牧草），应与含糖量高的青贮原料混合青贮或加含糖高的青贮添加剂。禾本科牧草或秸秆含糖量符合青贮要求，可制作单一青贮；豆科牧草含糖量少，粗蛋白质含量高，不宜单独做青贮，应按 1∶3 比例与禾本科牧草混贮。此外每 1000 千克豆科牧草与带穗玉米秸 3000 千克或者每 3000 千克豆科牧草与 100 千克青高粱混合青贮也可以。

③ 铡短原料。任何青贮原料在装窖前必须铡短，质地粗硬的原料，如玉米秸等以长 1 厘米为宜；柔软的原料，如藤蔓类以长 4 ~ 5

厘米为宜。铡短后有利于压实，减小原料间隙，入窖时层层踩实、压紧，造成无氧环境。

(2) 常用的青贮原料 凡是无毒的青绿植物均可制成青贮料。

① 青刈带穗玉米。乳熟期整株玉米含有适宜的水分和糖分，是青贮的好原料。用这样的玉米青贮从单位面积土地上获得的营养物质或换回的产肉量要比玉米籽实加玉米秸饲喂牛要多。

② 各种牧草。各种禾本科青草所含的水分与糖分均适于调制青贮饲料。紫红苜蓿、红三叶、紫云英、白三叶、无芒草、鸡脚草、苏丹草、燕麦、青玉米、青大麦、青绿豆、青豌豆、青大豆、青甘薯藤，以及胡萝卜、甘蓝、各种野草、水浮莲、水花生等均可作为青贮饲料。但要注意豆科植物不宜单独贮存，要与禾本科植物的任何一种混合贮存。

③ 甘薯藤蔓。粗纤维含量低，易消化。注意及时调制，避免霜打晒成半干状态而影响青贮质量。青贮时与小薯块一起装填更好。

④ 玉米秸。收获果穗后的玉米秸上能保留1/2的绿色叶片，适于青贮。若部分秸秆发黄，3/4的叶片干枯视为青黄秸，青贮时每100千克需加水5~15千克。为了满足肉牛对粗蛋白质的需求，可在制作时加入草量0.5%左右的尿素。添加方法是，原料装填时，将尿素制成水溶液，均匀喷洒在原料上。

4. 青贮的制作

(1) 原料适时刈割 确定青贮原料的适宜收割期，既要兼顾较高的营养成分和单位面积产量，又要保证有较为适量的可溶性碳水化合物和水分。一般宁早勿迟。豆科牧草的适宜收割期是现蕾至开花期，禾本科牧草为孕穗至抽穗期（黑麦草宜在花蕾期至盛花期收割），带果穗的玉米在蜡熟期收割，若有霜害则应提前收割、青贮。全株玉米宜在蜡熟期收割，若有霜害，也可在乳熟期收割；或在玉米七成熟时收割果穗以上的部分（果穗上部要保证有1张叶片）青贮；收穗的玉米秸，应在玉米穗成熟收获后，玉米秸仅有下部1~2片叶枯黄时收割，立即青贮。常见青贮原料适宜收割期见表4-3。

表 4-3　常见青贮原料适宜收割期

青贮原料种类	收割适期	含水量（%）
收玉米后株秆	果粒成熟立即收割	50～60
豆科牧草及野草	现蕾期至开花初期	70～80
禾本科牧草	孕穗至抽穗期	70～80
甘薯藤蔓	霜前或收薯期 1～2 天	86
马铃薯茎叶	收薯前 1～2 天	80
含水饲料	霜前	90

（2）运输、切碎　切短原料有利于装填、压紧和汁液的渗出，而汁液的渗出有利于乳酸菌的繁殖、发酵。青贮原料切得越短，青贮料品质越好。如果有联合收割机，最好在田间进行青贮原料的切铡，再由翻斗车拉到青贮窖，直接青贮，可以提高青贮质量。应在短时间内将青贮原料收运到青贮地点。不要长时间在阳光下暴晒。切短的长度，细茎牧草以 7～8 厘米为宜，而玉米等较粗的作物秸秆最好不要超过 1 厘米。

（3）调节原料水分和糖分含量　青贮原料的水分和糖分含量是决定青贮成败最重要的因素之一。一般青贮原料的适宜含水量为 60%～75%（抓一把切碎的青贮原料，在手里攥紧 1 分钟后松开，若能挤出汁液，含水量必定大于 75%；若草球能保持其形状但无汁水，含水量为 70%～75%；草球有弹性且慢慢散开，含水量为 55%～65%；草球立即散开，含水量为 55% 左右；若牧草已开始折断，则含水量低于 55%），含糖量为 1.5%～2%。对于水分含量较高的黑麦草等青贮原料，可适当加入干草、秸秆、糠麸、饼粕等或稍加晾晒以使水分含量符合青贮要求。对于含水量较低的青贮原料，可加水或与刚收割的新鲜高水分原料混合青贮，以调节水分含量至符合青贮要求。禾本科饲草糖分多，易青贮；豆科含糖分少，不易青贮，应添加一定比例的含糖多的饲料，如玉米粉、番薯丝、糖蜜等，或与含糖量较高的禾本科牧草进行混合青贮。

（4）装填　填装时窖底可先填一层厚 10～15 厘米切短的秸秆，以便吸收青贮汁液。然后再分层填装。一般每填装 50 厘米厚时，即

应用拖拉机镇压，直到下陷不明显后再填装一层、再镇压，依次填装直到高出窖面50厘米。注意窖的壁边和四角要压紧压实，不能有渗漏。

（5）封严及整修 原料填装完后应立即密封。拖延封窖时间对于青贮料有不良影响。密封的方法是填装好原料的窖顶部上面，盖一层秸秆或软草，再铺盖塑料薄膜，上面压30～50厘米厚的土，压实成馒头状。封盖后应经常检查，发现有塌陷、渗漏等现象应及时处理。窖四周应有排水沟，防止水渍。

5. 特殊青贮饲料的制作

（1）低水分青贮 低水分青贮也称半干青贮，其干物质含量比一般青贮饲料高1倍多。无酸味或微酸，适口性好，色深绿，养分损失少。

制作低水分青贮时，青饲料原料应迅速风干，要求在收割后24～30小时，豆科牧草含水量达50%左右，禾本科牧草达到45%，在低水分状态下装窖、压实、封严。由于原料含水分少，青贮原料使腐败菌、酪酸菌处于生理干燥状态，生长繁殖受到限制。在低水分青贮过程中，微生物发酵微弱，蛋白质不被分解，有机酸形成数量少，因而能保持较多的营养成分。在华北地区，二茬苜蓿收割时正值雨季，晒制干草常遇雨霉烂，利用二茬苜蓿制作半干青贮是解决这一问题的好办法。

（2）拉伸膜青贮 这是草地就地青贮的最新技术，全部机械化作业，操作程序为：割草—打捆—出草捆—缠绕拉伸膜。其优点主要是不受天气变化影响，保存时间长（一般可存放3～5年），使用方便。

（3）混合青贮 常用于豆科牧草与禾本科牧草混合青贮，以及含水量较高的牧草（如鲁梅克斯草、紫云英等）和非常规饲料与作物秸秆（玉米秸、麦秸、稻草等）进行的混合青贮。这些原料中，有些豆科牧草含糖量较低，单独青贮很难成功。而禾本科牧草含糖量较高，如果进行混贮，容易获得质量很高的青贮。含水量较高的原料和作物秸秆进行混贮，秸秆吸收了牧草细胞中大量的营养汁液，提高了秸秆的营养成分，特别是粗蛋白质含量显著增加，使秸秆柔软多汁，气味芳香，提高了营养和消化率，进一步开发了农区秸秆的利用空间，同时减少了牧草的营养损失，满足了冬、春季节枯草期肉牛对青绿多汁饲料的需要。豆科牧草与禾本科牧草混合青贮时的比例以 1∶1.3 为宜，含水量较高的牧草与秸秆进行混贮。每100 千克牧草需加秸秆量可按下式进行计算。

需加秸秆量 =（牧草的含水量 − 理想含水量）÷（理想含水量 − 干秸秆含水量）×100%

【例如】含水量为 90% 的鲁梅克斯牧草与含水量为 10% 的干玉米秸进行混贮，需要多少千克干玉米秸？

可按上面公式进行计算：［（90% − 65%）÷（65% − 10%）］×100% =46 千克，即青贮时每 100 千克含水量 90% 的鲁梅克斯应加入含水量 10% 的干玉米秸 46 千克。

（4）加添加剂青贮 在青贮过程中，合理使用青贮饲料添加剂可以改变因原料的含糖量及含水量的不同而对青贮品质产生的影响，增加青贮料中有益微生物的含量，提高原料的利用率及青贮料的品质。

① 加尿素青贮。为了提高青贮饲料中粗蛋白质的含量，可在每吨青贮原料中添加 5 千克尿素。添加方法是：将尿素充分溶于水，制成水溶液，在入窖装填时将其均匀喷洒在青贮原料上。除喷洒尿素外，还可在每吨青贮原料中加入 3～4 千克的磷酸脲，从而有效地减少青贮饲料中的营养损失。

② 加微量元素青贮。为提高青贮饲料的营养价值，可在每吨青贮原料中添加硫酸铜 0.5 克、硫酸锰 5 克、硫酸锌 2 克、氯化钴 1 克、碘化钾 0.1 克、硫酸钠 500 克。添加方法是：将适量的上述几种物质充分混合溶于水后均匀喷洒在原料上，然后密闭青贮。

③ 添加乳酸菌青贮。接种乳酸菌能增加青贮饲料中的乳酸含量，提高其营养价值和利用率。目前，饲料青贮时使用的乳酸菌种主要是德氏乳酸杆菌，其添加量为每吨青贮原料中加乳酸菌培养物0.5 升或者乳酸菌剂 450 克。

④ 添加甲醛青贮。在青贮原料中添加甲醛可防止饲料在青贮过程中发生霉变。每吨青贮饲料中添加 85% 的甲醛 3～5 千克能保证青

贮过程中无腐败菌活动，从而使饲料中的干物质损失减少50%以上，饲料的消化率提高20%。

⑤ 加酸青贮。加酸青贮可抑制饲料腐败。加酸青贮常用的添加剂为甲酸，其用量为每吨禾本科牧草加3千克，每吨豆科牧草加5千克，但玉米茎秆青贮时一般不用加甲酸。使用甲酸青贮时，工作人员要注意避免手脚直接接触，以免灼伤皮肤。

⑥ 添加酶制剂。添加酶制剂（淀粉酶、纤维素酶、半纤维素酶等），可使青贮料中的部分多糖水解成单糖，有利于乳酸发酵，不仅能增加发酵糖的含量，而且能改善饲料的消化率。豆科牧草青贮，按青贮原料的0.25%添加酶制剂，如果酶制剂添加量增加到0.5%，青贮料中的含糖量可高达2.48%，可有效地保证乳酸生产。

6. 青贮饲料的开窖取用与饲喂

（1）开窖取用 一般青贮在制作45天后（温度适宜的话30天即可）即可开始取用，长方形窖应从一端开始取料，从上到下，直到窖底。应坚持每天取料，每次取料层应在15厘米以上。切勿全面打开，防止暴晒、雨淋、结冰，严禁掏洞取料。每天取后及时覆盖草帘或席片，防止二次发酵。如果青贮制作符合要求，只要不启封窖，青贮料可保存多年不变质。

（2）喂法与喂量 初喂牛时牛不适应，应少喂，经短期训练，即可习惯采食。不同牛的饲喂量：产奶牛15~20千克/(头·天)，育成牛6~20千克/(头·天)，肉牛10~20千克/(头·天)，育肥牛12~14千克/(头·天)［后期5~7千克/(头·天)］。青贮饲料要与精饲料或其他饲料合理搭配混合饲喂。冰冻的青饲料待融化后再饲喂，每天用多少取多少，不能一次大量取用，连喂数日。防止青贮饲料霉烂变质。发霉变质后不能饲喂牛。

（3）防止青贮二次发酵 青贮料启窖后，由于管理不当引起霉变而出现温度再次上升称为青贮的二次发酵。这是由于启窖后的青贮开始接触空气，好气性细菌和霉菌开始大量繁殖所致，在夏季高温天气下和品质优良的青贮容易发生。

7. 青贮质量的评定

青贮饲料品质的评定方法有感官（现场）鉴定法、化学分析法和生物技术法，生产中常用感官鉴定法。农业部颁布的青贮饲料质量评定标准见表4-4。

表4-4　青贮饲料质量评定标准

种类	项目	pH	水　分	气　味	色　泽	质　地
	分值	25	20	25	20	10
紫云英、苜蓿	优等	3.6(25) 3.7(23) 3.8(21) 3.9(20) 4(18)	70%(20) 71%(19) 72%(18) 73%(17) 74%(16) 75%(14)	酸香味、舒适感(18~25)	亮黄色(14~20)	松散软弱不粘手(8~10)
	良好	4.1(17) 4.2(14) 4.3(10)	76%(130) 77%(12) 78%(11) 79%(10) 80%(8)	酒酸味(9~17)	金黄色(8~13)	(中间)(4~7)
	一般	4.4(8) 4.5(7) 4.6(6) 4.7(5) 4.8(3) 4.9(1)	81%(7) 82%(6) 83%(5) 84%(3) 85%(1)	刺鼻酸味、不舒适感(1~8)	浅黄褐色(1~7)	略带黏性(1~3)
	劣等	5以上(0)	86%以上(0)	腐败霉烂味(0)	暗褐色(0)	腐烂有黏结块(0)
红薯藤	优等	3.4(25) 3.5(23) 3.6(21) 3.7(20) 3.8(18)	70%(20) 71%(19) 72%(18) 73%(17) 74%(16) 75%(14)	甘酸味、舒适感(18~25)	棕褐色(14~20)	松散软弱、不粘手(8~10)
	良好	3.9(17) 4(14) 4.1(10)	76%(13) 77%(12) 78%(11) 79%(10) 80%(8)	淡酸味(9~17)	(中间)(8~13)	(中间)(4~7)
	一般	4.2(8) 4.3(7) 4.4(6) 4.5(5) 4.6(3) 4.7(1)	81%(7) 82%(6) 83%(5) 84%(3) 85%(1)	刺鼻酒酸味不舒适感(1~8)	暗褐色(1~7)	略带黏性(1~3)
	劣等	4.8以上(0)	86%以上(0)	腐败霉烂味(0)	暗褐色(0)	腐烂有黏结块(0)

（续）

种类	项目	pH	水　分	气　味	色　泽	质　地
	分值	25	20	25	20	10
玉米秸	优等	3.4(25) 3.5(23) 3.6(21) 3.7(20) 3.8(18)	70%(20) 71%(19) 72%(18) 73%(17) 74%(16) 75%(14)	甘酸味、舒适感 (18～25)	亮黄色 (14～20)	松散软弱不粘手 (8～10)
	良好	3.9(17) 4.0(14) 4.1(10)	76%(13) 77%(12) 78%(11) 79%(10) 80%(8)	淡酸味 (9～17)	褐黄色 (8～13)	(中间) (4～7)
	一般	4.2(8) 4.3(7) 4.4(6) 4.5(5) 4.6(3) 4.7(1)	81%(7) 82%(6) 83%(5) 84%(3) 85%(1)	刺鼻酒酸味 (1～8)	(中间) (1～7)	略带黏性 (1～3)
	劣等	4.8以上 (0)	86%以上 (0)	腐败霉烂味(0)	黑褐色 (0)	腐烂有黏结块 (0)

注：①pH用广范试纸测定；②括号内数表示得分数；③各种青贮饲料的评定得分与等级划分：优等100～75分；良好75～51分；一般50～26分；劣质25分以下。

三 干草的加工利用

干草是指天然或人工种植的牧草或饲料作物进行适时收割，经过自然或人工干燥，使之失水达到稳定保存的状态，所得的产品称为干草。优质的干草保持青绿的颜色，含水量在18%以下，含有丰富的畜禽生长所必需的各种营养素。优质干草含有家畜所必需的营养物质，是磷、钙、维生素的重要来源。干草中含粗蛋白质10%～17%，可消化碳水化合物40%～60%。优质干草所含的蛋白质高于禾谷类籽实饲料。此外还含有畜禽生产和繁殖所必需的各种氨基酸，在玉米等籽实饲料中加入富含各种氨基酸的干草或干草粉，可以提高籽实饲料中蛋白质的利用率。

在牧草生长旺季，饲草常常过剩，但在冬春季饲草较为缺乏，特别是气温较低的年份，干草的调制就显得更为重要，一方面可以缓解牧草生长季节不平衡而造成的供应不稳定，另一方面可以提高牧草的饲用价值，便于运输和保存。

调制干草是鲜牧草加工的一个重要手段，采用不同的工艺手段，得到的牧草营养价值差别较大。有报道，地面晒制的干草，其可消化蛋白质损失在20%～50%，架上晒制的损失在15%～20%，机械烘干的损失只有5%。因此在生产中根据现有的条件要尽量采用科学的工艺过程，以减少营养物质的损失。

1. 收割时期的确定

牧草收割是收获干草的一项重要的生产环节，其作业质量不仅直接关系到当年收获干草的数量和品质，而且也间接影响到以后草地生产力水平的维持与提高。适时收割的牧草，由于干物质产量和可消化蛋白质含量高，饲喂家畜后畜产品产量也较高。目前，我国多数地区尤其第二茬、第三茬牧草，由于受气候条件（如夏季多雨）及劳动力安排不当等因素影响往往不能适时刈割，导致牧草营养物质损失严重，干草品质差、经济价值低。

（1）刈割期确定的原则 牧草在生长过程中，各个时期营养物质含量是不同的。牧草在幼嫩时期，生长旺盛，体内水分含量较多，而叶量丰富，粗蛋白质、胡萝卜素等含量多。相反，随着牧草的生长和生物量的增加，上述营养物质的含量明显减少，而粗纤维的含量则逐渐增加，牧草品质显著下降。确定牧草适宜刈割期应遵循如下原则：一是以单位面积内营养物质产量的最高时期或以单位面积内可消化总养分（TDN）最高时期为标准。二是有利于牧草的再生，有利于多年生或越年生（二年生）牧草的安全越冬和返青，并对翌年的产量和寿命无影响。三是根据不同的利用目的来确定刈割期。如生产蛋白质、维生素含量高的苜蓿干草粉，应在孕蕾期进行刈割。虽然产量稍低一些，但可以从优质草粉的经济效益和商品价值方面予以补偿。若在开花期刈割，虽草粉产量较高，但草粉质量明显下降。

（2）不同类型牧草的收割期

① 禾本科牧草适宜的刈割期。禾本科牧草在拔节至抽穗之前，叶多茎少，纤维素含量较低，质地柔软，蛋白质含量较高，但到后期茎叶比显著增大，蛋白质含量减少，纤维素含量增加，消化率降

低。对多年生禾本科牧草而言，总的趋势是粗蛋白质、粗灰分的含量在抽穗前期较高，开花期开始下降，成熟期最低；而粗纤维的含量，从抽穗至成熟期逐渐增加。从产草量上看，一般产量高峰出现在抽穗期至开花期，也就是说禾本科牧草在开花期内产量最高，而在孕穗抽穗期饲料价值最高。根据多年生禾本科牧草的营养动态，同时兼顾产量、再生性以及翌年的生产力等因素，大多数多年生禾本科牧草在用于调制干草或青贮时，应在抽穗—开花期刈割。秋季在停止生产前30天刈割。一年生禾本科牧草则依当年的营养和产量来决定，一般多在抽穗期刈割。

② 豆科牧草适宜的刈割期。豆科牧草富含蛋白质及维生素和矿物质，与禾本科牧草一样，豆科牧草也随着生物期的延长，粗蛋白质、胡萝卜素和必需氨基酸含量逐渐减少，粗纤维素显著增加。豆科牧草不同生育期的营养成分变化比禾本科更为明显。例如，开花期与孕蕾期相比，粗蛋白质减少1/3~1/2，胡萝卜素减少1/2~5/6。豆科牧草生长发育过程中，所含必需氨基酸从孕蕾始期至盛花期几乎无变化，而后逐渐降低，衰老后，赖氨酸、蛋氨酸、精氨酸和色氨酸等减少1/3~1/2。豆科牧草叶片中的蛋白质含量较茎为多，占整个植株蛋白质含量的60%~80%，因此，叶片的含量直接影响到豆科牧草的营养价值。豆科牧草的茎叶比随生育期而变化，在现蕾期叶片重量要比茎秆重量大，而至终花期则相反。因此，收获越晚，叶片损失越多，品质就越差，因此避免叶量损失也就成了晒制干草过程中需注意的头等问题。豆科牧草进入成熟期后，茎变得坚硬，木质化程度高，而且胶质含量高，不易干燥，但叶片薄且干得快，造成严重落叶现象。豆科牧草叶片的营养物质尤其是蛋白质含量比其茎秆高1~2.5倍。因此，豆科牧草不应过晚刈割。

早春收割幼嫩的豆科牧草对其生长是有害的，会大幅度降低当年的产草量，并降低翌年的返青率。这是由于根中碳水化合物含量低，同时根冠和根部在越冬过程中受损伤且不能得到很好的恢复所造成的。另外，北方地区豆科牧草最后一次的收割需在早霜来临前1个月进行，以保证越冬前其根部能积累足够的养分，保证安全越冬和翌年返青。综上所述，从豆科牧草产量、营养价值和利于再生等情况综合考虑，豆科牧草的最适收割期应为现蕾盛期至始花期。

多年生豆科牧草如苜蓿、沙打旺、草木樨等以现蕾至初花期为最适刈割期，此时的总产量达到最高，对下茬生长无大影响。但个别牧草刈割期由于品种、气候及生产目的不同而略有差异。如以收获维生素为主的牧草可适当早收。

其他科牧草也应根据该种牧草的营养状况、产量因素以及对下一茬的影响来决定刈割时期，如菊科的串叶松香草、菊芋等以初花期为宜，而藜科的优地肤、驼绒藜以花期至结实期为宜。

2. 牧草干燥

（1）牧草干燥的原则 在干草调制过程中，根据牧草的养分和消化率的变化规律，在牧草干燥这一生产环节必须掌握以下几项基本原则：

① 尽量缩短干燥时间。在干草调制过程中尽可能缩短牧草干燥时间，加快牧草干燥速度，以减少由于生理生化作用和氧化作用造成的损失，减少因雨淋、露水浸湿造成的干草腐烂。

② 保持各部位水分含量均匀。无论采用哪种干草调制方法，在干燥末期植物各部位的含水量应当力求均匀。

③ 牧草在干燥过程中应尽可能避免雨、露打湿，并且不要在日光下长时间暴晒。新割的牧草受雨淋或露水浸湿后，干草的品质下降较少，如果晒干的草受雨淋、露水浸湿后，干草品质下降较大。受潮的干草应尽快重新干燥，受潮时间越长，营养物质的损失就越多。

④ 搂草、集草等生产环节应当在植物细嫩部位还未折断或折断不多时进行。

⑤ 先在草趟上使牧草凋萎。牧草干燥不能只在草趟上或草垄上进行，而应先在草趟上使牧草凋萎，然后在草垄上，有时在草堆上完全干燥。但在干旱地区可不经过在草趟上干燥这一过程，刈割后可直接将牧草搂成草垄干燥。

（2）牧草干燥的方法 牧草干燥的方法有自然干燥法和人工干燥法。

① 自然干燥法。自然干燥法有地面干燥法、草架干燥法和发酵

干燥法三种。

地面干燥法：这是目前生产中采用最广泛、最简单的方法。干草的营养物质变化及其损失在这种方法中最易发生。干草调制过程中的主要任务就是在最短的时间内达到干燥状态，采用地面干燥法干燥牧草的具体过程和时间因地区气候条件而异。

牧草在刈割以后，先在草趟上就地干燥 6～7 小时，应尽量摊晒均匀，并及时进行翻晒通风 1～2 次或多次，使牧草充分暴露在干燥的空气中，一般早晨割倒的牧草在 11 时左右翻晒最佳，如果再次翻晒以 13～14 时效果好，其后的翻晒效果不佳。含水 40%～50%（茎开始凋萎，叶子还柔软，不易脱落）时用搂草机搂成松散的草垄，使牧草在草垄上继续干燥 4～5 小时（叶子开始脱落以前），然后用集草器集成草堆，再经过 1～2 天干燥就可调制成干草。这种方法干燥速度快，可减少因植物细胞呼吸造成的养分损失，同时，后期接触阳光暴晒面积小，能更好地保存青草中的胡萝卜素，在堆内干燥，可适当发酵，形成一些酯类物质，使干草具有特殊的香味。

草架干燥法：在多雨地区用地面干燥法调制干草不易成功，可以在专门制造的干草架上进行干草调制。这种方法有利通风，所以干燥速度相应加快，调制出的干草营养价值损失较小。草架可以随时搭建在田间，简单易行，适于农村单户或小规模牧草调制。据报道，田间地面晒制的干草，可消化粗蛋白质的损失在 20%～50%，而架上晒制的损失只有 15%～20%。草架主要有独木架、三角架、铁丝长架和棚架等。

用草架进行牧草干燥时，首先把割下的牧草在地面干燥半天或 1 天，使其含水量降至 45%～50%，然后再用草叉将草上架。但遇雨时不用干燥可立即上架，堆放牧草时应自下而上逐层堆放，草的顶端朝里，同时应注意最低的一层高出地面，不与地表接触，这样有利于通风，也避免与地表接触吸潮。在堆放完毕后应将草架两侧的牧草整理平顺，这样遇雨时雨水可沿其侧面流至地表，减少雨水浸入草内。

发酵干燥法：在山区和林区，由于割草季节天气多雨，不能按照地面干燥法调制优良干草，而可采用发酵干燥法调制成棕色干草。

其调制方法是：在晴天刈割牧草，用1～1.5天的时间使牧草在原地草趟上暴晒，经过翻转后在草垄上干燥，使新鲜的牧草凋萎，当水分减少到50%时，再堆成3～6米高的草堆，堆草堆时应好好踩踏，力求紧实，使凋萎牧草在草堆上发酵6～8周，同时产生高热，以不超过60～70℃为适当。堆放的牧草水分由于受热风蒸发，逐渐干燥成棕色干草。

② 人工干燥法。人工干燥法有常温鼓风干燥法和高温快速干燥法。

常温鼓风干燥法：为了保存牧草的叶片、嫩枝并减少干燥后期阳光暴晒对胡萝卜素的破坏，搂草、集草和打捆作业时，禾本科牧草含水量宜为35%～40%，豆科牧草宜为40%～50%。

牧草的干燥可以在室外露天堆贮场，也可以在干草棚中，棚内设有电风扇、吹风机、送风器和各种通风道，也可以在草垛上的一角安装吹风机、送风器，在垛内设通风道的可借助送风的办法对刈割后在地面预干到含水50%的牧草进行不加温干燥。这种方法在干草收获时期，白天、早晨和晚间的空气相对湿度低于75%，温度高于15℃时进行。

在干草棚中干燥是分层进行的，第一层草先堆1.5～2米高，经过3～4天干燥后，再堆上高1.5～2米的第二层草，如果条件允许，可继续堆第三层草，但总高度不超过4.5～5米。如果牧草的水分为40%左右，空气相对湿度为85%～90%，空气温度只有15℃，第一天当牧草水分超过40%时，就应该昼夜鼓风干燥。

当无雨时，人工干燥工作即应停止，但在持续不良的天气条件下，牧草可能发热，此时鼓风降温应继续进行。无论天气如何，每6～8小时鼓风降温1小时，草堆的温度不可超过40～42℃。

高温快速干燥法：将切碎的牧草置于烘干机中，通过高温空气使牧草迅速干燥。干燥时间的长短取决于烘干机的种类、型号及工作状态，从几小时至几十分钟甚至几秒钟，使牧草的含水量由80%左右迅速下降到15%以下。这种方法干燥的牧草营养损失很小，一般营养损失不超过10%。但需要一定的设备投资和配套工艺技术。

（3）加快牧草干燥的方法　干草的调制过程也是牧草营养物质

损失的过程。加速干草调制过程，减少牧草干燥所用时间，是降低营养物质损失、生产优质干草的重要原则之一。为了使牧草加快干燥和干燥均匀，在干草调制过程中需创造一些条件使温度、空气湿度以及空气的流动能更好地作用于牧草的干燥过程。

① 适度翻晒。在刈割高产草地上的牧草时，割下的草常常摊晒极不均匀，造成牧草干燥速度快慢不一，干湿不均。所以在高产草地，在割草的同时翻动牧草，使摊晒均匀，或者也可在割草以后进行翻草。在调制干草过程中，翻动是最简单且应用最广泛的技术。翻动的目的是把草条反过来，把干草转移到比较干燥的地面使之增加空气流通。当牧草开始有些干燥后进行第二次翻草，此时牧草的干燥速度大大加快。翻草次数越多，牧草的干燥速度就越快，但是翻晒次数越多，其叶的损失就越大，对豆科牧草应控制次数，最好只翻 2 ~ 3 次。最后一次翻草的含水量不少于 40% ~ 45%，在叶还不易脱落和折断时进行。

② 压裂茎秆。牧草干燥时间的长短实际上取决于茎秆干燥所需时间。与叶相比，茎的干燥速度比叶要慢得多。当豆科牧草的叶和有些杂类草的叶干燥至含水量为 5% ~ 20% 时，茎的水分为 35% ~ 40%，因此加快茎的干燥速度即可加快牧草的整个干燥过程。使用牧草压扁机压裂茎秆，能够破坏茎的角质层膜和维管束，使水分蒸发速度大为加快，茎的干燥速度大致能跟上叶的干燥速度。这样不仅能缩短牧草的干燥时间，而且能使植物各部分干燥均匀。

目前生产实践中开始推广使用割草和压裂同时进行的割草压扁机，此机的使用大大加快了牧草的干燥过程，有利于提高干草的质量和产量。

3. 青干草的品质鉴定

（1）质量鉴定

① 含水量。青干草最适含水量为 15% ~ 17%，适于堆垛永久保存，用手成束紧握时，发出沙沙响声和破裂声，草束反复折曲时易断，搓揉的草束能迅速、完全散开，叶片干而卷曲。青干草含水量为 17% ~ 19% 时也能较好地保存，用手成束紧握时无干裂声，只有沙沙声，草束反复折曲不易断，搓揉的草束散开缓慢，叶片干而卷

曲。青干草含水量为19% ~20%堆垛储藏时会发热，甚至起火，用手成束紧握时无清脆响声，容易拧成紧实而柔韧的草瓣。搓拧时不易折断。青干草含水量为23%以上时，不能堆垛储藏，搓揉时无沙沙响声，多次折曲草束时，折曲处有水珠，手插入草中有凉感。

② 颜色、气味。绿色越深，营养物质损失越少，质量越好，并具有浓郁的芳香味；如果发黄，且有褐色斑点，无香味，列为劣等。如果发霉变质，则不能饲用。

③ 植物组成。干草组成中，如豆科草的比例超过5% ~10%时为上等，禾本科草和杂草比例占80%以上为中等。不可食杂草占15% ~20%的为劣等，有毒有害草超过1%的不可饲用。

④ 叶量。叶量越多说明营养损失越少，植株叶片保留95%以上的为优等，叶片损失10% ~15%的为中等，叶片损失15%以上时为劣等。

⑤ 含杂质量。干草中夹杂土、枯枝、树叶等杂质的量越少，品质越好。

（2）综合感官评定 一级枝叶鲜绿或深绿色，叶及花序损失不到5%，含水量15% ~17%，有浓郁的干草香味，但再生草调制的干草香味较淡；二级绿色，叶及花序损失不到10%，含水量15% ~17%，有香味；三级叶色发黑，叶及花序损失不到15%，含水量15% ~17%，有干草香味；四级茎叶发黄发白，部分有褐色斑点，叶及花序损失大于15%，含水量15% ~17%，香味较淡；五级发霉有臭味，不能饲用。

4. 干草的储藏

（1）露天堆垛储藏 垛址应选择地势平坦干燥、排水良好的地方，离牛舍不宜太远。垛底应用石块、木头、秸秆等垫起铺平，高出地面40 ~50厘米，四周有排水沟。垛的形式一般采用圆形和长方形两种。无论哪种形式，其外形均应由下向上逐渐扩大，顶部又逐渐形成圆形，形成下狭、中大、上圆的形状。垛的大小可根据需要决定，圆形垛一般直径4.5 ~5米，高6 ~5米，长方形垛一般长8 ~10米，宽4.5 ~5米，高6 ~6.5米。封顶时可用麦秸或杂草覆盖顶部，最后用草绳或泥土封压，以防大风吹刮。

（2）草棚堆垛 有条件的地方可建筑简易干草棚，以防雨雪、潮湿和阳光直射。存放干草时，应使青干草与地面和棚顶保持一定距离，以便通风散热。

（3）防腐剂的使用 要使调制成的青干草达到合乎储藏安全指标（含水量17%以下），生产上是很困难的。为了防止干草在储存过程中因水分过高而发霉变质，可以使用防腐剂。较为普遍的有丙酸和丙酸盐、液态氨和氢氧化物（氨或钠）等。目前丙酸应用较为普遍。液态氨不仅是一种有效的防腐剂，而且还能增加干草中氮的含量。氢氧化物处理干草不仅能防腐，而且能提高青干草消化率。

5. 草捆、草粉的生产

（1）草捆生产 主要是利用打捆机，将松散的牧草打成密实的捆，以利于机械操作、堆垛、装卸和运输。采用常规小型打捆机，草捆重量在14～16千克，密度为每立方米160～300千克。采用大圆柱形打捆机，草捆重量为600千克左右，密度为每立方米110～250千克。青草和干草均可进行打捆。干草捆本身是青干草的一种储藏方法，占地面积小，节约空间，适于储藏在草棚内，重点是防潮和防鼠。利用鲜草打成的草捆，其储藏原理和青贮饲料相同。这种草一般用塑料薄膜密封，在管理上应严防塑料薄膜破裂，以免造成饲草腐败变质。

（2）草粉加工 草粉是将青干草粉碎而制成的饲料。我国农村地区饲料粉碎机的普及率很高，草粉生产量也很大，但草粉的质量有待进一步提高。保证加工草粉质量的主要措施是提高加工原料青干草的质量。只有调制出优质的青干草，才能生产出高质量的草粉。养牛业中草粉主要用于饲养犊牛和成年牛短期育肥。一般喂牛，饲草不需要粉碎即可作为主要饲料使用。草粉安全储藏的含水量和温度为：含水量为12%时，要求温度为15℃以下；含水量在13%以上时，要求储藏温度为5～10℃。在密闭低温条件下储藏，可减少草粉中胡萝卜素的损失。在寒冷地区利用自然低温容易储藏。草粉也可以利用添加抗氧化剂和防腐剂的方式储藏。

第五章
牛的饲料和日粮配制技术

第一节 牛的常用饲料

牛的常用饲料包括粗饲料、青绿饲料、青贮饲料、能量饲料、蛋白质饲料、矿物质饲料、维生素饲料和饲料添加剂。一般习惯把能量饲料和蛋白质饲料统称为精饲料。

一 能量饲料

能量饲料在牛饲料中占的比例较高。养牛生产中常用的能量饲料为谷实类、糠麸类和薯类。

1. 谷实类

谷实类指禾本科籽实，如玉米、高粱、大麦等。各类籽实中含有丰富的无氮浸出物，是牛补充热能的主要来源。

（1）玉米 玉米被称为饲料大王。玉米含可溶性碳水化合物高（72%），粗纤维含量低（2%），消化率可达90%。玉米脂肪含量高（3.5%~4.5%），粗蛋白质偏低（8%~9%），缺乏赖氨酸、蛋氨酸和色氨酸。玉米因适口性好、能量含量高，在瘤胃中的降解率低于其他谷类，可以通过瘤胃达到小肠的营养物质比较多，因此可大量用于牛的日粮中。对于青年牛或育肥的肉牛，整粒饲喂比粉碎饲喂较好。带芯玉米也可喂牛。

（2）高粱 高粱籽实所含能量因品种不同而不同，带壳少的高粱籽实能量少，也是较好的能量饲料。高粱中蛋白质含量略高于玉米，氨基酸组成的特点与玉米相似，也缺乏赖氨酸、蛋氨酸、色氨酸和异亮氨酸。高粱的脂肪含量不高（2.8%～3.3%），含亚油酸低(1.1%)。高粱有涩味，适口性差（含有单宁），蛋白质利用率低(单宁可以在体内和体外与蛋白质结合，从而降低蛋白质及氨基酸的利用率)。褐色品种的高粱籽实含单宁高，白色的含量低，黄色的居中。高粱与玉米配合使用可提高饲料效率与日增重，因为两者饲喂可使它们在瘤胃消化和过瘤胃到小肠的营养物质有一个较好的分配。高粱和玉米的饲养价值相似，能量略低于玉米，粗灰分略高，喂牛效果相当于玉米的90%左右，喂前最好压碎。

(3) 小麦 小麦具有谷类饲料的通性，营养物质易于消化，适口性好。小麦的粗蛋白质含量在谷类籽实中也是比较高的，一般在12%左右，高者可达14%～16%。由于传统观念的影响，以前小麦很少作为饲料使用，近年来小麦在饲料中的用量逐渐增多，在欧洲，小麦是主要的谷类饲料。小麦是否用于饲料取决于玉米和小麦本身的价格。

【提示】 小麦作为饲料时喂量不宜过大，否则会引起消化障碍。通常用量最好不超过精饲料的50%。饲喂时应粉碎或碾碎。

(4) 大麦 大麦属一年生禾本科草本植物，按播种季节可分为冬大麦和春大麦。大麦籽实有两种，带壳者叫“草大麦”，不带壳者叫“裸大麦”，带壳的大麦，即通常所说的大麦，它的能量含量较低。大麦是一种坚硬的谷粒，在饲喂给牛前必须将其压碎或碾碎，否则它将不经消化就排出体外。大麦所含的无氮浸出物与粗脂肪均低于玉米，因外面有一层种子外壳，粗纤维含量较高，约5%，其粗蛋白质含量为11%～14%，且品质较好。赖氨酸含量比玉米、高粱约高1倍。大麦粗脂肪中的亚油酸含量很少(0.78%)。大麦的脂溶性维生素含量偏低，不含胡萝卜素，但含有丰富的B族维生素。牛因其瘤胃微生物的作用，可以很好地利用大麦。

➡【提示】 细粉碎的大麦易引起牛发生膨胀症。可先将大麦浸泡或压扁后饲喂，预防此症。大麦经过蒸汽或高压压扁后饲喂，可提高牛的育肥效果。

（5）燕麦 燕麦的麦壳占的比重较大（28%），整粒燕麦籽实的粗纤维含量较高（8%）。主要成分为淀粉，含量约为33% ~43%，较其他谷实类少。含油脂5.2%，脂肪主要分布于胚部，脂肪中40% ~47%为亚麻油酸。燕麦籽实的蛋白质含量高达11.5%以上，赖氨酸含量低。富含B族维生素，但烟酸含量较低，脂溶性维生素及矿物质含量均低。所含粗蛋白质高于玉米和大麦，但因麸皮（壳）多，粗纤维超过11%，适当粉碎后是牛的好饲料。燕麦适口性好，但必须粉碎后饲喂。

（6）裸麦（黑麦） 裸麦是一种耐寒性很强的作物，外观类似小麦，但适口性与饲养价值比不上小麦，依据栽培季节可分为春裸麦与冬裸麦，常见的均为冬裸麦。裸麦成分与小麦相似，粗蛋白质含量约11.6%，粗脂肪占1.7%，粗纤维占1.9%，粗灰分约1.8%，钙0.08%，磷0.33%。裸麦易感染麦角霉菌，感染此症后不仅产量减少、适口性下降，严重时还会引起中毒。牛对裸麦的适应能力较强，裸麦有较好的适口性。整粒或粉碎饲喂都可以。

（7）稻谷与糙米 稻谷即带外壳的水稻及旱稻的籽实，其中外壳约为20% ~25%，糙米约70% ~80%，颜色为白到浅灰黄色，有新鲜米的味道，不应有酸败或发霉味道。大米一般多作为人的主食，用于饲料的多属于久存的陈米。大米的粗蛋白质含量为7% ~11%，蛋白质中赖氨酸含量约为0.2% ~0.5%。糙米、碎米及陈米可以广泛用于肉牛饲料中，其饲用价值和玉米相似，但应粉碎使用。此外，稻谷和糙米均可作为精饲料用于牛日粮中。

2. 糠麸类

糠麸类是谷物加工后的副产品，我国的大宗糠麸类饲料主要是小麦麸（麸皮）和大米糠，它们是面粉厂和碾米厂的副产品。

（1）小麦麸（麸皮） 小麦加工面粉后的副产品。小麦籽实由种皮、胚乳和胚芽三部分组成。其中种皮占14.5%，胚乳占83%，

胚芽占2.5%。小麦麸主要由籽实的种皮、胚芽部分组成，并混有不同比例的胚乳、糊粉层成分。加工面粉的质量要求不同，出粉率也不一样，麸皮的质量相差也很大。如生产的面粉质量要求高，麸皮中来自胚乳糊粉层成分的比例就高，麸皮的质量也相应较高（代谢能可达7.9兆焦/千克），反之则麸皮的质量较低（代谢能仅为6.27~7.9兆焦/千克）。

麸皮适口性好，能量较低。粗蛋白质含量较高（11%~15%），蛋白质质量较好，赖氨酸含量约0.5%~0.7%，蛋氨酸含量0.11%。麸皮中B族维生素及维生素E的含量高，可以作为牛配合饲料中维生素的重要来源，因此，在配制饲料时，麸皮通常都作为一种重要原料，是牛良好的饲料，在日粮比例中占到10%~20%。

【提示】 麸皮的最大缺点是钙、磷含量比例极不平衡（干物质中钙和磷的比例为1:8）。使用中与其他饲料或矿物饲料配合较好。麸皮具轻泻作用，母牛产后饲喂适量的麦麸，可以调养消化道的机能。

（2）米糠 米糠是糙米加工成白米时分离出的种皮、糊粉层与胚三种物质的混合物，一般每百千克糙米可分出米糠6~8千克。与麸皮一样，米糠的营养价值视白米加工程度不同而异，加工的米越白，则胚乳中物质进入米糠的就越多，米糠的营养价值就越高。细米糠基本不含稻壳，故粗纤维含量低，其粗蛋白质含量约13%，细米糠的蛋白质品质较好，在谷类饲料中它的赖氨酸含量较高。脂肪含量较高（15%以上），并且脂肪中不饱和脂肪比例高，易酸败变质，不宜久存。米糠在日粮中的用量最好控制在10%以内。

【提示】 细米糠的最大缺点是钙、磷比例严重不当（其比例数为1:20），在大量使用细米糠时，应注意补充含钙饲料。

（3）大豆皮 大豆皮是大豆加工过程中分离出的种皮，含粗蛋白质18.8%，粗纤维含量高，但其中木质素少，所以消化率高，适口性也好。粗饲料中加入大豆皮能提高牛的采食量；饲喂效果与玉米相同。

(4) 玉米皮 含粗蛋白质10.1%，粗纤维较高（9.1%～13.8%），可消化性比玉米差。

3. 薯类

(1) 甘薯 甘薯（红薯、白薯、红苕、地瓜）是高产作物，一般每亩可产1000～1500千克，如以块根中干物质计算，甘薯比水稻、玉米产量都高，其有效能值与稻谷近似，适合作为能量饲料。粗蛋白质含量较低，在干物质中也只有3.3%，粗纤维少，富含淀粉，钙的含量特别低。甘薯怕冷，宜在13℃左右贮存。甘薯制粉后留下的甘薯粉渣，鲜粉渣含水分80%～85%，干燥粉渣含水分10%～15%。粉渣中的主要营养成分为可溶性无氮浸出物，容易被牛利用。由于甘薯中含有很少的蛋白质和矿物质，故其粉渣中也缺少蛋白质、钙、磷和其他无机盐类。甘薯味道甜美，是牛的良好能量饲料。甘薯煮熟后喂牛效果更好，生喂量大容易造成腹泻。甘薯粉和其他蛋白质饲料结合，制成颗粒喂牛可取得良好的饲喂效果，但应在饲料中添加足够的矿物质饲料。

【提示】 甘薯易患黑斑病，患有黑斑病的甘薯及其制粉和酿酒的槽渣，不能喂牛。有黑斑病的甘薯有异味且含毒性酮，喂牛易导致喘气病，严重的会导致死亡。

(2) 木薯 木薯主要产于我国南方，是高产作物，一般每亩产量在2000～5000千克。以块根中干物质计算，木薯比玉米、水稻的产量都高。木薯属于多汁饲料，含水量约70%～75%，粗纤维含量比较低，能量营养价值比较高。粗蛋白质的含量低，在干物质中也只有2%～3%，矿物质含量也很低，特别是钙的含量更低。木薯可切成片晒干，木薯干中含有丰富的碳水化合物，其有效能值与糙米、大麦相近，但蛋白质的含量低且质量差，无机盐、微量元素等矿物质含量均低。木薯分为甜木薯和苦木薯两种，但均含有亚麻苦甙，易溶于水，经酶的作用或遇稀酸游离出氢氰酸。木薯经过水浸可溶去亚麻苦甙，另经过蒸煮也可使氢氰酸消失。每千克木薯中含氢氰

酸 60 毫克时，经过煮沸 30 分钟以上，其氢氰酸可全部消失。

【提示】 木薯可在牛饲料中限量使用，以不超过 20%为好。

（3）马铃薯 马铃薯（土豆）属于块根块茎类植物，能量营养价值次于木薯和甘薯。马铃薯含有大量的无氮浸出物，其中大部分是淀粉，约占干物质的 70%。风干的马铃薯中粗纤维的含量为 2% ~3%。无氮浸出物为 70% ~80%. 粗蛋白质含量 8% ~9%，每千克中含消化能 14. 23 兆焦左右。马铃薯含非蛋白氮较多，约占蛋白质含量的一半。马铃薯中有一种含氰物质，叫龙葵素，是有毒物质，主要分布在块茎青绿皮上、芽眼与芽中。在幼芽及未成熟的块茎和贮存期间经日光照射变成绿色的块茎中含量较高，喂量过多可引起中毒。饲喂时要切除发芽部位并仔细选择，以防中毒。马铃薯经加工制粉后的剩余物为马铃薯粉渣，该粉渣与甘薯粉渣同样是含淀粉很丰富的饲料，其饲料成分和营养价值也几乎相同。干粉渣含蛋白质约 4. 1% 左右，含可溶性无氮浸出物约 70%，是很好的能量饲料。马铃薯粉渣可以用于牛饲料中。牛可以很好地利用马铃薯的非蛋白质含氮物和可溶性无氮浸出物，在日粮中的比例应控制在 20% 以下。

【提示】 发芽的马铃薯不能喂牛，否则易引起胃肠炎。

4. 糖蜜

糖蜜是制糖工业的副产品。按制糖原料不同，分为甘蔗糖蜜、甜菜糖蜜、柑橘糖蜜及淀粉糖蜜。糖蜜为黄色或褐色液体，其中柑橘糖蜜略苦，其余三种均具有甜味。

糖蜜的主要成分为糖类。甘蔗糖蜜含蔗糖约 24% ~36%，还原糖 12% ~24%。甜菜糖蜜所含糖类几乎都是蔗糖，达 47% 之多。糖蜜微量元素含量较高，还含少量钙、磷，但维生素的含量非常低。淀粉糖蜜除外，其他糖蜜约含有 3% ~4% 的可溶性胶体，主要成分为木糖、阿拉伯糖胶及果胶等。各种糖蜜均含有少量粗蛋白质，其中多属非蛋白氮。糖蜜具有黏性，这有助于制粒，可以作为黏结剂使用，1% ~3%即具有改善颗粒饲料硬度的效果。对粉状饲料尚有降低粉尘的作用。糖蜜由于含有盐水等原因，故有轻泻作用。糖蜜多为液态，含水量高，很难在配合饲料中大量使用。羊瘤胃微生物可很好地利用糖蜜中的非蛋白氮，从而提高其蛋白质价值，糖蜜中的糖类有利于瘤胃微生物的生长和繁殖，因此，可以改善瘤胃环境。糖蜜可作为肉牛育肥的饲料，和干草、秸秆等粗饲料搭配使用，可改善它们的适口性，提高采食量。牛用量可以占日粮的5% ~10%。

5. 甜菜与甜菜渣

甜菜类作物有许多种类，一般视其块根中干物质含量和糖分含量的多少，可分为饲用甜菜、半糖用甜菜和糖用甜菜。饲用甜菜的鲜样中含干物质9% ~14%，干物质中含粗蛋白质8% ~10%，含粗纤维4% ~6%，糖分50% ~60%；半糖用甜菜鲜样中含干物质14% ~20%，干物质中含粗蛋白质6% ~8%，粗纤维4% ~6%，糖分60% ~70%；糖用甜菜鲜样中干物质20% ~25%，干物质中含粗蛋白质4% ~6%，粗纤维4% ~6%，糖分65% ~75%。由于糖用和半糖用甜菜中含有大量蔗糖，故一般不做饲料用，而是用它制糖，用其副产品——甜菜渣做饲料。甜菜渣是甜菜块根经过浸泡、压榨提取糖液后的残渣，呈粒或丝状，为浅灰色或灰色，略具甜味。甜菜渣鲜样中水分含量为88%左右。湿甜菜渣经烘干后制成干粉料，干粉料中粗蛋白质含量约9%，粗纤维含量高，可达20%以上，无氮浸出物为50%左右，维生素和矿物质含量均低。注意干甜菜渣喂前应先用2 ~3倍重量的水浸泡，避免干饲后在消化道内大量吸水引起膨胀致病。甜菜渣加糖蜜和7.8%尿素可以制成甜菜渣块制品，它质硬、消化慢、尿素利用率高、安全性好，采食量提高20%。新鲜甜菜渣每头牛可喂40千克。

> **【注意】** 甜菜和甜菜渣也都是牛育肥的好饲料，干、鲜皆宜。干甜菜渣可以取代日粮中的部分谷类饲料，但不可作为唯一的精饲料来源。干甜菜渣在牛育肥料中可取代50%左右的谷物饲料，并且用它可以预防臌胀症。在犊牛料中，应尽量少用。

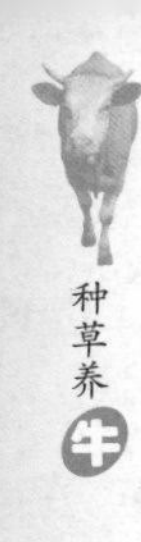

6. 果渣

我国有大量的果蔬产品的副产品，比如苹果渣、葡萄渣、柑橘渣、番茄渣等，这些副产品富含肉羊可以消化的营养物质，然而由于水分含量高，难以保存。近年来通过微生物发酵技术，向这些高水分含量的新鲜果渣中添加益生菌，在有氧和无氧条件下进行发酵，其产品可以很好地用于牛饲料中，用量以20%以下为宜。

【提示】 冬季在以秸秆、干草为主的肉牛日粮中配合一些多汁饲料，如薯类、瓜蔬类、果渣等，能改善日粮适口性，提高饲料利用率。

二 蛋白质饲料

蛋白质饲料包括植物性蛋白质饲料、动物性蛋白质饲料、非蛋白氮饲料和单细胞蛋白饲料。

1. 植物性蛋白质饲料

植物性蛋白质饲料蛋白质含量较高，赖氨酸和色氨酸的含量较低。

（1）大豆粕（饼） 以黄豆取油后的饼粕，是所有粕（饼）中最好的。大豆粕（饼）的蛋白质含量较高，在40%~44%，可利用性好，必需氨基酸的组成比例也相当好，尤其是赖氨酸含量，是饼、粕类饲料中含量最高者，可高达2.5%~2.8%，是棉仁饼、菜籽饼及花生饼的1倍。大豆粕（饼）的缺点是蛋氨酸不足，因而，在主要使用大豆粕（饼）的日粮中一般要另外添加蛋氨酸，才能满足动物的营养需要。大豆粕（饼）是牛的优质蛋白质饲料，可用于配制代乳饲料和犊牛的开口食料。质量好的大豆粕（饼）色黄味香，适口性好，日粮中比例可达20%。

（2）菜籽粕（饼） 菜籽粕（饼）的原料是油菜籽。菜籽粕（饼）的蛋白质含量中等，在36%左右，代谢能较低，约每千克8.4兆焦，矿物质和维生素比豆饼丰富，含磷较高，含硒比大豆粕（饼）高6倍，居各种饼粕之首。菜籽粕（饼）中的有毒有害物质主要是从油菜籽中所含的硫葡萄糖苷酯类衍生出来的，这种物质分布于油菜籽的柔软组织中。此外，菜籽中还含有单宁、芥子碱、皂角苷等有害物质。它们有苦涩味，影响蛋白质的利用效果，阻碍生长。在牛精饲料中的用量不超过10%。菜籽粕（饼）在牛瘤胃内降解速度低于豆粕，过瘤胃部分较大。由双低油菜籽（硫葡萄糖苷酯类和芥子碱低）加工的菜籽粕（饼），所含毒素也少，在饲料中可不受限制。

【提示】 犊牛和孕牛最好不喂菜籽粕（饼）。

（3）棉籽粕（饼） 棉花籽实脱油后的粕（饼），因加工条件不同，营养价值相差很大。完全脱了壳的棉仁所制成的粕（饼），叫作棉仁粕（饼），其蛋白质含量可达41%以上。而由不脱掉棉籽壳的棉籽制成的棉籽粕（饼），蛋白质含量不过22%左右。在棉籽内，含有有害的物质——棉酚和环丙烯脂肪酸。棉酚可引起畜禽中毒，畜禽游离棉酚中毒一般表现为采食量减少，呼吸困难，严重水肿，体重减轻，以致死亡。

牛因瘤胃微生物可以分解棉酚，所以棉酚的毒性相对小。棉籽粕（饼）可作为良好的蛋白质饲料来源，是棉区喂牛的好饲料。在牛的日粮中用量为10%～20%。在犊牛日粮中，用量不超过20%，在架子牛日粮中，可占精饲料的60%。如果长期过量使用则影响其种用性能，要进行脱毒，常用的去毒方法为煮沸1～2小时，冷却后饲喂。

（4）向日葵仁粕（饼） 向日葵仁粕（饼）也就是向日葵籽榨油后的残余物。向日葵仁粕（饼）的饲用价值视脱壳程度而定。我国的向日葵仁粕（饼），一般脱壳不净，带有的壳多少不等。粗蛋白质含量在28%～32%，赖氨酸含量不足。但也有优质的向日葵仁粕（饼），带壳很少，粗纤维含量在12%。向日葵仁粕（饼）与其他粕（饼）类饲料配合使用可以得到良好的饲养效果。

牛对氨基酸的要求比单胃动物低，向日葵仁粕（饼）的适口性好，其饲养价值相对较大，脱壳者效果与大豆粕（饼）不相上下。它也是牛的优质饲料，与棉籽粕（饼）有同等价值。

(5) 花生仁粕(饼) 花生的品种很多，脱油方法不同，花生粕(饼)的性质和成分也不相同。脱壳后榨油的花生仁粕(饼)，营养价值高，代谢能含量可超过大豆粕(饼)，可达到12.5兆焦/千克，是粕(饼)类饲料中可利用能量水平最高的饼粕。蛋白质含量也很高，高者可以达到44%以上。花生仁粕(饼)的另一特点是适口性极好，有香味，所有动物都很爱吃。

花生仁粕(饼)蛋白质中的氨基酸含量比较平衡，利用率也很高，但不像豆饼、鱼粉那样可在配合饲料时提供更多的赖氨酸及含硫氨基酸，因此需要补充。牛的饲料可使用花生粕(饼)，并且其饲喂效果不次于大豆粕(饼)。

【注意】 花生仁粕(饼)很容易染上黄曲霉菌，引起中毒。花生仁粕(饼)中的残脂容易氧化，不宜保存。因此，花生粕(饼)应随加工随使用，不要贮存时间过长。

(6) 芝麻粕(饼) 芝麻粕(饼)不含对畜禽不良作用的因素，是安全的饼粕饲料。芝麻粕(饼)的粗纤维含量在7%左右，代谢能含量9.5兆焦/千克，视脂肪含量多少而异。芝麻粕(饼)的粗蛋白质含量可达40%。

芝麻粕(饼)最大的特点是蛋氨酸含量特别高，可达0.8%以上，是大豆粕、棉仁粕含量的1倍，比菜籽粕、向日葵仁粕约高1/3，是所有植物性饲料中含蛋氨酸最多的饲料。但是，芝麻粕(饼)的赖氨酸含量不足，配料时应注意。牛日粮中可以提高用量，可用于犊牛和育肥牛。

(7) 亚麻籽粕(饼) 在我国北方地区种植油用亚麻，俗称胡麻，脱油后的残渣叫胡麻籽饼或胡麻籽粕(亚麻籽饼或亚麻籽粕)。亚麻籽粕(饼)的适口性不好，代谢能值较低。一般亚麻籽粕(饼)含粗蛋白质32%~34%。赖氨酸含量不足，故在使用亚麻籽粕(饼)时要添加赖氨酸或与含赖氨酸高的饲料混合使用。

肉牛可以很好地利用亚麻籽粕(饼)，使其成为优质的蛋白质饲料。亚麻籽粕(饼)还有促进胃、肠蠕动的功能。用量应在10%以下。

⚠【注意】 亚麻籽粕（饼）中含有苦甙，经酶解后生成氢氰酸，用量大会对动物产生毒害作用；亚麻籽粕（饼）中残脂高，易变质，不利保存；经过高温高压榨油的亚麻籽粕（饼）很容易引起蛋白质褐变，降低其利用率。

（8）椰子粕（饼） 椰子的胚乳部分经过干燥成为干核，含油量66%，去油后的产物就是椰子粕（饼）。椰子纤维含量多，代谢能含量比较低，氨基酸组成不够好，缺乏赖氨酸和蛋氨酸。水分含量8%~9%，粗蛋白质20%~21%，粗脂肪根据加工方法的不同而差异较大，压榨脱油的含量可达6%，溶剂去油的含量仅为1.5%，粗纤维12%~14%。椰子油饼含有饱和脂肪酸，所以在含有椰子油饼的日粮中不需要考虑必需脂肪酸的问题。椰子粕（饼）宜用于牛饲料中，适口性好。牛可以把椰子粕（饼）当作蛋白质饲料使用，但采食太多有便秘倾向，精饲料中以使用20%以下为宜。

（9）其他植物加工副产品 主要是糟渣类。常见的有玉米蛋白粉、豆腐渣、酱油渣、粉渣、酒糟等。玉米蛋白粉的蛋白质为25%~60%，蛋白质利用率高，蛋氨酸含量高，但赖氨酸不足；豆腐渣、酱油渣、粉渣等的粗蛋白质都在20%以上，粗纤维含量高，维生素缺乏，消化率较低，水分含量高，不宜存放过久，否则极易被霉菌及腐败菌污染变质；酒糟蛋白质含量一般为19%~30%，是育肥牛的好饲料，日喂量可以达到10千克。对妊娠牛不宜多喂。

2. 非蛋白氮饲料

非蛋白氮饲料主要指蛋白质之外的其他含氮物，如尿素、磷酸脲、硫酸铵、磷酸氢二铵等。其营养特点是粗蛋白质含量高，如尿素中粗蛋白质含量相当于豆粕的7倍；味苦，适口性差；不含能量。在使用中应注意补加能量物质；缺乏矿物质，特别要注意补充磷、硫。

尿素只能喂给成年牛，用量一般不超过饲料干物质的1%。不能单独饲喂或溶于水中让牛直接饮用，要将尿素混合在精料或铡短的秸秆、干草中饲喂。严禁饲喂过量导致产生氨中毒。饲喂时要有2周以上的适应期，只能在6月龄以上的牛日粮中使用。

3. 单细胞蛋白

单细胞蛋白是指利用糖、氮、烃类等物质，在工厂通过工业方式，培养能利用这些物质的细菌、酵母等微生物制成的蛋白质。单细胞蛋白含有丰富的B族维生素、氨基酸和矿物质，粗纤维含量较低；单细胞蛋白中赖氨酸含量较高，蛋氨酸含量低；单细胞蛋白质具有独特的风味，对增进动物的食欲具有良好效果。对于来源于石油化工、污染物处理工业的单细胞蛋白中，往往含有较多的有毒、有害物质，不宜作为单细胞蛋白质的原料。

常用的有酵母、真菌及藻类。酵母最粗蛋白质含量为40%～50%，生物学价值处于动物性蛋白饲料和植物性蛋白饲料之间。赖氨酸、异亮氨酸及苏氨酸含量较高，蛋氨酸、精氨酸及胱氨酸含量较低。含有丰富的B族维生素，但饲料酵母有苦味，适口性较差，牛日粮中可添加2%～5%，一般不超过5%。

三 粗饲料

粗饲料常指各种农作物收获原粮后剩余的秸秆、秕壳以及干草等，按国际饲料分类原则，凡是饲料中粗纤维含量在18%以上或细胞壁含量为35%以上的统称为粗饲料。

1. 干草类饲料

干草是指植物在生长阶段收割后干燥保存的饲草。大部分调制的干草是牧草在未结籽前收割的草。通过制备干草，达到了长期保存青草中的营养物质和在冬季对牛进行补饲的目的。

粗饲料中，干草的营养价值最高。青干草包括豆科干草（苜蓿、红豆草、毛苕子等）、禾本科干草（狗尾草、羊草等）和野干草（野生杂草晒制而成）。优质青干草含有较多的蛋白质、胡萝卜素、维生素D、维生素E及矿物质。青干草粗纤维含量一般为20%～30%，所含能量为玉米的30%～50%。豆科干草的蛋白质、钙、胡萝卜素含量很高，粗蛋白质含量一般为12%～20%，钙含量1.2%～1.9%。禾本科干草含碳水化合物较高，粗蛋白质含量一般为7%～10%，钙含量0.4%左右。野干草的营养价值较以上两种干草要差些。青干草的营养价值取决于制作原料的植物种类、收割的生长阶段以及调制技术。禾本科牧草应在孕穗期或抽穗期收割，豆科牧草应在结蕾期或干花初期收割，晒制干草时应防止暴晒和雨淋。最好采用阴干法。

2. 秸秆类饲料（藁类饲料）

凡是农作物籽实收获后的茎秆和枯叶均属于秸秆类饲料，如玉米秸、稻草、麦秸、高粱秸和各种豆秸。这类植物中粗纤维含量较干草高，一般为25%～50%。木质素含量高（如小麦秸中木质素含量为12.8%，燕麦秸粗纤维中木质素为32%）、硅酸盐含量高（特别是稻草，灰分含量高达15%～17%，灰分中硅酸盐占30%左右）。秸秆饲料中有机物质的消化率很低，牛消化率一般小于55%，每千克含消化能值要低于干草。蛋白质含量低（3%～6%），豆科秸秆饲料中蛋白质比禾本科的高。除维生素D之外，其他维生素均缺乏，矿物质钾含量高，钙、磷含量不足。秸秆的适口性差，为提高秸秆的利用率，喂前应进行切短、氨化或碱化处理。

3. 秕壳类饲料

秕壳类饲料是种子脱粒或清理时的副产品，包括种子的外壳、外皮以及混入一些种子成熟程度不等的瘪谷和籽实，因此，秕壳饲料的营养价值变化较大。豆科植物中蛋白质优于禾本科植物。一般来说，荚壳的营养价值略高于同类植物的秸秆，但稻壳和花生壳除外。砻糠质地坚硬，粗纤维高达35%～50%。秕壳能值变幅大于秸秆，主要受品种、加工贮藏方式和杂质多少的影响，在打场中有大量泥土混入，而且本身硅酸盐含量高。如果尘质过多，甚至会堵塞消化道而引起便秘疝痛。秕壳具有吸水性，在贮藏过程中易于霉烂变质，使用时一定要注意。

四 青绿饲料

青绿饲料是一类营养相对平衡的饲料，是牛不可缺少的优良饲料，但其干物质少，能量相对较低。在牛生长期可用优良青绿饲料作为唯一的饲料来源，但若要在育肥后期加快育肥，则需要补充谷物、饼粕等能量饲料和蛋白质饲料。牛常用的青绿饲料主要包括青牧草、青割饲料和叶菜类等。

五 青贮饲料

青绿饲料优点很多，但是水分含量高，不易保存。为了长期保

存青绿饲料的营养特性，保证饲料淡季供应，通常采用两种方法进行保存。一种方法是青绿饲料脱水制成干草，另一种方法利用微生物的发酵作用调制成青贮饲料。将青绿饲料青贮，不仅能较好地保持青绿饲料的营养特性，减少营养物质的损失，而且由于青贮过程中产生大量芳香族化合物，使饲料具有酸香味，柔软多汁，改善了适口性，是一种长期保存青饲料的良好方法。此外，青贮原料中含有硝酸盐、氢氰酸等有毒物质，经发酵后会大大降低有毒物质的含量，同时，青贮饲料中由于大量乳酸菌存在，菌体蛋白质含量比青贮前提高20%～30%，很适合喂牛。

另外，青贮饲料制作简便、成本低廉、保存时间长、使用方便，解决了冬、春牛只供给青绿饲料的难题，是养牛的一类理想饲料。青贮饲料饲喂牛时，在日粮中应适量搭配，不宜过多，尤其是对初次饲喂青贮饲料的，要经过短期的过渡期适应，开始饲喂时少喂勤添，以后逐渐增加喂量。

六 矿物质饲料

矿物质是一类无机营养物质，存在于动物体内的各组织中，广泛参与体内各种代谢过程。除碳、氢、氧和氮4种元素主要以有机化合物形式存在外，其余各种元素无论含量多少，统称为矿物质或矿物质元素。

牛日粮组成主要是植物性饲料。而大多数植物性饲料中的矿物质不能满足牛快速生长和生产的需要，矿物质元素在机体生命活动过程中起着十分重要的调节作用，尽管占体重很小，且不供给能量、蛋白质和脂肪，但缺乏时易造成牛生长缓慢、产乳减少、抗病能力减弱以致威胁生命。因此生产中必须给牛补充矿物质，以达到日粮中的矿物质平衡，满足牛生存、生长、生产、高产的需要。目前，牛常用的矿物质饲料主要是含钠和氯元素的食盐，含钙、磷饲料的骨粉、碳酸钙、磷酸氢钙、蛋壳粉、贝壳粉等。

1. 食盐

食盐的成分是氯化钠，是牛饲料中钠和氯的主要来源。植物性饲料中的钠和氯含量都很少，故需以食盐方式添加。精制的食盐含氯化钠99%以上，粗盐含氯化钠95%，加碘盐含碘0.007%。纯净的食盐含钠39%，含氯60%，此外尚有少量的钙、镁、硫。食用盐为白色细粒，工业用盐为粗粒结晶。

饲料中如缺少钠和氯元素会影响牛的食欲，长期摄取食盐不足，可引起活力下降、精神不振或发育迟缓，降低饲料利用率。缺乏食盐的牛往往表现舔食棚、圈的地面、栏杆，啃食土块或砖块等异物。但饲料中盐过多，而饮水不足，就会发生中毒，中毒主要表现为口渴、腹泻、身体虚弱，重者可引起死亡。

动物性饲料中食盐含量比较高，一些食品加工副产品，甜菜渣、酱渣等中的食盐含量也较多，故用这些饲料配合日粮时，要考虑它们的食盐含量。食盐容易吸潮结块，要注意捣碎或经粉碎过筛。饲用食盐的粒度应全部通过 30 目筛网，含水量不得超过 0.5%，氯化钠纯度应在95%以上。喂量一般占日粮干物质的0.3%。喂量不可过多，否则会引起中毒。饲喂青贮饲料需盐量比喂干草多，饲喂高粗型日粮需盐量比高精型日粮多。

2. 含钙饲料

钙是动物体内最重要的矿物质饲料之一。牛处在不同的生长时期、用于不同的生产目的，不仅对钙的需求量不同，而且对不同来源的钙利用率也不同。一般饲料中钙的利用率随牛的生长而变低，但泌乳和妊娠期间对钙的利用率则提高。微量元素预混料通常使用石粉或贝壳粉作为稀释剂或载体，配料时应将其钙含量计算在内。

钙源饲料价格便宜，但用量不能过大，如用量过大则会影响钙磷平衡，使钙和磷的消化、吸收、代谢都受到影响。钙过多，像缺钙一样，也会引起生长不良，发生佝偻病和软骨症，导致流产。常见的含钙饲料见表 5-1。

表 5-1 常见的含钙饲料

碳酸钙（石粉）	由石灰石粉碎而成的最经济的矿物质原料。常用石粉为灰白色或白色、无臭的粗粉或呈细粒状。100%通过 35 目筛。颗粒越细，吸收率越佳。市售石粉的碳酸钙含量在95%以上，含钙量在38%以上
蛋壳粉	用新鲜蛋壳烘干后制成的粉。用新鲜蛋壳制粉时应注意消毒，在烘下最后产品时的温度应达 132℃，以免蛋白质腐败，及携带病原菌，蛋壳粉中钙的含量约为25%。性质与石灰石相似

（续）

贝壳粉	用各种贝类外壳（牡蛎壳、蛤蜊壳、蚌、海螺等的贝壳）粉碎后制成的产品。海滨多年堆积的贝壳，其内层有机物质已经消失，主要含碳酸钙，一般产品含钙量为30%～38%。细度依用途而定，为较廉价的钙质饲料。质量好的贝壳粉杂质少，钙含量高，呈白色粉状或片状
硫酸钙	主要提供硫和钙，生物学利用率较高。在高温高湿条件下可能会结块。高品质的硫酸钙来自矿中心地带开采所得产品精制而成，来自磷石膏者品质较差，含砷、铅、氟等较高，如未除去，不宜用作饲料

3. 含磷饲料

我国是一个缺乏磷矿资源的同家，磷源饲料的解决十分重要。常见的含磷饲料见表5-2。

表5-2 常见的含磷饲料

磷酸钙类	磷酸钙	又称磷酸三钙，含磷20%，含钙38.7%，纯品为白色、无臭的粉末。不溶于水中而溶于酸。经过脱氟的磷酸钙称为脱氟磷酸钙，为灰白色或茶褐色粉末
	磷酸氢钙	又称磷酸二钙，有无水磷酸氢钙和二水磷酸氢钙两种。稳定性较好，生物学效价较高，一般含磷18%以上，含钙23%以上，是常用的磷补充饲料
	磷酸二氢钙	又称磷酸一钙，多以一水合物存在，一般含磷21%，含钙20%，生物学效价较高。作为饲料时要求氟含量不得高于磷含量的1%。纯品为白色结晶粉末。磷酸一钙在100℃下为无水化合物，152℃时熔融变成磷酸钙
磷酸钠类	磷酸一钠	本品为磷酸的钠盐，呈白色粉末，有潮解性，宜干燥贮存。对钙要求低的饲料可用它作为磷源，在产品设计调整高钙、低磷配方时使用，磷酸一钠含磷26%以上，含钙19%以上。其价格比较昂贵
	磷酸二钠	为白色无味的细粒状，一般含磷18%～22%，含钠27%～32.5%，应用价值同磷酸一钠

（续）

骨粉类	以家畜骨骼加工而成，是一种钙磷平衡的矿物质饲料，且含氟量低，但在使用前应脱脂、脱胶、消毒，以免传播疾病。一般多用作磷饲料，也能提供一定量的钙，但不如石粉、蛋壳粉价格便宜。动物骨粉同样属于在反刍动物日粮中禁止使用的饲料原料
磷矿石粉	磷矿石经粉碎后的产品。常常含有超过允许量的氟，并有其他杂质，如铅、砷、汞等。必须合乎标准才能用作饲料
液体磷酸	为磷酸水溶液，具有强酸性，使用复杂。尿素、糖蜜及微量元素混合制成液体饲料

4. 天然矿物质饲料

天然矿物质饲料含有多种矿物质元素和营养成分，可以直接添加到饲料中去，也可以作为添加剂的载体使用。常见的天然矿物质饲料见表5-3。

表5-3 天然矿物质饲料

膨润土（膨润土钠）	膨润土是一种天然矿产，呈灰色或灰褐灰，细粉末状。膨润土所含元素至少在11种以上，产地和来源不同，其成分也有差异，大都是牛生长发育必需的常量和微量元素，它还能使酶和激素的活性或免疫反应发生显著变化，对牛的生长和生产有明显的生物学价值。在饲料工业中，它主要有三大功能：一是作为饲料添加成分，以提高饲料效率；二是代替糖浆等作为颗粒饲料的熟结剂；三是代替粮食作为各种微量成分的载体，起稀释作用，如稀释各种添加剂和尿素
沸石	天然沸石大多是由盐湖沉积和火山灰烬形成的，主要成分是铝硅酸盐及钠、钾、钙、镁等离子，为白色或灰白色，呈块状，粉碎后为细四面体颗粒（具有独特的多孔蜂窝状结构）。沸石可以吸收和吸附一些有害元素和气体，故有除臭作用；沸石还具有很高的活性和抗毒性，可调整牛瘤胃的酸碱性，对肝、肾功能有良好的促进作用；沸石还具有较好的催化性、耐酸性和热稳定性。在生产实践中沸石可以作为天然矿物质添加剂用于牛日粮中，在精饲料中按5%添加。沸石也可作为添加剂的载体，用于制作微量元素预混料或其他预混料

（续）

麦饭石	麦饭石的主要成分是硅酸盐，它富含牛生长发育所必需的多种微量元素和稀土元素，如硅、钙、铝、钾、镁、铁、钠、锰、磷等，有害成分含量少，是一种优良的天然矿物质营养饲料。麦饭石具有一定的生理功能和药物作用，它能增强动物肝脏中DNA和RNA的含量，使蛋白质合成增多。还可提高抗疲劳和抗缺氧能力，增加血清中的抗体，具有刺激机体免疫能力的作用。此外，麦饭石还具有吸附性和吸气、吸水性能，因能吸收肠道内有害气体，故能改善消化，促进生长，还可防止饲料在贮藏过程中受潮结块。麦饭石可作为添加剂载体使用。每头牛每天在日粮中添加150～250克，可起到明显的增重效果
海泡石	海泡石是一种纤维状的硅酸盐黏土矿物。呈灰白色，有滑感，无毒，无臭，具有特殊的层链状晶体结构，具有稳定性、抗盐性及脱色吸附性，有除毒、去臭、去污能力。饲料工业上可以作为添加剂加入到牛日粮中，在精饲料中按1%～3%添加。也可作为其他添加剂的载体或稀释剂
稀土	稀土由15种镧系元素和钪、钇共17种元素组成。稀土可激活具有吞噬能力的异嗜性细胞，故可增强机体免疫力，提高动物的成活率，而有益于增重及改善饲料效率，并且与微量元素有协同作用。稀土在饲料中的用量很小

七 维生素饲料

维生素饲料包括工业合成或由原料提纯的精制的各种单一维生素和混合多种维生素。成年牛瘤胃微生物能合成B族维生素和维生素K，肝、肾可合成维生素C，一般不会缺乏。因此除犊牛外，一般不需额外添加，哺乳犊牛应补给维生素B_2。但当青饲料不足时应考虑添加维生素A、维生素D和维生素E。

在生产实际中，为了适应不同成长阶段牛对维生素的营养需要，添加剂预混料生产厂有针对性的系列复合多种维生素产品，用户可以根据自己肉牛生产需要直接选用。在此不对有关维生素的机理和配制进行赘述。

八 饲料添加剂

添加剂在配合饲料中占的比例很小，但其作用则是多方面的。

对动物方面所起的作用包括：抑制消化道有害微生物繁殖，促进饲料营养消化、吸收，抗病、保健、驱虫，改变代谢类型、定向调控营养，促进动物生长和营养物质沉积，减少动物兴奋，降低饲料消耗及改进产品色泽，提高商品等级等。在饲料环境方面起的作用有：疏水、防霉、防腐、抗氧化、黏结、赋型、防静电、增加香味、改变色泽、除臭、防尘等。

1. 营养性添加剂

（1）维生素添加剂 它是由合成或提纯方法生产的单一或复合维生素。常用的有维生素 A、维生素 D、维生素 E、维生素 K、B 族维生素及氯化胆碱等。

（2）微量元素添加剂 家畜常常容易缺乏的微量元素有铜、锌、锰、铁、钴、碘、硒等。一般制成复合添加剂进行添加。

（3）氨基酸添加剂 用于家畜饲料的氨基酸添加剂，一般是植物性饲料中最缺的必需氨基酸，如蛋氨酸与赖氨酸。

（4）尿素 尿素为非蛋白氮物质，可添加于牛等反刍动物日粮中，用以对氮的补充。常用的有尿素、缩二脲、磷酸二氢铵、氯化铵等。尿素只能在 6 月龄以上的牛日粮中使用，奶牛在产乳期的用量应受限制。

> **【提示】** 尿素不宜单喂，应与淀粉多的精饲料搭配使用，也可调制成尿素溶液喷洒或浸泡粗饲料，或调制成尿素青贮料，或制成尿素颗粒料、尿素精饲料等。

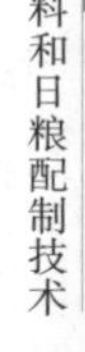

2. 非营养性添加剂

这类添加剂本身在饲料中不起营养作用，但具有刺激代谢、驱虫、防病等功能。也有部分是对饲料起保护作用的。

（1）抗生素 饲料中添加少量抗生素，可防病抗病，但应按照有关规定要求使用。

（2）助长剂 具有促进生长、提高饲料利用率的作用。常用的助长剂有生长激素、雄激素、玉米赤霉醇、砷制剂、铜制剂等。

（3）抗氧化剂 凡含油脂多的饲料，由于脂肪及脂溶性维生素在空气中极易氧化变质（尤其在高温季节会发生酸败），在饲喂牛这

些物质时，会影响饲喂效果。故常常加入抗氧化剂予以保护。常用的抗氧化剂有丁基羟基苯甲醚、一丁基羟基甲苯、乙氧喹等。

此外，还有防霉剂，如丙酸、丙酸钙等以及着色剂、调味剂等。

第二节　牛的日粮配制

一　牛的日粮配合

1. 日粮配方设计的原则

(1) 营养性原则　营养性原则是配合饲料配方设计的基本原则。

① 合理地设计饲料配方的营养水平。设计饲料配方的营养水平，必须以饲养标准为基础，同时要根据动物生产性能、饲养技术水平与饲养设备、饲养环境条件、市场行情等及时调整饲粮的营养水平，特别要考虑外界环境与加工条件等对饲料原料中活性成分的影响。

设计配方时要特别注意诸养分之间的平衡，也就是全价性。有时即使各种养分的供给量都能满足甚至超过需要量，但由于没有保证有颉颃作用的营养素之间的平衡，反而出现营养缺乏症或生产性能下降。设计配方时应重点考虑能量和蛋白质、氨基酸之间、矿物质元素之间、抗生素与维生素之间的相互平衡。诸养分之间的相对比例比单种养分的绝对含量更重要。

② 合理选择饲料原料，正确评估和决定饲料原料营养成分含量。饲料配方平衡与否，很大程度上取决于设计时所采用的原料营养成分值。条件允许的情况下，应尽可能多地选择原料种类。原料营养成分值尽量有代表性，避免极端数字，要注意原料的规格、等级和品质特性。对重要原料的重要指标最好进行实际测定，以提供准确的参考依据。选择饲料原料时除要考虑其营养成分含量和营养价值，还要考虑原料的适口性、原料对畜产品风味及外观的影响、饲料的消化性及容重等。

③ 正确处理配合饲料配方设计值与配合饲料保证值的关系。配合饲料中的某一养分往往由多种原料共同提供，且各种原料中养分的含量与其真实值之间存在一定的差异，加之饲料加工过程的偏差，

同时生产的配合饲料产品往往有一个合理的贮藏期，贮藏过程中某些营养成分还要因受外界各种因素的影响而损失。所以，配合饲料的营养成分设计值通常应略大于配合饲料保证值，以保证商品配合饲料营养成分在有效期内不低于产品标签中的标示值。

（2）安全性原则 配合饲料对动物自身必须是安全的，发霉、酸败、污染和未经处理的含毒素等饲料原料不能使用。动物采食配合饲料而生产的动物产品对人类必须既富营养而又健康安全。设计配方时，某些饲料添加剂（如抗生素等）的使用量和使用期限应符合安全法规。

（3）经济性原则 不断提高配合饲料设计质量，降低成本是配方设计人员的责任。饲料原料种类越多，越能起到饲料原料营养成分的互补作用，有利于配合饲料的营养平衡，但如果原料种类过多，就会增加加工成本。所以在设计配方时，应掌握使用适度的原料种类和数量。另一方面还要考虑动物废弃物（如粪、尿等）中氮、磷、药物等对人类生存环境的不利影响。

（4）市场性原则 产品设计必须以市场为目标。配方设计人员必须熟悉市场，及时了解市场动态，准确确定产品在市场中的定位（如高、中、低档等），明确用户的特殊要求（如外观、颜色、风味等），设计出各种不同档次的产品，以满足不同用户的需要。同时还要预测产品的市场前景，不断开发新产品，以增强产品的市场竞争力。

2. 日粮配方的设计方法

常用的手工设计算法包括试差法和对角线法。

【示例1】以对角线法举例设计体重350千克，预期日增重1.2千克的舍饲生长育肥牛日粮配方。

（1）查出肉牛饲养标准 见表5-4。

表5-4 体重350千克，预期日增重1.2千克的舍饲生长育肥牛营养需要量

干物质/千克	肉牛能量单位/RND	粗蛋白质/克	钙/克	磷/克
8.41	6.47	889	38	20

（2）查出所选饲料的营养成分 见表5-5。

表 5-5　饲料营养含量（干物质）

饲料名称	干物质/千克	肉牛能量单位/RND	粗蛋白质/克	钙/克	磷/克
玉米青贮	22.7	0.54	7.0	0.44	0.26
玉米	88.4	1.13	9.7	0.09	0.24
麸皮	88.6	0.82	16.3	0.20	0.88
棉饼	89.6	0.92	36.3	0.30	0.90
碳酸氢钙				23.00	16.00
石粉				38.00	

（3）确定精、粗饲料用量及比例　确定日粮中精饲料占 50%，粗饲料占 50%。根据肉牛的营养需要可知每天每头牛需 8.41 千克干物质，所以每天每头牛粗饲料（青贮玉米）应供给的干物质质量为 8.14×50% =4.2 千克，首先求出青贮玉米所提供的养分量和尚缺的养分量，见表 5-6。

表 5-6　粗饲料提供的养分量

	干物质/千克	肉牛能量单位/RND	粗蛋白质/克	钙/克	磷/克
需要量	8.41	6.47	889	38	20
4.2 千克青贮玉米干物质提供	4.2	2.27	294	18.48	10.92
尚缺养分量	4.12	4.20	595	19.52	9.08

（4）求出各种精饲料和拟配合料粗蛋白质/肉牛能量单位比

玉米 =97/1.13 =85.84；麸皮 =163/0.82 =198.78；

棉饼 =363/0.92 =394.57

拟配合精饲料混合料 =595/4.2 =141.67

（5）用对角线法算出各种精饲料的用量

第一步：先将各精饲料按蛋白能量比分为两类：一类高于拟配混合料；另一类低于拟配混合料，然后一高一低两两搭配成组。本例高于 141.67 的有麸皮和棉饼，低于 141.67 的有玉米。因此玉米既要和麸皮搭配，又要和棉饼搭配，每组画一个正方形。将 3 种精饲料的蛋白能量比置于正方形的左侧，拟配混合料的蛋白能量比放在中间，在两条阳角线上做减法，大数减小数，得数是该饲料在混合料中应占有的能量比例数。

第二步：本例要求混合精饲料中肉牛能量单位是 4. 20，所以应将上述比例算成总能量为 4. 20 时的比例，即将各饲料原来的比例数分除各饲料比例数之和，再乘 4. 20。然后将所得数据分别被各原料每千克所含的肉牛能量单位除，就得到这三种饲料的用量了。

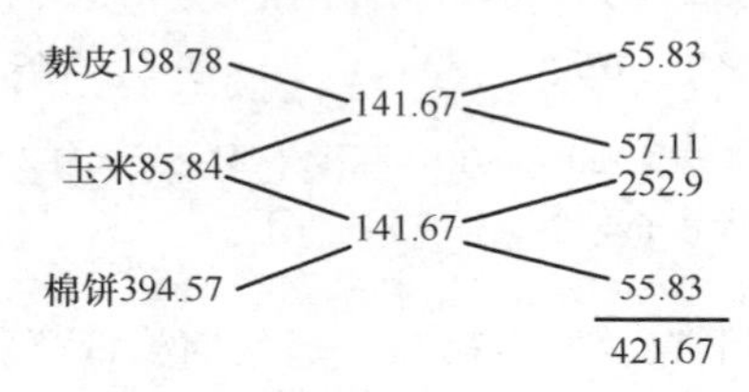

则：

$$玉米：310.01 \times \frac{4.20}{421.67} \div 1.13千克 = 2.73千克$$

$$麸皮：55.83 \times \frac{4.20}{421.67} \div 0.82千克 = 0.68千克$$

$$棉饼：55.83 \times \frac{4.20}{421.67} \div 0.92千克 = 0.60千克$$

（6）验证精饲料混合料养分含量　见表 5-7。

表 5-7　精饲料混合料养分含量

饲料名称	重量	干物质/千克	肉牛能量单位/RND	粗蛋白质/克	钙/克	磷/克
玉米	2. 73	2. 41	3. 08	264. 81	2. 46	6. 55
麸皮	0. 68	0. 60	0. 56	110. 84	1. 36	5. 98
棉饼	0. 60	0. 54	0. 55	217. 80	1. 80	5. 40
合计	4. 01	3. 55	4. 19	593. 50	7. 62	17. 93
差		－0. 66	－0. 01	－1. 50	－11. 90	＋8. 85

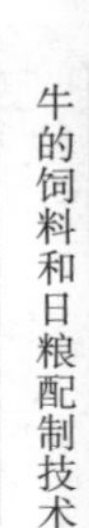

由表 5-7 可以看出，精饲料混合料中肉牛能量单位和粗蛋白质含量与要求基本一致，干物质尚差 0. 66 千克，可以适当增加青贮玉米的喂量。钙、磷的余缺可以使用矿物质调整。本例中磷已经满足

需要，不必考虑补充，只需要用石粉补钙即可。石粉用量 = 11.9 ÷ 0.38 = 31.32 克。混合料中另加 1% 食盐，约合 0.04 千克。

（7）列出日粮配方与精饲料混合料的百分比组成 见表 5-8。

表 5-8 育肥牛的日粮配方

	青贮玉米	玉米	麸皮	棉饼	石粉	食盐
干物质含量/千克	4.2	2.73	0.68	0.60	0.031	0.04
饲喂量/千克	18.5	3.09	0.77	0.67	0.031	0.04
精饲料组成（%）		67.16	16.74	14.56	0.67	0.87

注：生产中，青贮玉米喂量应增加 10% 的安全系数，即每天饲喂 20.35 千克/头。混合精饲料每天饲喂 4.6 千克

【示例 2】体重 600 千克、处于第二胎妊娠期、日产乳 30 千克、乳脂率为 3.5% 的奶牛日粮配方设计。

① 查营养需要。首先从奶牛饲养标准中查出 600 千克体重牛的维持需要。因为牛处于第二胎妊娠期，需另加维持需要量的 10% 作为该牛进一步生长之需，然后再查乳脂率为 3.5% 时产 1 千克奶的养分需要量，计算出该牛的每天营养需要量。见表 5-9。

表 5-9 牛的每天营养需要量

	干物质/千克	泌乳净能/兆焦	粗蛋白质/克	钙/克	磷/克
每天营养需要量	20.57	135.3	3014.9	165.6	113.7
其中：维持需要	7.52	43.1	559	36	27
10% 维持	0.75	4.3	55.9	3.6	2.7
产乳需要	12.30	87.9	2400.0	126.0	84.0

② 确定粗饲料组成和精饲料提供的营养。粗饲料优先选择饲草的供应，考虑适当的精粗比。在产乳高峰期或在泌乳期，精粗比可以为 50∶50，最高不超过 60∶40。如果有青贮玉米，并种植有黑麦草逐天供给，初步确定每天供应 20 千克的青贮玉米和 30 千克黑麦草，可以计算出粗饲料供给的营养和精饲料供给的营养。见表 5-10。

表 5-10 粗饲料组成和精饲料提供的营养

	干物质/千克	泌乳净能/兆焦	粗蛋白质/克	钙/克	磷/克
由粗饲料提供的养分	9.89	56.9	930.8	45.5	32.1
其中：青贮玉米 20 千克	5.0	24.5	300.0	22.0	13.0
黑麦草 30 千克	4.89	32.4	630.8	23.5	19.1
需由精饲料提供的养分	10.68	78.4	2084.1	120.1	81.6

③ 确定精饲料组成。现在有菜籽饼、大豆饼、玉米、小麦麸、磷酸氢钙、石粉等可利用饲料。大豆饼价格高于菜籽饼，应以菜籽饼为主。但菜籽饼中有抗营养因子且适口性差，其用量控制在占混合精饲料 20% 以下。如果使用 2.17 千克菜籽饼（2 千克干物质），则余下的 61.8 兆焦泌乳净能和 1294.1 克粗蛋白质由其他精饲料供应。这些干物质总量为 8.68 千克。如果预留 3% 左右作为钙磷平衡和供应微量元素预混料，则只考虑用 8.30 千克干物质来完成能量和蛋白质的供应，这就意味着混合料的能量浓度为 7.45 兆焦/千克，粗蛋白质为 15.6%。使用玉米、麸皮和大豆饼来配制的步骤如下。

第一步：配合第一种饲料，使之蛋白质含量达 15.6%，能量含量高于 7.45 兆焦/千克。用对角线法进行计算。玉米和大豆饼是高能量饲料，故选用玉米和大豆饼。

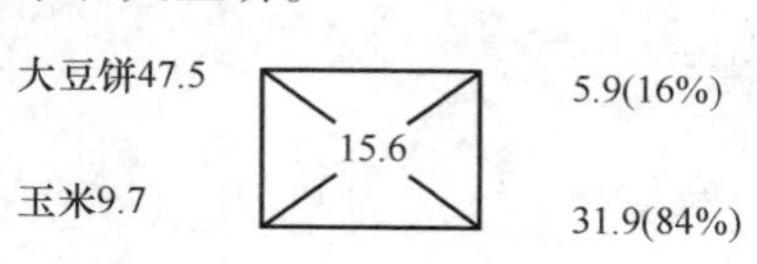

饲料甲的泌乳净能=9.17×0.16兆焦/千克+8.12×0.84兆焦/千克=8.29兆焦/千克

第二步：配合第二种饲料，使之蛋白质含量达 15.6%，能量含量低于 7.45 兆焦/千克。用对角线法进行计算。选用玉米和麸皮。

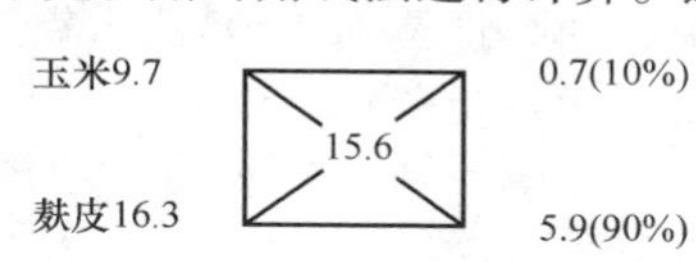

第二种饲料的泌乳净能 = 8.12 × 0.1 + 6.78 × 0.9 = 6.91 兆焦/千克

第三步：由第一种饲料和第二种饲料配合含能量为 7.45 兆焦/

千克的饲料。得到第一种饲料为40%，第二种饲料为60%。

第一种饲料 8.20　　　　　　0.54(40%)

　　　　　　　7.45

第二种饲料 6.91　　　　　　0.84(60%)

第四步：计算精饲料各原料干物质的量。

大豆饼 = 8.3 × 0.4 × 0.16 千克 = 0.53 千克（干物质）

玉米 = 8.3 × 0.4 × 0.84 千克 + 8.3 × 0.6 × 0.1 千克 = 3.29 千克（干物质）

麸皮 = 8.3 × 0.6 × 0.9 千克 = 4.48 千克（干物质）

第五步：由各饲料中原料干物质的比例换回各原料的量，并再次核算它们提供的养分量。余下钙、磷不足部分用磷酸氢钙和石粉补充平衡。见表5-11。

表5-11　精饲料的组成

	干物质/千克	泌乳净能/兆焦	粗蛋白质/克	钙/克	磷/克
需由精饲料提供的养分	10.68	78.4	2084.1	120.1	81.6
其中：2.17 千克菜籽饼	2.00	16.6	790.0	15.8	20.6
0.585 千克大豆饼	0.53	4.9	251.8	1.8	2.9
3.72 千克玉米	3.29	26.7	319.1	3.0	7.9
5.06 千克麦麸	4.48	30.4	730.2	9.0	39.4
0.089 千克磷酸氢钙	0.08			25.0	11.3
0.18 千克石粉	0.18			67.8	
0.11 千克微量元素预混剂	0.11				

④ 奶牛的日粮组成。每天供给粗饲料：青贮玉米20千克，黑麦草（青草）30千克；精饲料：玉米3.72千克（31.224%）、菜籽饼2.17千克（18.213%）、大豆饼0.585千克（4.910%）、麦麸5.06千克（42.197%）、磷酸氢钙0.089千克（0.747%）、石粉0.18千克（1.437%）、微量元素预混剂0.11千克（0.923%）。

【示例3】体重500千克、日产乳20千克、乳脂率为3.5%的成年奶牛日粮配方设计。

根据奶牛饲养标准查出对应奶牛的维持和生产的营养需要，见表5-12。

表 5-12　奶牛的营养需要

营养需要	干物质/千克	泌乳净能/兆焦	粗蛋白质/克	钙/克	磷/克
维持需要	6.56	37.57	488	30	22
产奶需要	9.6	58.6	1600	84	56
合计	16.16	96.17	2088	114	78

青饲料以干草、甜菜、胡萝卜、豆腐渣、玉米青贮为主，用量及营养价值见表5-13。

表 5-13　青粗饲料用量及营养价值

饲料种类	数量/千克	干物质/千克	泌乳净能/兆焦	粗蛋白质/克	钙/克	磷/克
玉米青贮	15	3.13	18.18	139.5	15.0	7.5
青干草	5	4.61	20.90	410	21.5	10.5
甜菜丝（干）	2	1.72	12.958	145.4	13.2	1.4
胡萝卜（湿）	10	1.34	12.54	133	7.0	14
豆腐渣	5	0.51	4.807	155	2.5	1.5
合计	37	11.31	69.388	982.9	59.2	34.9
与营养需要比		−4.85	−26.78	−1105.1	−54.8	43.1

精饲料以玉米、大豆饼、高粱、麦麸、牡蛎粉为主时用量及营养价值见表5-14。

表 5-14　1千克混合精饲料所含的营养物质

饲料种类	混合料比例/%	数量/千克	干物质/千克	泌乳净能/兆焦	粗蛋白质/克	钙/克	磷/克
大豆饼	20	0.2	0.18	1.797	91.72	0.38	1.98
玉米粉	30	0.3	0.26	2.633	27.24	0.24	0.93
高粱	10	0.1	0.09	0.752	8.51	0.09	0.36
麦麸	34	0.34	0.3	2.173	56.27	0.65	0.38
牡蛎粉	4	0.04				14.8	
食盐	2	0.02					
合计	100	1.0	0.83	7.357	183.74	16.16	7.07

全价日粮组成为（每天供给量）：青饲料37千克（组成：玉米青贮15千克、青干草5千克、干甜菜丝2千克、湿胡萝卜10千克、豆腐渣5千克）、混合精饲料6千克（组成：玉米粉30%、大豆饼20%、高粱10%、麦麸34%、牡蛎粉5%、食盐2%）。营养含量：干物质16.29千克、泌乳净能113.53兆焦、粗蛋白质2088克、钙156.16克、磷77.32克。

3. 日粮配方举例

（1）犊牛舍饲持续育肥日粮配方

①舍饲持续育肥日粮配方。精饲料补充料配方。具体配方：玉米40%，棉籽饼30%，麸皮20%，鱼粉4%，磷酸氢钙2%，食盐0.6%，微量元素维生素复合预混料0.4%，沸石3%。6月龄后按1千克混合精饲料添加15克尿素。

②不同阶段饲料喂量见表5-15。

表5-15 不同阶段饲料喂量

月　龄	体重/千克	青干草/[千克/(天·头)]	青贮料/[千克/(天·头)]	精饲料补充料/[千克/(天·头)]
3~6	70~166	1.5	1.8	2.0
7~12	167~328	3.0	3.0	3.0
13~16	329~427	4.0	8.0	4.0

（2）强度育肥1岁左右出栏日粮配方　选择良种牛或其改良牛，在犊牛阶段采取较合理的饲养，使日增重达0.8~0.9千克。180日龄体重超过200千克后，按日增重大于1.2千克配制日粮，12月龄体重超过200千克后，按日增重大于1.2千克配制日粮，12月龄体重达450千克左右且上等膘时出栏（表5-16）。

表5-16 强度育肥1岁左右出栏日粮配方

日龄/天	0~30	31~60	61~90	91~120	121~180	181~240	241~300	301~360
始重/千克	30~50	62~66	88~91	110~114	136~139	209~221	287~299	365~377
日增重/千克	0.8	0.7~0.8	0.7~0.8	0.8~0.9	0.8~0.9	1.2~1.4	1.2~1.4	1.2~1.4

（续）

全乳喂量/千克	6~7	8	7	4	0	0	0	0
精饲料补充料喂量/千克	自由	自由	自由	1.2~13	1.8~2.5	3~3.5	4~5	5.6~6.5
精饲料补充料配方/%	10周龄前		10周龄后至180日龄					
玉米	60		60		67			
高粱	10		10		10			
饼粕类	15		24		30			
鱼粉	3		0		0			
动物性油脂	10		3		0			
磷酸氢钙	1.5		1.5		1			
日龄/天	0~60		61~180		180~360			
食盐/毫克	0.5		1		1			
碳酸氢钠/毫克	0		0.5		1			
土霉素（毫克/千克，另加）	22		0		0			
维生素A（万单位/千克。另加）	干草期加1~2		干草期加0.5~1		干草期加0.5			

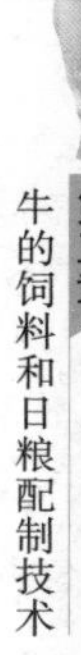

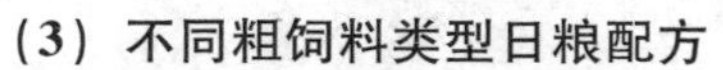

（3）不同粗饲料类型日粮配方

①青贮玉米秸类型日粮。适用于玉米种植密集、有较好青贮基础的地区。使用如下配方，青贮玉米秸日喂量15千克。精饲料配方见表5-17。

表 5-17　青贮玉米秸类型日粮系列配方

体重阶段/千克	300～350		350～400		400～450		450～500	
精饲料配比/%	配方 1	配方 2	配方 1	配方 2	配方 1	配方 2	配方 1	配方 2
玉米	71.8	77.7	80.7	76.8	77.6	76.7	84.5	87.6
麸皮	3.3	2.4	3.3	4.0	0.7	5.8	0	0
棉粕	21.0	16.3	12.0	15.6	18.0	14.2	11.6	8.2
尿素	1.4	1.3	1.7	1.4	1.7	1.5	1.9	2.2
食盐	1.5	1.5	1.5	1.5	1.2	1.0	1.2	1.2
石粉	1.0	0.8	0.8	0.7	0.8	0.8	0.8	0.8
日喂料量/千克	5.2	7.2	7.0	6.1	5.6	7.8	8.0	8.0
营养水平								
肉牛能量单位/(个/头)	6.7	8.5	8.4	7.2	7.0	9.2	8.8	10.2
粗蛋白质/克	747.8	936.6	756.7	713.5	782.6	981.76	776.4	818.6
钙/克	39	43	42	36	37	46	45	51
磷/克	21	36	23	22	21	28	25	27

② 青贮和谷草类日粮配方及喂量。见表 5-18。

表 5-18　青贮 + 谷草类型日粮配方及喂量

月　龄	精饲料配方/%							采食量/[千克/(天·头)]		
	玉米	麸皮	豆粕	棉粕	石粉	食盐	碳酸氢钠	精饲料	青贮玉米秸	谷草
7～8	32.5	24	7	33	1.5	1	1	2.2	6	1.5
9～10								2.8	8	1.5
11～12	52	14	5	26	1	1	1	3.3	10	1.8
13～14								3.6	12	2
15～16	67	4		26	0.5	1	1	4.1	14	2
17～18								5.5	14	2

（4）架子牛舍饲育肥日粮配方

① 氨化稻草类型日粮配方。见表 5-19。

表 5-19　架子牛舍饲育肥氨化稻草类型日粮配方

[单位：千克/(天·头)]

阶段	玉米面	大豆饼	骨粉	矿物微量元素	食盐	碳酸氢钠	氨化稻草
前期	2.5	0.25	0.060	0.030	0.050	0.050	20
中期	4.0	1.00	0.070	0.030	0.050	0.050	17
后期	5.0	1.50	0.070	0.035	0.050	0.050	15

② 酒精糟+青贮玉米秸日粮配方。饲喂效果，日增重 1 千克以上。精饲料配方：玉米 93%、棉粕 2.87%、尿素 1.2%、石粉 1.2%、食盐 1.8%、添加剂（育肥灵）另加。不同体重阶段，精粗料用量见表 5-20。

表 5-20　不同体重阶段精粗料用量

体重/千克	250~350	350~450	450~550	550~650
精饲料/千克	2~3	3~4	4~5	5~6
酒精糟/千克	10~12	12~14	14~16	16~18
青贮（鲜）/千克	10~12	12~14	14~16	16~18

（5）奶牛的日粮配方　见表 5-21、表 5-22、表 5-23。

表 5-21　体重 600 千克产奶牛的日粮配方

饲料原料	日产奶 25 千克		日产奶 20 千克		日产奶 15 千克	
	日喂料量/千克	占日粮（%）	日喂料量/千克	占日粮（%）	日喂料量/千克	占日粮（%）
豆粕	1.6	4.5	—	—	—	—
菜籽饼	—	—	1.4	4.19	1.0	3.09
棉籽饼	—	—	1.0	2.99	1.0	3.09
植物蛋白粉	1.0	2.8	—	—	—	—
玉米	4.8	13.5	4.0	11.98	4.4	13.6
麦麸	2.5	7.1	1.6	4.79	1.6	4.9
谷草	2.0	5.6	—	—	5.0	15.5
苜蓿干草	2.0	5.6	4.0	11.98	—	—

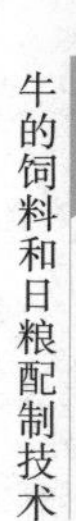

（续）

饲料原料	日产奶25千克		日产奶20千克		日产奶15千克	
	日喂料量/千克	占日粮（%）	日喂料量/千克	占日粮（%）	日喂料量/千克	占日粮（%）
玉米青贮	18.0	50.8	18.0	53.89	16.0	49.47
胡萝卜	3.0	8.5	3.0	8.98	3.0	9.30
食盐	0.1	0.28	0.1	0.30	0.1	0.30
磷酸钙	0.2	0.57	0.2	0.60	0.15	0.45
添加剂	0.1	0.28	0.1	0.30	0.1	0.30
合计	35.3	100.00	33.4	100.0	32.25	100.00

表5-22　体重650千克、乳脂率4%的产奶牛的日粮配方

饲料原料	日产奶20千克		日产奶30千克	
	日喂料量/千克	占日粮（%）	日喂料量/千克	占日粮（%）
豆粕	1.0	2.6	2.64	5.4
啤酒糟	—	—	10.0	20.4
棉籽饼	1.1	2.9	—	—
大麦	1.9	5.0	—	—
玉米	3.9	10.3	5.72	11.7
麦麸	1.8	4.7	2.2	4.5
青干草	3.00	7.9	—	—
羊草	—	—	3.0	6.1
玉米青贮	15.0	39.5	25.0	51.0
豆腐渣	10.0	26.3	—	—
食盐	0.05	0.13	0.055	0.1
磷酸氢钙	0.25	0.66	0.33	0.7
合计	35.3	99.99	33.4	100.0

表 5-23　干奶牛、育成牛的日粮配方

饲料原料	日喂量/千克	占日粮（%）
菜籽饼	0.5	1.58
棉籽饼	1.0	3.16
玉米	3.0	9.48
麸皮	1.0	3.16
玉米青贮	18.0	56.87
苜蓿干草	5.0	15.80
胡萝卜	3.0	9.48
食盐	0.05	0.16
磷酸钙	0.05	0.16
添加剂	0.05	0.16
合计	100	100.01

二 牛饲料的加工调制

1. 精饲料的加工调制

精饲料的加工调制主要目的是便于牛咀嚼和反刍，提高养分的利用率，同时为合理和均匀搭配饲料提供方便。

（1）粉碎与压扁　精饲料最常用的加工方法是粉碎，可以为合理和均匀地搭配饲料提供方便，但用于肉牛日粮不宜过细。粗粉与细粉相比，粗粉可提高适口性，提高牛唾液分泌量，增加反刍，一般筛孔通常 3～6 毫米。将谷物用蒸汽加热到 120℃左右，再用压扁机压成厚 1 毫米的薄片，迅速干燥。由于压扁饲料中的淀粉经加热糊化，用于饲喂牛消化率明显提高。

（2）浸泡　豆类、油饼类、谷物等饲料相当坚硬，不经浸泡很难嚼碎。经浸泡后吸收水分，膨胀柔软，容易咀嚼，便于消化。浸泡方法：在池子或缸等容器中把饲料用水拌匀，一般料水比为 1∶(1～1.5)，即以手握饲料，指缝渗出水滴为准，不需任何温度条件。有些饲料中含有单宁、棉酚等有毒物质，并带有异味，浸泡后毒素、异味均可减轻，从而提高适口性。浸泡的时间应根据季节和饲料种类的不同而异，以免引起饲料变质。

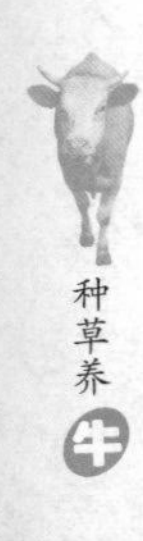

(3) 牛饲料的过瘤胃保护

① 热处理。加热可降低饲料蛋白质的降解率，但过度加热也会降低蛋白质的消化率，引起一些氨基酸、维生素的损失，因此应适度加热。一般认为，140℃左右烘焙 4 小时，或 130 ~ 145℃火烤 2 分钟，或 3420. 5 × 103Pa 压力和 121℃处理饲料 45 ~ 60 分钟较宜。有研究表明，加热以 150℃、45 分钟最好。

膨化技术用于全脂大豆的处理，取得了理想效果。李建国等用 YG-Q 型多功能糊化机进行豆粕糊处理，使蛋白质瘤胃降解率显著下降，方法简单易行。

② 化学处理。见表 5-24。

表 5-24　化学处理方法

甲醛处理	甲醛可与蛋白质分子的氨基、羟基、硫氢基发生基化反应而使其变性，免于瘤胃微生物降解。处理方法：饼粕经 2.5 毫米筛孔粉碎，然后每 100 克粗蛋白质用 0.6 ~ 0.7 克甲醛溶液（36%），用水稀释 20 倍后喷雾与饼粕混合均匀，然后用塑料薄膜封闭 24 小时后打开薄膜，自然风干
锌处理	锌盐可以沉淀部分蛋白质，从而降低饲料蛋白质在瘤胃中的降解。处理方法：硫酸锌溶解在水里，其比例为豆粕∶水∶硫酸锌 = 1∶2∶0.03，拌匀后放置 2 ~ 3 小时，50 ~ 60℃烘干
鞣酸处理	用 1% 的鞣酸均匀地喷洒在蛋白质饲料上，混合后烘干
过瘤胃保护脂肪	许多研究表明，直接添加脂肪对反刍动物效果不好，脂肪在瘤胃中干扰微生物的活动，降低纤维消化率，影响生产性能的提高，所以，添加的脂肪应采用某种方法保护起来，形成过瘤胃保护脂肪。最常见的是脂肪酸钙产品

2. 秸秆饲料的加工调制

(1) 粉碎、铡短处理　秸秆经粉碎、铡短处理后，体积变小，便于家畜采食和咀嚼，增加了与瘤胃微生物的接触面，可提高过瘤胃速度，增加牛的采食量。由于秸秆粉碎、铡短后在瘤胃中停留时间缩短，养分来不及充分降解发酵，便进入了真胃和小肠。所以消化率并不能得到改进。

经粉碎和铡短的秸秆，可增加家畜采食量 20% ~ 30%，消化吸收的总养分增加，不仅可减少秸秆的浪费，而且可提高日增重20%左右；尤其在低精饲料饲养条件下，饲喂肉牛的效果更有明显改进。实践证明，未经切短的秸秆，家畜只能采食70%～80%，而经切碎的秸秆几乎可以全部利用。

用于牛的秸秆饲料不提倡全部粉碎，一方面由于粉碎可增加饲养成本；另一方面，粗饲粉过细不利于牛的咀嚼和反刍。粉碎多用于精饲料加工。在牛的日粮中适当混入一些秸秆粉，可以提高采食量。铡短是秸秆处理常用的一种方法。过长或过细都不好，一般在牛生产中，依据年龄情况以2～4厘米为好。

（2）热喷与膨化处理 热喷和膨化秸秆虽然能提高秸秆的消化利用率，但成本较高。

① 热喷。热喷的主要设备为压力罐，工艺程序是将秸秆送入压力罐内，通入饱和蒸汽，在一定压力下维持一段时间，然后突然降压喷爆。由于受热效应和机械效应的作用，秸秆被撕成乱麻状，秸秆结构重新分布，从而对粗纤维起到降解作用。经热喷处理的鲜玉米秸，可使粗纤维由30.5%降低到0.14%；经热喷处理的干玉米秸，可使粗纤维含量由33.4%降低到27.5%。另外，将尿素、磷酸铵等工业氮源添加到秸秆上进行热喷处理，可使麦秸消化率达到75.12%，玉米秸的消化率达88.02%，稻草达64.42%。每千克热喷秸秆的营养价值相当于0.6～0.7千克玉米。

② 膨化。膨化需专门的膨化机。工艺程序是将含有一定水分的秸秆放入密闭的膨化设备中，经过高温（200～300℃），高压（1.5MPa以上）处理一定时间（5～20秒）后迅速降压，使秸秆膨胀，组织遭到破坏而变得松软。原来紧紧地包在纤维素外的木质素全部被撕裂，从而变得易于消化。

（3）揉搓处理 揉搓处理比铡短处理秸秆又进了一步。经揉搓的玉米秸成柔软的丝条状，增加适口性，牛的吃净率由秸秆全株的70%提高到90%以上，揉碎的玉米秸在奶牛日粮中可代替干草，对于肉牛，铡短的玉米秸更是一种价廉的、适口性好的粗饲料。目前，揉搓机正在逐步取代铡草机，如果能和秸秆的化学、生物处理相结合，效果则更好。

（4）制粒与压块处理

① 制粒。制粒的目的是便于肉牛机械化饲养和自动饲槽的应用。颗粒料质地硬脆，大小适中，便于咀嚼和改善适口性，从而提高采食量和生产性能，减少秸秆的浪费。秸秆经粉碎后制粒在国外很普遍。我国随着秸秆饲料颗粒化成套设备相继问世，颗粒饲料已开始在肉牛生产中应用。肉牛的颗粒料以直径6~8毫米为宜。

② 压块。秸秆压块能最大限度地保存秸秆营养成分，减少养分流失。秸秆经压块处理后密度提高，体积缩小，便于储存运输，运输成本降低70%。而且给饲方便，便于机械化操作。秸秆经高温高压挤压成型，使秸秆的纤维结构遭到破坏，粗纤维的消化率提高25%。在制块的同时可以添加复合化学处理剂，如尿素、石灰、膨润土等，可使粗蛋白质提高到8%~12%，秸秆消化率提高到60%。

（5）秸秆碾青技术 秸秆碾青是将干秸秆铺在打谷场上，厚约0.33米，上面再铺0.33米左右的青牧草，牧草上面铺相同厚度的秸秆，然后用磙子碾压，流出的牧草汁被干秸秆吸收。这样，被压扁的牧草可在短时间内晒制成干草，并且茎叶干燥速度一致，叶片脱落损失减少，而秸秆的适口性和营养价值提高，可谓一举两得。

（6）氨化处理 秸秆中含氮量低，秸秆氨化处理时与氨相遇，其有机物就与氨发生氨解反应，打断木质素与半纤维素的结合，破坏木质素—半纤维素—纤维素的复合结构，使纤维素与半纤维素被解放出来，被微生物及酶分解利用。氨是一种弱碱，处理后使木质化纤维膨胀，增大空隙度，提高渗透性。氨化能使秸秆含氮量增加1~1.5倍，牛对秸秆采食量和消化率有较大提高。

① 材料选择。清洁未霉变的麦秸、玉米秸、稻草等，一般铡成长2~3厘米。市售通用液氨，由氨瓶或氨罐装运。市售工业氨水，无毒、无杂质，含氨量15%~17%；用密闭的容器，如胶皮口袋、塑料桶、陶瓷罐等装运。或出售的农用尿素，含氨量46%，塑料袋密封包装。

② 氨化处理。氨化方法有多种，其中使用液氨的堆贮法适于大批量生产；使用氨水和尿素的窖贮法适于中、小规模生产；使用尿素的小垛法、缸贮法、袋贮法适合农户少量制作，近年还出现了加

热氨化池氨化法、氨化炉等。见表5-25。

表5-25　氨化处理方法

方法	操　　作
堆贮法	①物料及工具。厚透明聚乙烯塑料薄膜10米×10米一块，6米×6米一块；秸秆2200～2500千克；输氨管、铁锨、铁丝、钳子、口罩、风镜、手套等。②堆垛。选择向阳、高燥、平坦且不受人、畜危害的地方。先将塑料薄膜铺在地面上。在上面垛秸秆。草垛底面积为5米×5米为宜，高度接近2.5米。③调整原料含水量。秸秆原料含水量要求20%～40%，一般干秸秆仅10%～13%，故需边码垛边均匀地洒水，使秸秆含水量达到30%左右。④放置输氨管。草码到0.5米高处，于垛上面分别平放直径10毫米、长4米的硬质塑料管两根，在塑料管前端2/3长的部位钻若干个2～3毫米小孔，以便充氨。后端露出草垛外面约长0.5米。通过胶管接上氨瓶，用铁丝缠紧。⑤封垛。堆完草垛后，用10米×10米塑料薄膜盖严，四周留下较宽的塑料布。在垛底部用一长杠将四周余下的塑料薄膜上下合在一起卷紧，以石头或土压住，但输氨管外露。⑥充氨。按秸秆重量3%的比例向垛内缓慢输入液氨。输氨结束后，抽出塑料管，立即将余孔堵严。⑦草垛管理。注氨密封处理后，经常检查塑料薄膜，发现破孔立即用塑料黏胶剂粘补。除以上方法，在我国北方寒冷冬季可采用土办法建加热氨化池，规模化养殖场可使用氨化炉
窖贮法	①建窖。用土窖或水泥窖，深不应超过2米。长方形、方形、圆形均可，也可用上宽下窄的梯形窖，四壁光滑，底微凹（蓄积氨水）。下面以长5米、宽5米、深1米的方形土窖为例进行介绍。②装窖。土窖内先铺一块厚0.08～0.2毫米，8.5米×8.5米规格的塑料薄膜。将含水量10%～13%的铡短秸秆填入窖中。装满后覆盖6米×6米塑料薄膜，留出上风头一面的注氨口，其余三面上下两块塑料薄膜压角部分（约0.7米）卷成筒状后压土封严。③氨水用量。每100千克秸秆氨水用量=3÷(氨水含氮量×1.21)。如氨水含氮量为15%，每100千克秸秆需氨水量为3千克÷(15%×1.21)=16.5千克。④注氨水。准备好注氨管或桶，操作人员佩戴防氨口罩，站在上风头，将注氨管插入秸秆中，打开开关注入，也可用桶喷洒，注完后抽出氨管，封严。使用尿素处理（配比见小垛法），要逐层喷洒，压实
小垛法	在家庭院内向阳处地面上，铺2.6米^{2}塑料薄膜，取3～4千克尿素，溶解在水中，将尿素溶液均匀喷洒在100千克秸秆上，堆好踏实后用13米^{2}塑料布盖好封严。小垛氨化以100千克一垛为宜，占地少，易管理，塑料薄膜可连续使用，投资少，简便易行

③ 氨化时间。密封时间应根据气温和感观来确定。根据气温确定氨化天数，并结合查看秸秆颜色变化，变褐黄即可。环境温度30℃以上，需要7天；15～30℃需要7～28天；5～15℃需要28～56天；5℃以下，需要56天以上。

④ 开封放氨。一般经2～5天自然通风将氨味全部放掉，呈糊香味时，才能饲喂，如暂时不喂，可不必开封放氨。

⑤ 饲喂。开始喂时，应由少到多，少给勤添，先与谷草、青干草等搭配饲喂，1周后即可全部喂氨化秸秆，并合理搭配精饲料（玉米、麸皮、糟渣、饼类）。

⑥ 氨化品质鉴定。氨化秸秆的好坏，主要凭感觉去鉴定。好的氨化秸秆，其颜色呈棕色或深黄色，发亮，气味糊香，质地柔软，疏松发白，甚至发黑、发黏、结块，有腐臭味，开垛后温度继续升高，表明秸秆霉坏，不可饲喂。

（7）“三化”复合处理 秸秆“三化”复合处理技术发挥了氨化、碱化、盐化的综合作用，弥补了氨化成本过高、碱化不易久储、盐化效果欠佳等单一处理的缺陷。经实验证明，“三化”处理的麦秸与未处理组相比，各类纤维都有不同程度的降低，干物质瘤胃降解率提高22.4%，饲喂肉牛日增重提高48.8%，饲料与增重比降低16.3%～30.5%，而“三化”处理成本比普通氨化（尿素3%～5%）降低32%～50%，肉牛育肥经济效益提高1.76倍。

此方法适合窖贮（土窖、水泥窖均可），也可用小垛法、塑料袋或水缸。其余操作见氨化处理。将尿素、生石灰粉、食盐按比例放入水中，充分搅拌溶解，使之成为混浊液。处理液的配制见表5-26。

表5-26 处理液的配制

秸秆种类	秸秆重量/千克	尿素用量/千克	生石灰用量/千克	食盐用量/千克	水用量/千克	储料含水量（%）
干麦秸	100	2	3	1	45～55	35～40
干稻草	100	2	3	1	45～55	35～40
干玉米秸	100	2	3	1	40～50	35～40

（8）秸秆微贮 秸秆微贮饲料是近年来继推广青贮、氨化饲料

之后，又大力推广的一种秸秆加工处理新技术。秸秆微贮饲料就是在农作物秸秆中，加入微生物高效活性菌种——秸秆发酵活干菌，放入密封的容器（如水泥池、土窖）中储藏，经一定的发酵过程，使农作物变成具有酸香味、草食家畜喜食的饲料。它具有成本低、增重快、无毒害、贮存时间长等优点。夏秋农作物秸秆资源丰富，是制作秸秆微贮饲料的大好时机。

① 窖的建造。微贮的建窖和青贮窖相似，也可选用青贮窖。

② 秸秆的准备。用于微贮的秸秆，一定不要霉烂变质，先切短，牛用的不得超过 8 厘米，铡短后便于压实，提高秸秆的利用率，保证微贮饲料的质量。

③ 复活菌种并配制菌液。根据当天预计处理秸秆的重量，计算出所需菌剂的数量，按以下方法配制。

菌种的复活：秸秆发酵活杆菌每袋 3 克，可处理麦秸、稻秸、玉米干秸秆或青料 2000 千克。在处理秸秆前先将袋剪开，将菌剂倒入 2 千克水中，充分溶解（在有条件的情况下，可在水中加白糖 20 克，溶解后再加入活杆菌，这样可以提高复活率，保证微贮饲料质量）。然后在常温下放置 1 ~ 2 小时使菌种复活，复活好的菌剂一定要当天用完。

菌液的配制：将复活好的菌剂倒入充分溶解的 0.8% ~ 1% 食盐水中拌匀，食盐水及菌液量的计算方法见表 5-27。菌液兑入盐水后，再用潜水泵循环，使其浓度一致，这时就可以喷洒了。

表 5-27　菌液的配制

秸秆种类	秸秆重量/千克	活干菌用量/克	食盐用量/千克	自来水用量/升	储料含水量（%）
干麦秸	1000	3.0	9 ~ 12	1200 ~ 1400	60 ~ 70
干稻草	1000	3.0	3.6 ~ 8	800 ~ 1000	60 ~ 70
干玉米秸	1000	1.5	3	适量	60 ~ 70

④ 装窖。不管采用哪种窖，都要在窖壁铺好塑料膜（土窖从底边到上全铺，永久窖从离窖上边 0.2 ~ 0.3 米处铺）的前提下，干秸秆微贮按四分层的技术操作顺序进行装窖。一是分装铡短的秸秆，

每层装0.3米。二是分层撒玉米面（或麦麸），为发酵初期菌种繁殖提供一定的营养物质。玉米面按干秸秆重的千分之五，均匀地撒在每层秸秆上面。三是分层撒菌液，小窖可用喷壶或瓢洒，大窖可用水泵喷洒。每层均匀地喷洒一遍。四是分层压实，其目的就是减少秸秆间空隙，为发酵菌创造良好的厌氧条件。压实有两种方法，一种是适用于小窖微贮的人工踩实，另一种是适用于条形大窖微贮的轮式或履带式拖拉机压实。不管采用哪种方法，都要特别注意压实窖边窖角，用机械压不到的地方，要用人工踩实来补充。

⑤ 加入精饲料辅料。在微贮麦秸和稻草时应加入0.3%左右的玉米粉、麸皮或大麦粉，以利于发酵初期菌种生长，提高微贮质量。加精饲料辅料时应铺一层秸秆，撒一层精饲料粉，再喷洒菌液。

⑥ 封窖。秸秆分层压实直到高出窖口100~150厘米，再充分压实后，在最上面一层均匀撒上食盐，再压实后盖上塑料薄膜。食盐的用量为每平方米250克，其目的是确保微贮饲料上部不发生霉烂变质。盖上塑料薄膜后，在上面撒上厚20~30厘米的稻草、麦秸，覆土20厘米以上，密封。密封的目的是隔绝空气与秸秆接触，保证微贮窖内呈厌氧状态，在窖边挖排水沟防止雨水积聚。窖内贮料下沉后应随时加土使之高出地面。

⑦ 秸秆微贮饲料的质量鉴定。可根据微贮饲料的外部特征，用看、嗅和摸的方法，鉴定微贮饲料的好坏。

一看：优质微贮青玉米秸秆饲料的色泽呈橄榄绿，稻、麦秸秆呈金黄褐色。如果变成褐色或墨绿色则质量较差。

二嗅：优质秸秆微贮饲料具有醇香和果香气味，并具有弱酸味。若有强酸味，表明醋酸较多，这是由于水分过多和高温发酵造成的。若有腐臭味、发霉味则不能饲喂。

三摸：优质微贮饲料拿到手里感到很松散，质地柔软湿润。若拿到手里发黏，或者粘到一起则说明质量不佳。有的虽然松散，但干燥粗硬，也属不良的饲料。

⑧ 秸秆微贮饲料的取用与饲喂。根据气温情况，秸秆微贮饲料一般需在窖内储藏21~45天才能取喂。

开窖时应从窖的一端开始，先去掉上边覆盖的部分土层、草层，然后揭开塑料薄膜，从上到下垂直逐段取用。每次取出量应以白天喂完为宜，坚持每天取料，每层所取的料不应少于15厘米，每次取完后要用塑料薄膜将窖口密封，尽量避免与空气接触，以防止二次发酵和变质。开始饲喂时肉牛有一个适应期，应由少到多地逐步增加喂量，一般育肥牛每天可喂15~20千克，冻结的微贮应先化开后再用。

喂微贮饲料时要特别注意日粮中食盐的喂量，因为在制作时已加入了部分食盐，每千克微贮麦（稻）秸秆中约含食盐：[10千克÷(1000千克+1300千克)]=4.3克，连同最上层撒的食盐，每公斤达4.7克左右。每千克微贮干玉米秸秆中的含盐量是：[7千克÷(1000千克+900千克)]=3.7克，连同最上层撒的食盐，每千克达4.1克左右。应根据每天喂微贮料的重量，计算出其中食盐的重量，从日粮中添加的食盐中扣除。

第六章 牛的繁殖技术

第一节 牛的繁殖特性

一 初情期

初情期是指母牛初次发情和排卵的时间，公牛是出现性行为和能够射出精子的时间。动物到达初情期，虽然可以产生精子（公牛）或排卵（母牛），但性腺仍在继续发育，没有达到正常的繁殖力。此期母牛发情周期不正常，公牛精子产量很低。这个时候还不能进行繁殖利用。牛的初情期为6~12月龄，公牛略迟于母牛。由于品种、遗传、营养、气候和个体发育等因素，初情期的年龄也有一定的差异。如瑞士黄牛公牛初情期平均为264天，海福特牛公牛则平均为326天，中国黑白花奶牛初情期为6~9月龄。

公牛的初情期比较难以判断，一般来说是指公牛能够第一次释放精子的时期。在这个时期，公牛常表现出嗅闻母畜外阴、爬跨其他牛、阴茎勃起、出现交配动作等多种多样的性行为，但精子还不成熟，不具有配种能力。

二 性成熟

性成熟就是指母牛卵巢能产生成熟的卵子，公牛睾丸能产生成熟的精子的现象。通常把这个时期牛的年龄（一般用月龄表示）叫作牛的性成熟期。性成熟期的早晚，因品种不同而有差异。培育品种的性成熟比原始品种早，公牛一般为9月龄，母牛一般为8~14月龄。秦川牛母犊牛性成熟年龄平均为9.3月龄，而公犊则在12月龄左右。

➜【提示】性成熟并不是突然出现的，而是一个延续若干时间的逐渐发展过程。

三 适配年龄

在家畜性成熟期配种虽能受胎，但因此期身体尚未完全发育成熟，即未达到体成熟，势必影响母体及胎儿的生长发育和新生仔畜的存活，所以在生产中一般选择在性成熟后一定时期再开始配种。适宜配种的年龄叫适配年龄。适配年龄的确定还应根据具体生长发育情况和使用目的而定，一般比性成熟晚一些，开始配种时的体重应达到其成年体重的70%左右，体高达90%，胸围达到80%。

由于公、母牛在2~3岁时生长基本完成，可以开始配种。一般母牛的初配年龄：早熟品种16~18月龄，中熟品种18~22月龄，晚熟品种22~27月龄；公牛的适配年龄为2~2.5岁。

四 繁殖年限

繁殖年限指公牛用于配种的使用年限或母牛能繁殖后代的年限。公牛的繁殖年限一般为5~6年，7年后的公牛性欲显著降低，精液品质下降，应该淘汰；母牛的繁殖年限一般在13~15岁（11~13胎），老龄牛产奶性能下降，经济价值降低。

第二节 母牛的发情与发情鉴定

一 母牛的发情周期与排卵

1. 发情周期

发情周期指母牛性活动表现周期性。母牛第一次发情以后，其生殖器官及整个机体的生理状态会有规律地发生一系列周期性变化，这种变化周而复始，一直到停止繁殖为止，这称为发情的周期性变化。相邻两次发情的间隔时间为一个发情周期。成年母牛的发情周期平均为21天（18~25天）；育成母牛的发情周期平均为20天（18~24天）。根据母牛在发情周期中的生殖道和外部表现的变化，将一个发情周期分为发情期、发情后期、休情期和发情前期。

（1）发情期 发情期也叫发情持续期，指从发情开始到发情结束的时期，一般平均为18小时（6~36小时）。此期母牛表现为性冲动、兴奋、食欲减退等。

（2）发情后期 母牛由性冲动逐渐进入静止状态，表现安静，卵巢上出现黄体并逐渐发育成熟，黄体酮分泌量逐渐增加，此期持续3~4天，有90%的育成母牛和50%的成年母牛从阴道流出少量的血。

（3）休情期 外观表现为相对生理静止时期，母牛的精神状态恢复正常，黄体由成熟到略微萎缩，黄体酮的分泌由增长到逐渐下降，此期为12~15天。

（4）发情前期 发情前期是下次发情的准备阶段。随着黄体的逐渐萎缩消失，新的卵泡开始发育，卵巢稍变大，雌激素含量开始增加，生殖器官开始充血，黏膜增生，子宫颈口稍有开放，但尚无性表现，此期持续1~3天。

2. 排卵时间

成熟的卵泡突出卵巢表面破裂，卵母细胞、卵泡液及部分卵细胞一起排出，称为排卵。正确地估计排卵时间是保证适时输精的前提。在正常营养水平下，76%左右的母牛在发情开始后21~35小时或发情结束后10~12小时排卵。

3. 产后发情的出现时间

产后第一次发情距分娩的时间平均为63天（40~110天）。母牛在产犊后继续哺犊，会有相当数量的个体不发情。在营养水平低下时，通常会出现隔年产犊现象。

4. 发情季节

牛是常年、多周期发情动物。正常情况下，可以常年发情、配种。但由于营养和气候因素，我国北方地区，在冬季母牛很少发情。大部分母牛只是在牧草丰盛季节（6~9月份），膘情恢复后，集中出现发情。这种非正常的生理反应可以通过提高饲养水平和改善环境条件来改善。

二 发情鉴定

发情鉴定是通过综合的发情鉴定技术来判断母牛的发情阶段，确定最佳的配种时间，以便及时进行人工授精，达到用较少的输精次数和精液消耗量，最大限度地提高配种受胎率的目的。通过发情鉴定，不仅可以判断母牛是否发情及发情所处的阶段，以便适时配种，提高母牛的受胎率，减少空怀率，而且可以判断母牛的发情是否异常，以便发现问题，及时预防，同时也可为妊娠诊断提供参考。

1. 外部观察法

母牛外表兴奋，举动不安；尤其在圈舍内表现得更为明显。经常哞叫，眼光锐利，感应刺激性提高；岔开后腿，频频排尿；食欲减退，反刍的时间减少或停止，在运动场成群放牧时，常常爬跨其他牛，也接受其他牛爬跨。被爬跨的牛如果发情，则站着不动，并举尾；如果不是发情牛，则弓背逃走。发情牛爬跨其他牛时，阴门搐动并滴尿，具有与公牛交配的动作。其他牛常嗅发情牛的阴唇，发情母牛的背腰和尻部有被其他牛爬跨所留下的泥土、唾液，有时被毛弄得蓬松不整，外阴部肿大充血，在尾上端阴门附近，可以看到黏液分泌物的结痂，或有透明黏液在阴门流出。发情强烈的母牛，体温略有升高（升高0.7~1℃）。

母牛的发情表现虽有一定的规律性，但由于内外因素的影响，有时表现不太明显或欠规律性，因此，在用外部观察法判断发情的同时，对于看似发情但又不能肯定的表现不太明显的母牛，可结合直肠检查法或其他方法进一步诊断。

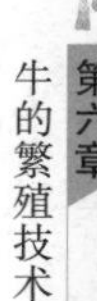

2. 试情法

应用公牛或喜爱爬跨的母牛对母牛进行试情，根据母牛性欲反应及爬跨情况来判断母牛的发情程度。此法简单易行，特别适用于群牧的繁殖牛群。为了清楚判断试情情况，需要给公牛或母牛安装特殊的颜料标记装置：一种是颌下钢球发情标志器。该装置由一个具有钢球活塞阀的球状染料库固定于一个扎实的皮革笼头上构成，染料库内装有一种有色染料。使用时，将此装置系在试情公牛的颌

下，当它爬跨发情母牛的时候，活动阀门的钢球碰到母牛的背部，于是染料库内的染料流到母牛的背上，根据此标志，便可得知该母牛发情，即被爬跨；另一种是卡马氏发情爬跨测定器。该装置是由一个装有白色染料的塑料胶囊构成。用时，先将母牛尾根上的皮毛洗净并梳刷，再将此鉴定器黏着于牛的尾根上。黏着时，注意塑料胶囊箭头要向前，不要压迫胶囊，以免使其变成红色。当母畜发情时，试情公畜爬于其上并施加压力于胶囊上，胶囊内的染料由白色变为红色，根据颜色变化程度来推测母畜接受爬跨时的安定程度。

当然，除安装标记装置外，结合自己的实际情况，在没有以上装置时，也可以就简处理。例如，可以用粉笔涂擦于母牛的尾根上，遇母畜发情时，公畜爬跨其上而将粉笔擦掉。也可以将试情公牛的胸前涂以颜色，放在母牛群中，凡经爬跨过的发情母牛，可在尾部或背部留下标记。

3. 直肠检查法

一般正常发情的母牛外部表现明显，排卵有一定规律。但由于品种及个体间的差异，不同的发情母牛排卵时间可能提前或延迟。为了正确了解母牛发情时子宫和卵巢的变化，除进行试情及外部观察外，还需进行直肠检查。

操作方法如下：首先将被检母牛进行安全保定，一般可在保定架内进行，以确保人、畜安全。检查者要把指甲剪短磨光，洗净手臂并涂上润滑剂。术者先用手抚摸母牛肛门，然后将五指并拢成锥状，以缓慢的旋转动作伸入肛门，掏出粪便；再将手伸入肛门，手掌展平，掌心向下，按压抚摸；在骨盆腔底部，可摸到一个长圆形质地较硬的棒状物，即为子宫颈；再向前摸，在正前方可摸到一个浅沟，即为角间沟；沟的两旁为向前下弯曲的两例子宫角，沿着子宫角大弯向下稍向外侧，可摸到卵巢。用手指检查其形状、粗细、大小、子宫收缩反应及卵巢上卵泡发育情况来判断母牛的发情。

发情母牛的子宫颈稍大、较软，由于子宫黏膜水肿，子宫角也增大，子宫收缩反应比较明显，子宫角坚实。不发情母牛的子宫颈细而硬，而子宫较松弛，触摸不那么明显，收缩反应差。

大型、中型成年母牛的卵巢长3.5~4厘米，宽1.5~2厘米，高

2～2.5厘米，成年母牛的卵巢较育成牛大。卵巢的表面有小突起，质地坚实。卵巢中的卵泡光而圆，发情最强烈时的直径，中型以上母牛为2～2.5厘米。实际上，卵泡埋于卵巢中，它的直径比所摸到的要大。

发情初期卵泡直径为1.2～1.5厘米，其表面突起光滑，触摸时略有波动。在排卵前6～12小时，由于卵泡液的增加，卵泡紧张度增加，卵巢体积也有所增大。到卵泡破裂前，其质地柔软，波动明显。排卵后，原卵泡处有不光滑的小凹陷，以后就形成黄体。

母牛在发情的不同时期，卵巢上卵泡的发育表现出不同的变化规律。卵泡发育一般分为5个时期，见表6-1。

表6-1 母牛在发情的不同时期其卵泡发育变化规律

时期	变化规律
Ⅰ（卵泡出现期）	卵巢稍增大，卵泡直径为0.5～0.75厘米，触诊时为软化点，波动不明显。母牛在这时已开始出现发情
Ⅱ（卵泡发育期）	卵泡增大到1～1.5厘米，呈小球状，波动明显。此期母牛发情外部表现为明显—强烈—减弱—消失过程，全期10～12小时
Ⅲ（卵泡成熟期）	卵泡大小不再增大，卵泡壁变薄，弹性增强，触摸时有一压就破的感觉，此期6～8小时。这时，发情表现完全消失
Ⅳ（排卵期）	卵泡破裂，排卵，泡液流失，泡壁变松软，成为一个小的凹陷
Ⅴ（黄体形成期）	排卵6小时后，原来卵泡破裂处可摸到一个柔软的肉样突体，这是黄体。以后黄体呈不大的面团块突出于卵巢表面

【注意】 直肠检查时，要注意卵泡与黄体的区别。卵泡的成长过程是进行性变化，由小到大，由硬到软，由无波动到有波动，由无弹性到有弹性；黄体则是退行性变化，发育时较大、较软，到退化时期越来越小，越来越硬。正常的卵泡有光滑性，与卵巢连接处无界限，而黄体像一个条状突起，突出于卵巢表面，与卵巢连接处有明显的界线。

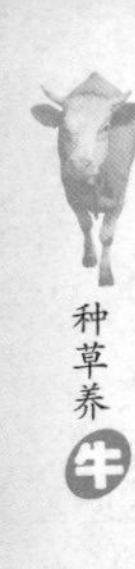

4. 阴道检查法

这是用开膣器打开母牛阴道，通过观察阴道黏膜的颜色和湿润程度来检查母牛发情与否的一种方法。发情母牛阴道黏膜充血潮红，表面光滑湿润，子宫颈外口充血，松弛，柔软开张，排出大量的透明黏液，呈很长的黏液线垂于阴门之外，不易扯断。发情初期黏液较稀薄，随着发情时间的推移，逐渐变稠，量也由少变多；到发情后期，黏液量逐渐减少且黏性差。不发情的母牛阴道黏膜苍白，干燥，子宫颈口紧闭。

操作的具体方法：保定好待检母牛，尾巴用绳子拴向一边，外阴用0.1%的新洁尔灭清洗消毒后用干净纱布擦干。把消毒过的开膣器轻轻插入母牛阴道，打开开膣器后，通过反光镜或手电筒光线检查阴道变化。

> ⚠【注意】 特别注意阴道黏膜的色泽及湿润程度，子宫颈部的颜色和形状，黏液的量、黏度和气味，以及子宫颈管开张程度。在整个操作过程中，消毒要严密，操作要仔细，杜绝粗暴。

三 异常发情

母牛异常发情多见于初情期后、性成熟前及繁殖季节开始阶段，也有因营养不良、内分泌失调、疾病及环境温度突然变化等引起异常发情。

1. 隐性发情

这种发情外部症状不明显，难以看出，但卵巢上的卵泡正常发育成熟而排卵。母牛产后的第一次发情、年老体弱的母牛或营养状况差时易发生隐性发情。在生产实践中，当发现母牛连续2次发情之间的间隔相当于正常发情间隔的2~3倍，即可怀疑中间有隐性发情。

2. 短促发情

由于发育的卵泡迅速成熟并破裂排卵，也可能卵泡突然停止发育或发育受阻而缩短了发情期。如果不注意观察，就极易错过配种期。此种现象与炎热气候有关，多发生在夏季，也与卵泡发育停止或发育受阻有关。年老体弱的母牛或初次发情的青年牛易发生。

3. 假发情

假发情母牛只有外部发情明显的征兆，但卵巢上无卵泡发育，不排卵。假发情又分为两种情况：一种情况是母牛妊娠后又出现爬跨其他牛的现象，而阴道检查发现子宫颈口不开张，无松弛和充血现象，无发情分泌物，直肠检查能摸到子宫增大和胎儿等特征。另一种情况是患有卵巢机能失调或有子宫内膜炎的母牛，也常出现假发情。

4. 持续发情

持续发情是发情频繁而没有规律性。发情时间超过正常发情周期或明显短于正常发情周期。主要是卵泡不规律，生殖激素分泌紊乱所致。可分两种情况：一种情况是由卵巢囊肿而引起，这种母牛有明显发情的征兆，卵巢上有卵泡发育，但迟迟不成熟，不能排卵，而且继续增大、肿胀，甚至造成整个卵巢囊肿，充满卵泡液。由于卵泡过量分泌雌激素而使母牛持续发情。另一种情况是卵泡交替发育，左右2个卵巢交替出现卵泡发育，交替产生大量雌激素而使母牛延续发情。持续发情时发情持续期延长，有的母牛可以长达3天以上。

5. 不发情

母牛不发情的原因很多，有些是受营养不良或气候因素影响，有些是母牛生殖器官先天性缺陷，有些是母牛卵巢、子宫疾病或其他疾病引起。此外产后哺乳期母牛一般发情较迟，对不发情母牛应该仔细检查，从加强饲养管理和治疗疾病两方面采取措施。

四 影响母牛发情的因素

影响母牛发情的因素见表6-2。

表6-2 影响母牛发情的因素

因素	表现
自然因素	牛一年四季均可发情，但发情持续时间的长短受到气候因素的影响。高温季节，母牛发情持续期明显比其他季节短
营养水平	营养水平对于牛的初情期和发情影响很大。自然环境对牛发情持续期的影响，从某种程度上来说是由营养水平变化导致的。一般情况下，良好的饲养水平可提高牛的生长速度，促进牛的体成熟，也可加强牛的发情表现。但营养水平过高，牛过肥，则会导致发情特征不明显或间情期长

（续）

因　素	表　现
饲草种类	在牛采食的饲料中，有些植物可能含有的某种物质影响牛的初情期和经产牛再发情。如豆科木草中含有一种植物雌激素，当母牛长期采食豆科牧草后，母牛流产率增多，乳房及乳头发达，导致牛繁殖力降低
饲养管理	牛产前、产后分别饲喂低、高能饲料，可以缩短第一次发情间隔。如果产前喂以足够的能量而产后喂以低能量，则第一次发情间隔延长，有一部分牛在产犊后长时间内不发情。同时尽可能采取提早断奶法，让母牛提前发情

第三节　母牛的配种

一　配种时间

母牛适宜输精时间在发情开始后 9 ~ 24 小时，2 次输精间隔 8 ~ 12 小时。因为通常母牛发情持续期 18 小时，母牛在发情结束后 10 ~ 15 小时排卵，卵子存活时间 6 ~ 12 小时，卵子到受精部位需 6 小时，精子进入受精部位需 0. 25 ~ 4 小时，精子在生殖道内 24 ~ 50 小时可保持受精能力，精子获能时间需 20 小时。

母牛多在夜间排卵，生产中应夜间输精或清晨输精，避免气温高时输精，尤其在夏季，以提高受胎率。对老、弱母牛，发情持续期短，配种时间应适当提前。

母牛产后第一次发情一般在 40 天左右或 40 天以上，这与营养状况有很大关系。一般产后第 2 ~ 4 个发情期（即产犊后 60 ~ 100 天）配种，易受胎，应抓紧时机及时配种。

二　配种方法

配种方法有自然交配和人工授精。

1. 自然交配

自然交配又称本交，指公、母牛之间直接交配，这种方法公牛的利用率低，购牛价高，饲养管理成本也高，且易传染疾病，生产上不宜采用。随着科技的发展，自然交配已被人工授精替代。

2. 人工授精

在我国大面积开展黄牛改良的工作中，母牛的人工授精技术已成为养牛业的现代、科学的繁殖技术，并且已在全国范围内广泛推广应用。人工授精技术是人工采集公牛精液，经质量检查并稀释、处理和冷冻后，再用输精器将精液输入母牛的生殖道内，使母牛排出的卵子受精后妊娠，最终产下牛犊。人工授精技术的应用，提高了优良公牛的配种效率（1 头公牛可配 6000 ~ 12 000 头母牛），加速了母牛育种工作进程和繁殖改良速度（使用优质肉公牛可以生产出优良的后代），提高了配种母牛的受胎率，避免了生殖器官直接接触造成的疾病传播。

三 人工授精操作

1. 采精

认真做好采精前的准备，正确掌握采精技术，科学安排采精频率，以获得量多质优的精液。

（1）采精前的准备

① 采精场地准备。采精要有一定的采精环境，以便使公牛建立起牢固的条件反射，同时防止精液污染。采精场应选择或建立在宽敞、平坦、安静、清洁的房子中，不论什么季节或天气均可照常进行工作，且温度易控制。采精室应明亮、清洁、地面平坦防滑，宜采用水泥地面，并铺设防滑垫，室内设有采精架以保定台牛或设立假台牛，供公牛爬跨，进行采精。室内采精场的面积一般为 10 米 × 10 米，并附设喷洒消毒和紫外线照射杀菌设备。

② 假阴道准备。假阴道是一筒状结构，主要由外壳、内胎和集精杯三部分组成。外壳为一硬橡胶圆筒，上有注水孔；内胎为弹性强、薄而柔软无毒的橡胶筒，装在外壳内，构成假阴道内壁；集精杯由暗色玻璃或塑料制成，装在假阴道的一端。外壳和内胎之间可装温水和吹入空气，以保持适宜的温度（38 ~ 40℃）和压力。

用前进行检查、安装、保温（37 ~ 40℃）以备用。假阴道安装步骤如下：首先安装内胎及消毒。将内胎放入外壳，使露出两端的内胎长短相等，翻转在外壳上，以胶圈固定。用 65% ~ 70% 的酒精，按照先集精瓶端后阴茎入口的顺序擦拭。在采精前，用生理盐水冲洗假阴道，最后装上集精杯。然后注水。将假阴道直立，水面达到中心注水孔即可，采精时内胎温度应达到40℃。再涂润滑剂，润滑剂多用灭菌的白凡士林，早春或冬季可用2∶1的白凡士林与液状石蜡的混合剂。涂抹深度约为假阴道全长的1/2；最后调节压力。从活塞注入空气，使假阴道入口闭合为放射状三条缝时才算适度。

假阴道每次使用后应清洗干净，并用75%酒精或紫外线灯进行消毒。玻璃及金属器械在有条件的地方可用高压灭菌锅消毒。

③ 台牛准备。台牛可用发情母牛、去势公牛。采精前，台牛臀部、外阴部和尾部必须消毒，顺序是：先用2%来苏儿溶液擦拭，然后用净水冲洗，擦干。采精时，台牛要固定在采精架内，保持周围环境安静。用假台牛采精更为方便且安全可靠。

【提示】 假台牛可用木材或金属材料制成，要求大小适宜，坚实牢固，表面柔软干净，用牛皮伪装；用假台牛采精，应先对公牛进行调教，使其建立条件反射。

④ 种公牛准备。平时种公牛的饲养管理要良好。采精前用温水对种公牛阴囊、龟头和下腹部进行冲洗并消毒。若阴囊周围有长毛，应进行修剪。

⑤ 采精人员准备。采精人员要求技术熟练，最好固定人员，便于熟悉种公牛的个体习性，使种公牛充分射精。

（2）采精技术 公牛多采用假阴道法采精。假阴道法是指利用模拟母牛阴道环境条件的人工阴道，诱导公牛射精而采集精液的方法。

【小知识】 一种理想的采精方法，应具备四个条件：一是可以全部收集公牛一次射出的精液；二是不影响精液品质；三是公牛生殖器官和性机能不会受到损伤或影响；四是器械用具简单，使用方便。

利用假台牛采精时，最好是将假阴道安放到假台牛后躯内，种公牛爬跨假台牛且在假阴道内射精，这是一种比较安全而简单的方法。但实践中常采用手持假阴道采精法。采精时将公牛引至台牛后面，采精员站在台牛右后侧，右手握持备好的假阴道，当公牛爬跨台牛而阴茎未触及台牛时，迅速将阴茎导入假阴道（呈35°左右的角度）内即可射精。射精后，将假阴道的集精杯端向下倾斜，随公牛下落，让阴茎慢慢回缩自动脱出；阴茎脱出后，将假阴道直立、放气、放水，送化验室进行精液检查，合格后稀释。

【注意】 公牛的阴茎在向假阴道内导入时，只能用掌心托着包皮，切勿用手直接抓握伸出的阴茎；牛交配时间短促，只有数秒钟，当公牛向前一冲即行射精。因此，采精动作力求迅速敏捷准确，并防止阴茎突然弯折而受损伤。

（3）采精频率 采精频率是指每周对公牛的采精次数。为了既最大限度地采集公牛精液，又维持其健康体况和正常的生殖机能，必须合理安排采精频率。1头种公牛1周内采精次数在2～3次，或1周采1次，但要连续采取2个批次射精量。对于科学饲养管理的体壮公牛，每周采精6次不会影响其繁殖力。青年公牛采精次数应酌减。

【提示】 随意增加采精次数，不仅会降低精液品质，而且会造成公牛生殖机能降低和体质衰弱等不良后果。

2. 精液品质检查

通过对精液品质的检查，可断定精液品质的优劣，以及在稀释保存过程中精液品质的变化情况，以便决定能否用于输精或冷冻，精液品质主要通过外观（正常颜色呈乳白色或乳黄色）、精液量（一般为3～10毫升）、精子密度、精子活率、精子形态等检查确定。

3. 精液的稀释和保存

精液稀释后，扩大了精液量，提高了优良种公牛的利用率。如1次采出4～6毫升精液，按原精液进行输精，1头母牛的输精量为1毫升，只能输4～6头母牛。稀释后可以输50～160头母牛。稀释液中含有营养物质和缓冲物质，可以补充营养及中和精子代谢产物，防止精子受低温打击，延长精子存活时间。

常温保存的温度一般是15～25℃。春、秋季可放置在室内，夏季也可置于地窖或空调控制的房间内，故又称室温保存或变温保存。低温保存的温度是0～5℃。一般将稀释好的精液置于冰箱或广口保温瓶中，在保存期间要保持温度恒定，不可过高或过低。低温保存要用专用稀释液稀释。

4. 输精

（1）输精前准备 牛用玻璃或金属输精器可用蒸汽、75%酒精或放入高温干燥箱内消毒；输精胶管因不宜高温，可用酒精或蒸汽消毒。输精器宜每头母牛准备1支。输精器在使用前用稀释液冲洗2次。

（2）母牛准备 将接受输精的母牛固定在六柱栏内，尾巴固定于一侧，用0.1%新洁尔灭溶液清洗消毒外阴部，再用酒精棉球擦拭。

（3）输精员安排 输精员要身着工作服，指甲需剪短磨光，戴一次性直肠检查手套或手臂洗净擦干后用75%酒精消毒，待完全挥发后再持输精器。

（4）精液的解冻与检查

① 颗粒冻精的解冻。颗粒冻精解冻的稀释液要另配，解冻前先要配制解冻稀释液，一般常用的是2.9%柠檬酸溶液、维生素B_{12}(0.5毫升)溶液、葡柠液（葡萄糖3%、二水枸橼酸钠1.4%）。各种解冻液均可分装于玻璃安瓿中，经灭菌后长期备用。解冻时，先取1～1.5毫升解冻液放入小试管内，在40℃水浴中经2～3分钟后投入1或2粒精液颗粒。待溶化1小时，即取出精液试管，在常温下轻轻摇动至完全解冻，检查评定精子活率，合格后进行输精。

② 细管冻精的解冻。细管冻精不需要解冻稀释液。方法有4种：第一种是由液氮罐内迅速取出一支细管冻精，立即投入40℃温水中；第二种是放在室温下自然融化；第三种是握在手中或装在衣袋里靠体温溶化；第四种是将冷冻细管精液装在输精器上直接输精，靠母牛阴道和子宫颈温度来溶解。细管精液品质检查，可按批抽样测定，不需要每支精液均做检查。

③ 冷冻精液质量的检查。冷冻精液质量的检查，一般是在解冻后进行。其主要指标有：精子活率、精子密度、精子畸形率及顶体

完整率和存活时间等。各项指标达到用于输精冷冻精液的要求，方可用于配种，否则弃之。牛冷冻精液质量的国家标准（GB 4143—2008）主要指标见表6-3。

表6-3　奶牛、兼用牛、肉牛和黄牛的冷冻精液产品国家标准

剂型	细管、颗粒和安瓿
剂量	细管：中型0.5毫升；微型0.25毫升；颗粒0.1毫升±0.01毫升；安瓿0.5毫升
精子活力	解冻后的活力，指呈直线前进运动的精子百分率（下限）30%（即0.3）；精子复苏率（下限）50%
每一剂量解冻后呈直线前进运动的精子数	细管：每支（下限）1000万个；颗粒：每粒（下限）1200万个；安瓿：每支（下限）1500万个
解冻后的精子畸形率	（上限）20%
解冻后的精子顶体完整率	（下限）40%
解冻后的精液无病原性微生物	每毫升中细菌菌落数（上限）1000个
解冻后的精子存活时间	在5~8℃贮存时（下限）为12小时；在37℃贮存时（下限）为4小时

④ 精液解冻注意事项。一是冷冻精液宜临用时现解冻，立即输精。解冻后至输精之间的时间，最长不得超过1~2小时，其中细管冻精应在1小时之内，颗粒冻精应在2小时之内；二是解冻时，事先预热好解冻试管及解冻液，再快速由液氮容器内取出1粒（支）冻精，尽快溶化解冻；三是在解冻过程中切忌精液内混入水或其他不利精子生存的物质，同时避免刺激气味（如农药）等对精子的不良影响；四是解冻时要恰当掌握冷冻精液的溶化程度，时间不能太长，否则影响精子的受精能力；五是需要冷冻精液解冻后做短时间保存时，应采用含卵黄的解冻液，以1~15℃水温解冻，逐渐降到2~6℃环境中保存。保存温度要恒定，切忌温度升高。精液解冻后必须保持所要求的温度，严防在操作过程中温度出现回升或回降。

冷冻精液解冻后不宜存放时间过长，应在1小时内输精。

（5）输精适期 冷冻精液输入母畜生殖道以后，其存活时间大大缩短。这就给选定输精时机提出了更高的要求。输精时间过早，待卵子排出后，精于已衰老死亡；输精时间过晚，排卵后输精的受胎率又很低。所以使用冷冻精液输精的时间应当比使用新鲜精液适当推迟一些，输精间隔时间也应该短一些。母牛输精时机掌握在发情中、后期，发现母牛接受公牛爬跨且静立不动后8～12小时输精。生产实践中一般这样掌握：早晨（9时以前）发情的母牛，当日晚输精；中午前后发情的母牛，当日晚输精；下午（2时以后）发情的母牛，次日早晨输精。

（6）输精方法 目前给牛输精常用的方法是直肠把握子宫颈输精法。输精人员左手臂上涂擦润滑剂后，左手呈楔形插入母牛直肠，触摸子宫、卵巢、子宫颈的位置，并令母牛排出粪便，然后消毒外阴部。为了保护输精器在插入阴道前不被污染，可先使左手四指留在肛门后，向下压拉肛门下缘，同时用左手拇指压在阴唇上并向上提拉，使阴门张开，右手趁势将输精器插入阴道。左手再进入直肠，摸清子宫颈后，左手手心朝向右侧握住子宫颈，无名指平行握在子宫颈外口周围。这时要把子宫颈外口握在手中，假如握得太靠前会使颈口游离下垂，造成输精器不易对上颈口。右手持装有精液的输精器，向子宫颈中深插，输精器即可进入子宫颈外口。然后，多处转换方向向前探插，同时用左手将子宫颈前段稍抬高，并向输精器上套。输精器通过子宫颈管内的硬皱襞时，会有明显的感觉。当输精器一旦越过子宫颈皱襞，立即感到畅通无阻，这时即抵达子宫体处。当输精器处于宫颈管内时，手指是摸不到的，输精器一进入子宫体，即可很清楚地触摸到输精器的前段。确认输精器进入子宫体后，应向后抽退一点，勿使子宫壁堵塞住输精器尖端出口处，然后缓慢地、顺利地将精液注入，再轻轻地抽出输精器。

（7）输精时注意事项

①缓解母牛努责。输精操作时，若母牛努责过甚，可通过喂给饲草、捏腰、拍打眼睛、按摩阴蒂等方法使之缓解。若母牛直肠显罐状，可用手臂在直肠中前后抽动以促使松弛。

② 防止损伤子宫颈和子宫体。操作时动作要谨慎，防止损伤子宫颈和子宫体。

③ 注意输精深度。子宫颈深部、子宫体、子宫角等不同部位输精的受胎率没有显著差别。但是如果输精部位过深，则容易引起子宫感染或损伤，所以采取子宫颈深部或子宫体输精是比较安全的。

第四节　母牛的妊娠及其鉴定

一 妊娠母牛的生理变化

母牛配种后，精子在自身尾部摆动及生殖道蠕动的作用下向输卵管壶腹部运动，并在此与卵巢排出的卵子相融合，形成一个受精卵，从受精卵形成开始到分娩结束的一段时间叫妊娠期。母牛妊娠后，生理及形态会发生相应的变化。

1. 生殖器官的变化

（1）卵巢的变化　妊娠后卵巢上的黄体成为妊娠黄体，并以最大体积持续存于整个妊娠期。

（2）子宫的变化　随着妊娠期的延长，子宫体和子宫角随胚胎的生长发育而相应扩大。在整个妊娠期内，孕角的增长速度远大于空角，所以孕角始终大于空角。在妊娠前半期，子宫体积增长速度快于胎儿生长速度。子宫壁变得肥厚起来。至妊娠后半期，子宫的增长速度不及胎儿及胎水增长快，因而子宫壁被动扩张而变薄。妊娠后，子宫血流量增加，血管扩张变粗，尤其是动脉血管内膜褶皱变厚，加之和肌肉层的联系疏松，使原来间隔明显的动脉脉搏变为间隔不明显的颤动（孕脉）。

（3）乳房的变化　妊娠开始后，在黄体酮和雌激素作用下，乳房逐渐变得丰满，特别是到妊娠中后期，这种变化尤为明显。到分娩前几周，乳房显著增大，能挤出少量乳汁。

（4）营养状况的变化　妊娠母牛新陈代谢旺盛，食欲增加，消化能力提高，营养状况改善，毛色变得光润；加之胎儿、胎水的增长，所以母牛体重增加。妊娠后期，胎儿急剧生长，母牛要消耗妊娠前期所积蓄的营养物质以满足胎儿生长发育的需要。此阶段如果

饲养管理不当，母牛会逐渐消瘦；如果饲料中缺钙，母牛就会动用自身骨骼中的钙来满足胎儿发育的需要，严重时会使母牛后肢跛行，牙齿磨损得较快。

（5）其他变化 随着胎儿逐渐增大，母牛腹内压力升高，内脏器官的容积减小，因而排粪排尿次数增加但量减少。由于胎儿增大，胎水增加，母牛腹部膨大，且孕侧比空侧凸出。至妊娠后半期，母牛的行动变得比较笨重、缓慢、谨慎且易疲劳、易出汗。有些母牛至妊娠后期，巨大的子宫压迫后腔血管，使血液循环受阻，常可见到下腹部和后肢出现水肿。

二 妊娠诊断

通过妊娠诊断可以确定母牛是否妊娠，以便对已妊娠者加强饲养管理，对未妊娠者找出原因，及时补配，从而提高母牛的繁殖率。由于准确的受精时间很难确定，故常以最后一次受配或有效配种之日算起，母牛妊娠期平均为285天（范围260～290天），不同品种之间略有差异。对于肉牛妊娠期的计算（按妊娠期280天计），“月减3，日加6”即为预产期。妊娠诊断方法如下。

1. 外部观察法

对配种后的母牛在下一个发情期到来前后，注意其是否2次发情，如不发情，则可能已受胎。但这并不完全可靠，因为有的母牛虽然没有受胎但在发情时表现不明显（安静发情/暗发情）或不发情，而有些母牛虽已受胎但仍有表现发情的（假发情）。另外，观察其行为、食欲、营养状况及体态等对妊娠诊断也有一定的参考价值。

2. 阴道检查法

妊娠母牛阴道黏膜变苍白，比较干燥。妊娠1～2个月时，子宫颈门附近即有黏稠黏液，但量尚少；至3～4个月后就很明显，并变得黏稠灰白或灰黄，如同稀糊；以后逐渐增多并黏附在整个阴道壁上，附着于开膣器上的黏液呈条纹或块状。至妊娠后半期，可以感觉到阴道壁松软、肥厚，子宫颈位置前移，且往往偏于一侧。

3. 直肠检查法

直肠检查法是判断母牛是否妊娠的最基本、最可靠的方法。在妊娠2个月左右，可以做出正确诊断。如果有丰富的直肠检查经验和详细记载，在1个月左右就可诊断。

首先摸到子宫颈，再将中指向前滑动，寻找角间沟；然后将手向前、向下、再向后，试把两个子宫角都掌握在手内，分别触摸。经产牛子宫角有时不呈绵羊角状而是垂入腹腔，不易全部摸到；这时可先握住子宫颈将其向后拉，然后手带着肠管迅速向前滑动，握住子宫角，这样逐渐向前移，就能摸清整个子宫角；再在子宫角尖端外侧或下侧寻找卵巢。

寻找子宫动脉的方法是将手掌贴骨盆顶向前移，越过岬部（荐骨前端向下突起的地方）以后，可清楚地摸到腹主动脉的两粗大分支——髂内动脉。子宫中动脉和脐动脉共同起于髂内动脉。子宫中动脉从髂内动脉分出后不远即进入子宫阔韧带内，所以追踪时感觉它是游离的。触诊阴道动脉子宫支（子宫后动脉）的方法，是将指尖伸至相当于荐骨末端处，并贴在骨盆侧壁的坐骨上棘附近，前后滑动手指。子宫后动脉是骨盆内比较游离的一条动脉，由上向下行，而且很短，所以容易识别。

牛直肠黏膜受到刺激易渗出血液，手在直肠内操作时，只能用指肚，指尖不要触及黏膜。手应随肠道收缩波而稍向后退，不可向前伸。

妊娠月份不同，母牛卵巢位置、子宫状态及位置及子宫动脉状况都会发生不同的变化。

4. 激素反应法

给配种18～22天的牛肌内注射合成雌激素（苯甲酸雌二醇、己烯雌酚等）2～3毫克，5天后不发情为妊娠。原因是妊娠母牛黄体酮含量高，可以对抗适量的外源雌激素，以致不发情。

另外，还有血奶中黄体酮水平测定法、超声波诊断法、碘酊法、阴道黏液抹片检查法和眼线法。

第五节　母牛的分娩

一　预产期预算

牛以妊娠期280天计，预产期为交配月份数减3，交配日数加6。

假如一头母牛是2011年8月22日交配，则预产期为2012年5月（8－3＝5）28日（22＋6＝28）。

假如一头母牛是2011年1月30日交配，则预产期为2012年11月6日。推算方法为：1＋12－3＝10（月）（不够减可以预借1年），30＋6＝36（日）（超过1个月的日数可减去1个月30天，即下一个月的日数，把减去的1个月加到推算的月份上），所以是2012年11月6日。

二 分娩预兆

见表6-4。

表6-4 分娩前预兆

乳房	前约一周左右，母牛乳房比原来大一倍，约到产前2～3天，乳房肿胀，皮肤紧绷，乳头基部红肿，乳头变粗，用手可挤出少量浅黄色黏稠的初乳，有些母牛有漏奶现象
外阴部	临产前1周，外阴部松软、水肿，皮肤皱襞平展，阴道黏膜潮红，子宫颈口的黏液逐渐溶化。在分娩前1～2天，子宫颈塞随黏液从阴道排出，呈半透明索状悬垂于阴门外。当子宫颈扩张2～3小时后，母牛便开始分娩
骨盆	临分娩前数天，骨盆部的韧带变得松弛、柔软，尾根两边塌陷，以适于胎儿通过。用手握住尾根上下运动时，会明显感到尾根与荐骨容易上下移动
行为	母牛表现为活动困难，起立不安，尾高举，不时地回顾腹部，常做排粪尿姿势，时起时卧，初产牛则更显得不安。分娩预兆与临产间隔时间因个体而有所差异。一般情况下，在预产期前的1～2周，将母牛移入产房，对其进行特别照料，做好接产、助产工作。上述各种现象都是分娩即将来临的预兆，但要全面观察综合分析才能做出正确判断

三 分娩过程

1. 开口期

开口期是从子宫开始阵缩到子宫颈口充分开张为止，一般需2～8小时（范围为0.5～24小时）。特征是只有阵缩而不出现努责。初产牛不安，时起时卧，徘徊运动，尾根抬起，常做排尿姿势，食欲减退；经产牛一般比较安静，有时没有什么明显表现。

2. 胎儿产出期

胎儿产出期从子宫颈充分开张至产出胎儿为止，一般持续3～4小时（范围0.5～6小时），初产牛一般持续时间较长。若是双胎，则两胎儿排出间隔时间一般为20～120分钟。特点是阵缩和努责同时作用。进入该期，母牛通常侧卧，四肢伸直，强烈努责，羊膜绒毛膜形成囊状突出阴门外，该囊破裂后，排出白色或微带黄色的浓稠羊水。胎儿产出后，尿囊才开始破裂，流出黄褐色尿水。因此，牛的第一胎水一般是羊水，但有时尿囊可先破裂，然后羊膜囊才突出阴门破裂。在羊膜破裂后，胎儿前肢和唇部逐渐露出并通过阴门，这时母牛稍事休息，继续把胎儿排出。

3. 胎衣排出期

从胎儿产出后到胎衣完全排出为止，一般需4～6小时（范围0.5～12小时）。若超过12小时，胎衣仍未排出，即为胎衣不下，需及时采取处理措施。此期特点是当胎儿产出后，母牛即安静下来，经子宫阵缩（有时还配合轻度努责）而使胎衣排出。

四 接产前的准备

1. 产房

产房应当清洁、干燥，光线充足，通风良好，无贼风，墙壁及地面应便于消毒。在北方寒冷的冬季，应有相应取暖设施，以防犊牛冻伤。

2. 用品及药械

在产房里，接产用具及药械（70%酒精、2%～5%碘酊、甲酚皂、催产药物等）应放在一定的地方，以免临时缺此少彼，造成慌乱。此外，产房里最好备有一套常用的手术助产器械，以备急用。

3. 接产人员

接产人员应当受过接产训练，熟悉牛的分娩规律，严格遵守接产的操作规程及值班制度。分娩期尤其要固定专人，并加强夜间值班制度。

五 接产

接产目的在于对母畜和胎儿进行观察，并在必要时加以帮助，使得母仔安全。但应特别指出，接产工作一定要根据分娩的生理特点进行，不要过早过多地干预。为保证胎儿顺利产出及母仔安全，接产工作应在严格消毒的前提下进行，其步骤如下。

1. 清洗消毒

清洗母牛的外阴部及其周围，并用消毒液（如1%甲酚皂溶液或0.1%高锰酸钾药液对外阴及周围体表和尾根部进行消毒）擦洗。用绷带缠好尾根，拉向一侧系于颈部。在产出期开始时，接产人员穿好工作服及胶围裙、胶鞋，并消毒手臂，准备做必要的检查。

2. 临产检查

当胎膜露出时至胎水排出前，可将手臂伸入产道，进行临产检查，以确定胎向、胎位及胎势是否正常，以便对胎儿的反常现象做出早期矫正，避免难产的发生。如果胎儿正常，正生时，应三件(唇及二前蹄）俱全，可等候其自然排出。除检查胎儿外，还可检查母牛骨盆有无变形，阴门、阴道及子宫颈的松软扩张程度，以判断有无因产道反常而发生难产的可能。

3. 撕破胎膜

正常情况下，在胎儿唇部或头部露出阴门以前，不要急于扯破胎膜，以免胎水流失过早，不利于胎儿产出。当胎儿唇部或头部露出阴门外时，如果上面覆盖有胎膜，可把它撕破，并把胎儿鼻孔内的黏液擦净，以利呼吸。

4. 注意观察

注意观察母牛努责及产出过程是否正常。如果母牛努责，阵缩无力，或其他原因（产道狭窄、胎儿过大等）造成产仔滞缓，应迅速拉出胎儿，以免胎儿因氧气供应受阻，反射性吸入羊水，引起异物性肺炎或窒息。在拉胎儿时，可用产科绳缚住胎儿两前肢球节（正生）或两后肢系部（倒生）交于助手拉住，同时用手握住胎儿下颌（正生），随着母牛的努责，左右交替用力，顺着骨盆轴的方向慢慢拉出胎儿。在胎儿头部通过阴门时，要注意用手捂住阴唇，以防阴门上角或会阴撑破。在胎儿骨盆部通过阴门后，要放慢拉出速度，防止子宫脱出和产牛腹压突然下降而导致脑贫血。

5. 助产

一般情况下，母牛的分娩不需要助产，接产人员只需监督分娩过程。但出现胎位不正、胎儿过大、母牛分娩无力等情况时，必须进行必要的助产。助产的原则是，尽可能做到母子安全，在不得已情况下舍子保母，同时必须力求保持母牛的繁殖能力。

当胎儿口鼻露出，却不见产出时，将手臂消毒后伸入产道，检查胎儿的方向、位置和姿势是否正常。若头在上，两蹄在下，无屈肢，则为正常，让其自然分娩；若是倒生，应及早拉出胎儿，以免脐带挤压在骨盆底下使胎儿窒息死亡。在拉胎儿时，用力应与母牛的阵缩同时进行。当胎头拉出后应放慢拉的动作，以防子宫内翻或脱出。

当胎儿前肢和头部露出阴门，但羊膜仍未破裂时，可将羊膜扯破。擦净胎儿口腔、鼻周围的黏液，让其自然产出。当破水过早，产道干燥或狭窄或胎儿过大时，可向阴道内灌入肥皂水，润滑产道，以便拉出胎儿。必要时切开产道狭窄部，胎牛娩出后，立即进行缝合。

6. 清理

胎儿产出后，应立即将其口鼻内的羊水擦干，并观察呼吸是否正常。身体上的羊水可让母牛舔干，这样一方面母牛可因吃入羊水（内含催产素）而使子宫收缩加强，利于胎衣排出，另外还可增强母子关系。为了尽快让犊牛体表变干和促进犊牛皮肤血液循环，护理人员可以使用洁净的草或干燥的软布将其体表擦干，尤其在较为寒冷的季节要尽快擦干，以防犊牛受寒而发病。如果发现胎儿窒息，要立即进行抢救。

7. 脐带处理

产出胎儿的脐带有时会自行扯断，一般不必结扎，但要用5%～10%碘酊充分消毒，以防感染；胎儿产出后，如脐带还未断，应将脐带内的血液挤入仔畜体内，这对增进犊牛的健康有一定好处。人工断脐时脐带断端不宜留得太长。断脐后，可将脐带断端在碘酊内浸泡片刻或在其外面涂以碘酊，并将少量碘酊倒入羊膜鞘内。如脐

带有持续出血，必须加以结扎。

8. 犊牛护理

犊牛产出后不久即会试图站立，但最初一般是站不起来的，应加以扶助，以防摔伤。对母牛和新生犊牛注射破伤风抗毒素，以防感染破伤风。

六 难产处理

在难产的情况下助产时，必须遵守一定的操作原则，即助产时除挽救母牛和胎儿外，要注意保持母牛的繁殖力，防止产道的损伤和感染。为便于矫正和拉出胎儿，特别是当产道干燥时，应向产道内灌注大量滑润剂。为了便于矫正胎儿异常姿势，应尽量将胎儿推回子宫内，否则产道空间有限不易操作，要力求在母畜阵缩间歇期将胎儿推回子宫内。拉出胎儿时，应随母牛努责而用力。

难产极易引起犊牛的死亡，并严重危害母牛的繁殖力。因此，难产的预防是十分必要的。首先，在配种管理上，不要让母牛过早配种，由于青年母牛仍在发育，分娩时常因骨盆狭窄导致难产。其次，要注意母牛妊娠期间的合理饲养，防止母牛过肥、胎儿过大，造成难产。另外，要安排母牛适当的运动，这样不但可以提高营养物质的利用率，使胎儿正常发育，还可提高母牛全身和子宫的紧张性，在分娩时增强胎儿活力和子宫收缩力，并有利于胎儿转变为正常分娩胎位、胎势，以减少难产及胎衣不下、产后子宫复位不全等情况的发生。此外，在临产前及时对孕牛进行检查、矫正胎位也是减少难产发生的有效措施。

七 产后护理

产后期是指从胎衣排出到生殖器官恢复到妊娠前状态的一段时间。产出胎儿时，子宫颈张开，产道黏膜表层可能造成损伤；产后子宫内又积存大量恶露，都会为病原微生物的繁殖和侵入创造条件，因此，对产后期的母畜应加以妥善护理，以促进母畜机体尽快恢复正常，预防疾病，保证其具有正常的繁殖机能。产后母牛的护理应做到以下几点：

1. 注意产后期卫生

应对母牛外阴部及周围区域进行清洗和消毒，并防止苍蝇叮蜇。

经常更换、消毒褥草。

2. 加强饲养

分娩之后，要及时供给母牛新鲜清洁的饮水和麸皮汤等，以补充机体水分。在产后最初几天，应供给母牛质好易消化的饲料，但不宜过多，以免引起消化道疾病。一般经5~6天可逐渐恢复正常饲养。

3. 注意日常监护

在分娩之后，还应观察母牛努责状况。如果产后仍有努责，应检查子宫内是否还有胎儿或滞留的胎衣及子宫内翻的可能，如有上述情况应及时处理。牛产后3~4天恶露开始大量流出，头2天色暗红，以后呈黏液状，逐渐变为透明，10~12天停止排出，恶露一般只腥不臭。如果母牛在产后3周仍有恶露排出或恶露腥臭，表示子宫出现感染，应及时治疗。此外，还应观察母牛的精神状态、饮食欲、外生殖器官或乳房等，一旦有异常，应查明原因，及时处理。

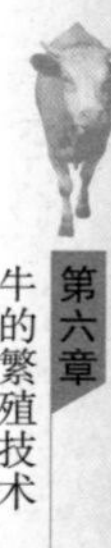

第七章

牛的饲养管理技术

第一节　种公牛的饲养管理

一　育成公牛的饲养管理

犊牛断奶后至种用之前的公牛，称为育成公牛。此期间是生长发育最迅速的阶段，精心的饲养管理不仅可以获得较快的增重速度，而且可使幼牛得到良好的发育。公、母犊牛在饲养管理上几乎相同，但进入育成期后，二者在饲养管理上则有所不同，必须按不同年龄和发育特点予以区别对待。

1. 育成公牛的饲养方式

（1）舍饲拴系培育　在舍饲拴系培育条件下，犊牛出生后10天在个体笼内管理，而后公、母分群前（4~5月龄前）在群栏内管理，每栏5~10头。在哺乳期过后采用拴系管理，在舍饲管理条件下培育至种用出售。在这种情况下，新生犊牛失去了正常生长发育所必需的生理活动。舍饲拴系管理是出现各种物质代谢障碍、发生异常性反射等的主要原因，所以必须保证充足的活动空间和运动。

（2）拴系放牧管理　许多牛场在夏季采用这种管理方式。在距其他牛群较远的地方，选定不受主导风作用的一块平坦的放牧场，呈一字线排列，将15~20米的铁链固定在具有钩环的柱上。柱间距40~50米，每头小公牛都能自由地在周围运动。每头小公牛附近都放有饲槽和饮水器，于早、晚补充饲料和饮水。随着放牧场地饲草被利用（放牧2～3天后），将小公牛移入下一地点。观察表明，采用这种管理方式，每头6、12、18月龄的小公牛每天相应消耗15千克、20千克、35千克青饲料。

（3）分群自由运动 在分群自由运动培育情况下，小公牛在牛群内分群管理，每群为5～6头，而在运动场和放牧场培育情况下每群为40～50头。夏天，小公牛终日在设有遮棚的运动场内和放牧场内管理。冬天，4～12月龄小公牛在运动场管理4～5小时，在严寒期（－20℃以下）不超过2小时。

（4）复合管理 白天在运动场或放牧场管理，晚上在舍内或棚下拴系管理。

2. 育成公牛的饲养

育成公牛的生长速度比育成母牛快，因而需要的营养物质较多，特别需要以补饲精饲料的形式提供营养，以促进其生长发育和性欲的发展。对育成公牛的饲养，应在满足一定精饲料供应量的基础上，令其自由采食优质的精、粗饲料。6～12月龄，粗饲料以青草为主时，精、粗饲料占饲料干物质的比例为55:45；以干草为主时，其比例为60:40。在饲喂豆科或禾本科优质牧草的情况下，对于1岁以上的育成公牛，混合精饲料中粗蛋白质的含量以12%左右为宜。

断奶后，饲料选用优质的干草、青干草，不使用酒糟、秸秆、粉渣类以及棉籽饼、菜籽饼。6月龄后喂量为月龄乘以0.5千克，如8月龄饲喂量为4千克；1岁以上的日喂量为8千克，成年牛为10千克，避免出现草腹。饲料中应注意补充维生素A、维生素E等。冬季没有青草时，每头牛可喂胡萝卜0.5～1.0千克来补充维生素，同时要有充足的矿物质。另外，还要充足供应饮水，并保证水质良好和卫生。

3. 育成公牛的管理

（1）分群 牛断奶后应根据性别和年龄进行分群。首先是公、母牛分开饲养，因为育成公牛与育成母牛的发育不同，对饲养条件的要求也不同，而且公、母牛混养会干扰其成长。分群时，同性别

内年龄和体格大小应该相近，月龄差异一般不应超过2个月，体重差异应低于30千克。

（2）拴系 准备留种的育成公牛于6月龄开始戴上笼头，拴系饲养。为了便于管理，到达8~10月龄时就应进行穿鼻带环（穿鼻用的工具是穿鼻钳，穿鼻的部位在鼻中隔软骨处），用皮带拴系好，沿公牛额部固定在角基部，鼻环以不锈钢的为最好。牵引时，应坚持左右侧双绳牵导。对性烈的育成公牛，需用钩棒牵引，由一个人牵住缰绳，同时另一人两手握住钩棒，勾搭在鼻环上以控制其行动。

（3）刷拭 为了保持牛体清洁、促进皮肤代谢和养成温驯的气质，育成公牛上槽后应进行刷拭，每天至少1次，每次5~10分钟。

（4）试采精 从12~14月龄后即应试采精，开始从每个月1或2次采精逐渐增加到18月龄的每周1或2次，检查采精量、精子密度、活力及有无畸形，并试配一些母牛，看后代有无遗传缺陷并决定是否做种用。

（5）加强运动 育成公牛的运动关系到它的体质，因为育成公牛有活泼好动的特点。加强运动，可以增强体质，保持健康。对于种用育成公牛，要求每天上、下午各1次，每次1.5~2小时，行走距离4千米。运动方式有旋转架、套爬犁或拉车。实践证明，种用公牛如果运动不足或长期拴系，会使牛性情变坏，精液质量下降，患肢蹄病、消化道疾病等。但也要注意不能运动过度，否则同样对公牛的健康和精液质量有不良影响。

（6）调教 对青年公牛还要进行必要的调教，包括与人的接近、牵引训练，配种前还要进行采精前的爬跨训练。饲养公牛必须注意安全，因其性情一般较母牛暴躁。

（7）防疫卫生 定期对育成公牛进行防疫注射，防止传染病；保持牛舍环境卫生及防寒防暑也是必不可少的管理工作。除此之外，育成公牛应定期称重，以检查饲养情况，及时调整日粮。做好各项生产记录工作。

二 成年公牛的饲养管理

种公牛饲养管理良好的衡量标准是强的性欲、良好的精液质量、正常的膘情和种用体况。

1. 种公牛的质量要求

首先，做种用的肉用型公牛，其体质外貌和生产性能均应符合本品种的种用畜特级和一级标准，经后裔测定后方能作为主力种公牛。肉用性能和繁殖性状是肉用型种公牛极其重要的两项经济指标。其次，种公牛需经检疫确认无传染病，体质健壮，对环境的适应性及抗病力强。

2. 种公牛的饲养

种公牛不可过肥，但也不可过瘦。过肥的种公牛常常没有性欲，但过瘦时精液质量不佳。成年种公牛所需营养中最重要的是蛋白质、钙、磷和维生素，因为它们与种公牛的精液品质有关。5 岁以上成年种公牛已不再生长，为保持种公牛的种用膘度（即中上等膘情）而使其不过肥，能量的需要以达到维持需要即可。当采精次数频繁时，则应增加蛋白质的供给。

在种公牛饲料的安排上，应选用适口性强、容易消化的饲料，精、粗饲料应搭配适当，保证营养全面充足。种公牛精、粗饲料的给量可依据公牛的体况、性活动能力、精液质量及承担的配种任务酌情处理。一般精饲料的用量按每天每头 100 千克体重 1.0 千克供给；粗饲料应以优质豆科干草为主，搭配禾本科牧草，而不用酒糟、秸秆、果渣及粉渣等粗料；青贮料应和干草搭配饲喂，并以干草为主，冬季补充胡萝卜。注意多汁饲料和粗饲料饲喂不可过量，以免公牛长成“草腹”，影响采精和配种。碳水化合物含量高的饲料也宜少喂，否则易造成种牛过肥而降低配种能力；菜籽饼、棉籽饼有降低精液品质的作用，不宜用作种公牛饲料：豆饼虽富含蛋白质，但它是生理酸性饲料，饲喂过多易在体内产生大量有机酸，反而对精子形成不利，因此应控制喂量。一般在日粮中添加一定比例的动物性饲料来补充种公牛对蛋白质的需要，主要有鱼粉、蛋粉、蚕蛹粉，尤其在采精频繁季节补加营养的情况下更是如此。公牛日粮中的钙不宜过多，特别是对老年公牛，一般当粗饲料为豆科牧草时，精饲料中就不应再补充钙质，因为过量的钙往往容易导致脊椎和其他骨骼融为一体。

公牛应有充足清洁的饮水，但配种或采精前后、运动前后的

30 分钟以内不应饮水，以防影响公牛健康。种公牛的定额日粮可分为上、下午定时定量喂给，夜晚饲喂少量干草；日粮组成要相对稳定，不要经常变动。每 2～3 个月称体重 1 次，检查体重变化，以调整日粮定额。饲喂要先精后粗，防止过饱。每天饮水 3 次，夏季增加至4～5 次，采精或配种前禁水。

3. 种公牛的管理

公牛的记忆力强、防御反射强、性反射强，因此对种公牛的饲养管理一般要指定专人，不要随便更换，避免给牛恶性刺激。饲养人员在管理公牛时，特别要注意安全，并有耐心，不粗暴对待，不随意逗弄、鞭打或虐待公牛。地面要平坦、坚硬、不滑，且远离母牛舍。牛舍温度应在 10～30℃，夏季注意防暑，冬季注意防寒。

（1）拴系 种公牛必须拴系饲养，防止伤人。一般公牛在 10～12 月龄时穿鼻戴环，经常牵引训导，鼻环需用皮带吊起，系于缠角带上。绕角上拴两条系链，通过鼻环，左右分开，拴在两侧立柱上，鼻环要常检查，损坏时要及时更换。

（2）牵引 种公牛的牵引要用双绳牵，两人分左右两侧，人和牛保持一定距离。对烈性公牛，用钩棒牵引，由一人牵住缰绳，另一人用钩棒钩住鼻环来控制。

（3）护蹄 种公牛经常出现趾蹄过度生长的现象，结果影响牛的放牧、觅食和配种。因此饲养人员要经常检查趾蹄有无异常，保持蹄壁和蹄叉清洁。为了防止蹄壁破裂，可经常涂抹凡士林或无刺激性的油脂。发现蹄病及时治疗。做到每年春、秋季各削蹄 1 次。蹄形不正要进行矫正。

（4）睾丸及阴囊的定期检查和护理 种公牛睾丸的最快生长期是6～14 月龄。因此在此时应加强营养和护理。研究表明，睾丸大的公牛比同龄睾丸小的公牛能配种较多的母牛。公牛的年龄和体重对于睾丸的发育和性成熟有直接影响。为了促进睾丸发育，除应注意选种和加强营养以外，还要经常进行按摩和护理，每次 5～10 分钟，保持阴囊清洁卫生，定期进行冷敷，改善精液质量。

（5）放牧配种与采精 饲养牛时，在放牧配种季节，要调整好公母比例。当一个牛群中使用数头公牛配种时，青年公牛要与成年公牛分开。

（6）运动 每天上、下午各进行一次运动，每次1.5～2小时，路程4千米。

（7）刷拭和洗浴 每天要定时给种公牛刷拭身体，天凉时进行干刷，高温炎热时给其进行淋浴，以保持皮肤清洁，促进血液循环，增进身体健康。

4. 种公牛的利用

种公牛的使用最好合理适度，一般1.5岁牛每周采精1或2次，2岁后每周2或3次，3岁以上可每周3或4次。交配和采精时间应在饲喂后2～3小时进行。

第二节 肉牛的饲养管理

一 犊牛的饲养管理

犊牛，系指初生至断乳前这段时期的小牛。肉用牛的哺乳期通常为6个月。

1. 犊牛的饲养

（1）早喂初乳 初乳是母牛产犊后5～7天内所分泌的乳。初乳色深黄而黏稠，干物质总量较常乳高1倍，在总干物质中除乳糖较少外，其他含量都较常乳多，尤其是蛋白质、灰分和维生素A的含量。蛋白质中含有大量免疫球蛋白，它对增强犊牛的抗病能力起着关键作用。初乳中含有较多的镁盐，有助于犊牛排出胎便，此外初乳中各种维生素含量较高，对犊牛的健康与发育有着重要作用。

犊牛出生后应尽快让其吃到初乳。一般犊牛出生后0.5～1小时，便能自行站立，此时要引导犊牛接近母牛乳房寻食母乳，若有困难，则需人工辅助哺乳。若母牛健康，乳房无病，农家养牛可令犊牛直接吮吸母乳，随母自然哺乳。

若母牛产后生病死亡，可由同期分娩的其他健康母牛代哺初乳。在没有同期分娩母牛初乳的情况下，也可喂给牛群中的常乳，但每天需补饲20毫升的鱼肝油，另给50毫升的植物油以代替初乳的轻泻作用。

（2）饲喂常乳　可以采用随母哺乳、保姆牛法和人工哺乳法给哺乳犊牛饲喂常乳。

① 随母哺乳法。犊牛从哺喂初乳至断奶一直和其生母在一起自然哺乳。为了给犊牛早期补饲，促进犊牛发育和诱发母牛发情，可在母牛栏的旁边设一犊牛补饲间，使大母牛与犊牛短期隔开。

② 保姆牛法。选择健康无病、气质安静、乳及乳头健康、产奶量中下等的奶牛（若代哺的犊牛只有一头，选同期分娩的母牛即可，不必非用奶牛）做保姆牛，再按每头犊牛日食4~4.5千克乳量的标准，确定每头保姆牛所哺育的犊牛数，同时每头哺育犊牛的体重、年龄和气质应尽可能地一致。将犊牛和保姆牛管理在隔有犊牛栏的同一牛舍内，每天定时哺乳3次。犊牛栏内要设置饲槽及饮水器，以利于补饲。

③ 人工哺乳法。在找不到合适的保姆牛的情况下或奶牛场淘汰犊牛的哺乳多用此法。新生犊牛结束5~7天的初乳期以后，可人工哺喂常乳。犊牛的参考哺乳量见表7-1。哺乳时，可先将装有牛乳的奶壶放在热水中进行加热消毒（不能直接放在锅内煮沸，以防过热后影响蛋白的凝固和酶的活性），待冷却至38~40℃时哺喂，5周龄以内日喂3次；6周龄以后日喂2次。喂后立即用消毒的毛巾擦嘴。如果没有奶壶，也可用小奶桶哺喂。

表7-1　不同周龄犊牛的日哺乳量　　（单位：千克）

类别	1~2周龄	3~4周龄	5~6周龄	7~9周龄	10~13周龄	14周龄以后	全期用奶
小型牛	4.5~6.5	5.7~8.1	6.0	4.8	3.5	2.1	540
大型牛	3.7~5.1	4.2~6.0	4.4	3.6	2.6	1.5	400

（3）早期补饲植物性饲料　采用随母哺乳时，应根据草场质量对犊牛进行适当的补饲，既有利于满足犊牛的营养需要，又有利于犊牛的早期断奶；人工哺乳时，要根据饲养标准配合日粮，早期让犊牛采食干草、精饲料等植物性饲料。

① 干草。从7~10日龄开始，应训练犊牛采食干草。在犊牛栏的草架上放置优质干草，供其采食咀嚼，可防止其舔食异物，促进

犊牛发育。

② 精饲料。犊牛生后15～20天，开始训练其采食精饲料（精饲料配方见表7-2）。初喂精饲料时，可在犊牛喝完奶后，将犊牛的精饲料涂在犊牛嘴唇上诱其舔食，经2～3日后，可在犊牛栏内放置饲料盘，放上精饲料任其自由舔食。因初期采食量较少，料不应放多，每天必须更换，以保持饲料及料盘的新鲜和清洁。最初每头日喂干粉料10～20克，数日后可增至80～100克，等适应一段时间后再喂以混合湿料，即将干粉料用温水拌湿，经糖化后饲喂。湿料给量可随日龄的增加而逐渐加大。

表7-2　犊牛的精饲料配方

组成/%	配方1	配方2	配方3	配方4
干草粉颗粒	20	20	20	20
玉米粗粉	37	22	55	52
糠粉	20	40	—	—
糖蜜	10	10	10	10
饼粕类	10	5	12	15
磷酸二氢钙	2	2	2	2
其他微量盐类	1	1	1	1
合计	100	100	100	100

③ 多汁饲料。从生后20天开始，在混合精饲料中加入20～25克切碎的胡萝卜，以后逐渐增加。若无胡萝卜，也可饲喂甜菜和南瓜等，但喂量应适当减少。

④ 青贮饲料。从2月龄开始喂给。最初每天100～150克；3月龄可喂到1.5～2.0千克；4～6月龄增至4～5千克。

【注意】保持青贮饲料的优良，防止用酸败、变质及冰冻青贮饲料饲喂犊牛，以免腹泻。

（4）饮水　牛奶中的含水量不能满足犊牛正常的代谢需要，必须训练犊牛尽早饮水。最初饮36～37℃的温开水；10～15日龄后可改饮常温水；1月龄后可在运动场内备足清水，任其自由饮用。

(5) 补饲抗生素 为预防犊牛拉稀，可补饲抗生素饲料。每天补饲1万国际单位/头的金霉素，30日龄以后停喂。

2. 犊牛的管理

(1) 注意保温、防寒 特别在我国北方，冬季天气严寒风大，要注意犊牛舍的保暖，防止贼风侵入。在犊牛栏内要铺柔软、干净的垫草，保持舍温在0℃以上。

(2) 去角 对于将来做肥育的犊牛和群饲的牛，去角更有利于管理。去角的适宜时间多在生后7～10天，常用的去角方法有电烙法和固体苛性钠法两种。电烙法是将电烙器加热到一定温度后，牢牢地压在角基部，直到其下部组织烧灼成白色为止（不宜太久太深，以防烧伤下层组织），再涂以青霉素软膏或硼酸粉。后一种方法应在晴天且哺乳后进行，先剪去角基部的毛，再用凡士林涂一圈，以防以后药液流出，伤及头部或眼部，然后用棒状苛性钠稍湿水涂擦角基部，至表皮有微量血渗出为止。在伤口未变干前不宜让犊牛吃奶，以免腐蚀母牛乳房部位的皮肤。

(3) 母仔分栏 在小规模系养式的母牛舍内，一般都设有产房及犊牛栏，但不设犊牛舍。只有在规模大的牛场或散放式牛舍，才另设犊牛舍及犊牛栏。犊牛栏分单栏和群栏两类，犊牛出生后即在靠近产房的单栏中饲养，每栏一犊，隔离管理，一般1月龄后才过渡到群栏。同一群栏内的犊牛月龄应一致或相近，因为不同月龄的犊牛除在饲料条件的要求上不同以外，对于环境温度的要求也不相同，若混养在一起，对饲养管理和牛体健康都不利。

(4) 刷拭 犊牛期采用舍饲方式，因此皮肤易被粪及尘土所黏附而形成皮垢，这样不仅会降低皮毛的保温与散热能力，使皮肤血液循环恶化，而且也易患病，所以对犊牛每天必须刷拭一次。

(5) 运动与放牧 犊牛从出生后8～10日龄起，即可开始在犊牛舍外的运动场做短时间的运动，以后可逐渐延长运动时间。如果犊牛出生在温暖的季节，则开始运动的日龄还可适当提前，但需根据气温的变化，掌握每天运动时间。

在有条件的地方，可以从生后第二个月开始放牧，但在40日龄之前，犊牛对青草的采食量极少，在此时期与其说放牧，不如说是运动。运动对促进犊牛的采食量和健康发育都很重要。在管理上应安排适当的运动场或放牧场，场内要常备清洁的饮水，在夏季必须有遮阴条件。

二 母牛的饲养管理

1. 育成母牛的饲养管理

（1）不同阶段的饲养要点

① 6～12 月龄。此时期为母牛性成熟期。在此时期，母牛的性器官和第二性征发育很快，体躯向高度和长度两个方向急剧生长，同时，其前胃已相当发达，容积扩大1倍左右。因此，在饲养上既要能提供足够的营养，又必须具有一定的容织，以刺激前胃的生长。所以对这一时期的育成牛，除给予优质的干草和青饲料外，还必须补充一些混合精饲料，精饲料比例约占饲料干物质总量的30%～40%。

② 12～18 月龄。育成母牛的消化器官更加扩大，为进一步促进其消化器官生长，其日粮应以青、粗饲料为主，比例约占日粮干物质总量的75%，其余25%为混合精饲料，以补充能量和蛋白质。

③ 18～24 月龄。这时母牛已配种受胎，生长强度逐渐减缓，体躯显著向宽深方向发展。若饲养过丰，则在体内容易蓄积过多脂肪，导致牛体过肥，造成不孕；但若饲养过于贫乏，又会导致牛体生长发育受阻，成为体躯狭浅、四肢细高、产奶量不高的母牛。因此，在此期间应以优质干草、青草或青贮饲料为基本饲料，精饲料可少喂甚至不喂。但到妊娠后期，由于体内胎儿生长迅速，则需补充混合精饲料，日定额为2～3 千克。

如有放牧条件，则育成牛应以放牧为主。在优良的草地上放牧，精饲料可减少30%～50%；放牧回到牛舍，若未吃饱，则应补喂一些干草和适量精饲料。

（2）育成母牛的管理

① 分群。育成母牛最好在6 月龄时分群饲养。公、母分群，每群30～50 头，同时应根据育成母牛的年龄进行分阶段饲养管理。

② 定槽。圈养拴系式管理的牛群，采用定槽是必不可少的，每头牛有自己的牛床和食槽。

③ 加强运动。在舍饲条件下，每天至少要有 2 小时以上的驱赶运动，促进肌肉组织和内脏器官，尤其是心、肺等呼吸和循环系统的发育，使其具备高产母牛的特征。

④ 转群。育成母牛在不同生长发育阶段，生长强度不同，应根据年龄、发育情况分群，并按时转群，一般在 12 月龄、18 月龄、定胎后或至少分娩前 2 个月共转群 3 次。同时称重并结合体尺测量，淘汰生长发育不良的牛，剩下的转群。最后一次转群是育成母牛走向成年母牛的标志。

⑤ 乳房按摩。为了刺激乳腺的发育和促进产后泌乳量的提高，对 12 ~ 18 月龄育成牛每天按摩 1 次乳房；18 月龄妊娠母牛，一般早晚各按摩一次，每次按摩时用热毛巾敷擦乳房。产前 1 ~ 2 个月停止按摩。

⑥ 刷拭。为保持牛体清洁，促进皮肤代谢和养成温驯气质，应每天刷拭 1 或 2 次，每次 5 分钟。

⑦ 初配。在 18 月龄左右根据生长发育情况决定是否配种。

2. 空怀母牛的饲养管理

空怀母牛的饲养管理主要围绕提高受配率、受胎率，充分利用粗饲料，降低饲养成本而进行。

(1) 空怀母牛的饲养　繁殖母牛在配种前应具有中上等膘情。在日常饲养管理工作中，倘若喂给过多的精饲料而又运动不足，则易使牛过肥，造成不发情。在肉用母牛的饲养管理中，这是经常出现的，必须加以注意。但在饲料缺乏、营养不全、母牛瘦弱的情况下，也会造成母牛不发情而影响繁殖。实践证明，如果在母牛前一个泌乳期内给予足够的平衡日粮，同时劳役较轻，管理周到，就能提高母牛的受胎率。瘦弱母牛配种前 1 ~ 2 个月，应加强饲养，适当补饲精饲料也能提高受胎率。

(2) 空怀母牛的管理

① 保持适宜的环境条件。保持牛舍适宜的温度，特别注意夏季防热和冬季防寒；保持舍内干燥，通风良好，空气新鲜。过度潮湿等恶劣环境极易危害牛体健康，敏感的个体也会很快停止发情。

② 适当运动。在运动场上适当运动，并经常适量接受阳光照射，

增强牛的体质，提高受胎率。

③ 及时配种。母牛发情，应及时予以配种，防止漏配和失配。对初配母牛，应加强管理。防止野交早配。经产母牛产 犊后3周要注意其发情情况，对发情不正常或不发情者，要及时采取措施。一般母牛产后1~3个发情期，发情排卵比较正常，随着时间的推移，犊牛体重增大，母牛消耗增多，如果不能及时补饲，往往造成母牛膘情下降，发情排卵受到影响。因此，产后多次错过发情期，则发情期受胎率会越来越低。如果出现此种情况，就应及时进行直肠检查，摸清情况，慎重处理。

④ 注意观察母牛的受孕情况。造成母牛空怀不孕的原因，有先天和后天两个方面。先天不孕一般是由于母牛生殖器官发育异常，如子宫颈位置不正、阴道狭窄、幼稚病、两性畸形等，发现后立即淘汰；后天性不孕主要是由于营养缺乏、饲养管理和使役不当及生殖器官疾病所致。在恢复正常营养水平后，或经过治疗后大多能够自愈。但在犊牛时期由于营养不良致生长发育受阻，影响生殖器官正常发育而造成的不孕，则很难用饲养方法补救。若育成母牛长期营养不足，则往往导致初情期推迟，初产时出现难产或死胎，并且影响以后的繁殖力。

3. 妊娠母牛的饲养管理

母牛妊娠后，不仅本身生长发育需要营养，而且还要满足胎儿生长发育的营养需要和为产后泌乳进行营养蓄积。因此，要加强妊娠母牛的饲养管理，使其能够正常产犊和哺乳。

（1）妊娠母牛的饲养 孕期母牛的营养需要和胎儿生长有直接关系。胎儿增重主要在妊娠的最后3个月，此期的增重占犊牛初生重的70%~80%，需要从母体吸收大量营养。若胚胎期胎儿生长发育不良，出生后就难以补偿，增重速度就会减慢，饲养成本增加。同时，母牛体内需蓄积一定养分，以保证产后的泌乳量。母牛在妊娠初期，由于胎儿生长发育较慢，其营养需求较少，为此，对妊娠初期的母牛不再另行考虑，一般按空怀母牛进行饲养。母牛妊娠到中后期应加强营养，尤其是妊娠最后的2~3个月，加强营养显得特别重要，这期间的母牛营养直接影响着胎儿生长和本身营养蓄积。

如果此期营养缺乏，容易造成犊牛初生重低，母牛体弱和奶量不足。严重缺乏营养甚至会造成母牛流产。一般在母牛分娩前，至少要增重45～70千克，才足以保证产犊后的正常泌乳与发情。

放牧为主的肉牛业，青草季节应尽量延长放牧时间，一般可不补饲。枯草季节，应根据牧草质量和牛的营养需要确定补饲草料的种类和数量，特别是在妊娠最后的2～3个月，如果正值枯草期，就应进行重点补饲。由于长期吃不到青草，维生素A缺乏，可用胡萝卜或维生素A添加剂来补充，冬天每头每天喂0.5～1千克胡萝卜，另外应补足蛋白质、能量饲料及矿物质。精饲料补量每头每天0.8～1.1千克（精饲料配方：玉米50%、糠麸类10%、油饼类30%、高粱7%、石灰石粉2%、食盐1%，另每吨添加维生素A 1000万国际单位）。

舍饲妊娠母牛，要依妊娠月份的增加调整日粮配方，增加营养物质给量。以青粗饲料为主，适当搭配精饲料，参照饲养标准配合日粮。粗饲料以玉米秸（蛋白质含量较低）为主，要搭配1/3～1/2优质豆科牧草，再补饲饼粕类，也可以用尿素代替部分饲料蛋白；粗饲料若以麦秸为主，肉牛很难维持其最低需要，必须搭配豆科牧草，另外补加混合精饲料1千克左右（精饲料配方：玉米27%、大麦25%、饼类20%、麸皮25%、石粉1%～2%、食盐1%。每头牛每天添加1200～1600国际单位维生素A）。同时又要注意防止妊娠母牛过肥，尤其是头胎青年母牛，更应防止过度饲养，以免发生难产。在正常的饲养条件下，使妊娠母牛保持中等膘情即可。

饲喂顺序：在精饲料和多汁饲料较少（占日粮干物质10%以下）的情况下，可采用先粗后精的顺序饲喂，即先喂粗料，待牛吃半饱后，在粗料中拌入部分精饲料或多汁料碎块，引诱牛多采食，最后把余下的精饲料全部投饲，吃净后下槽；若精饲料量较多，可按先精后粗的顺序饲喂。

妊娠母牛禁喂棉籽饼、菜籽饼、酒糟等饲料。不能喂冰冻、发霉饲料。

供给充足洁净的饮水。饮水温度要求不低于10℃。

（2）妊娠母牛的管理

①做好妊娠母牛的保胎工作。在母牛妊娠期间，应注意防止流

产、早产，这一点对放牧饲养的牛群显得更为重要。将妊娠后期的母牛同其他牛群分别组群，单独在附近的草场放牧；为防止母牛之间互相挤撞，放牧时不要鞭打驱赶，以防惊群；雨天不要放牧和进行驱赶运动，防止滑倒；在有露水的草场上放牧，也不要让牛采食大量易产气的幼嫩豆科牧草，不采食霉变饲料，不饮带冰碴的水。

② 加强刷拭和运动。每天要刷拭母牛，特别是头胎母牛，还要进行乳房按摩，以利产后犊牛哺乳。舍饲妊娠母牛每天应运动 2 小时左右，以免过肥或运动不足。

③ 转舍。产前 15 天，最好将母牛移入产房，由专人饲养和看护。

④ 注意观察。要注意对临产母牛的观察，及时做好分娩助产的准备工作。

4. 哺乳母牛的饲养管理

哺乳母牛就是产犊后用其乳汁哺育犊牛的母牛。中国黄牛传统上多以役用为主，乳、肉性能较差。近年来，随着黄牛选育改良工作的不断深入和发展，中国黄牛逐渐朝肉、乳方向发展，产生了明显的社会效益和经济效益。因此，加强哺乳母牛的饲养管理具有十分重要的现实意义。

（1）哺乳母牛的饲养 母牛在分娩前 1～3 天，食欲低下，消化机能较弱，此时要精心调配饲料，精饲料最好调制成粥状，特别要保证充足的饮水。此时在饲养上要以恢复母牛体质为目的。在饲料的调配上要加强其适口性，刺激牛的食欲。粗饲料则以优质干草为主。精饲料不可太多，但要全价、优质、适口性好，最好能调制成粥状，并可适当添加一定量的增味饲料，如糖类等。

母牛分娩后，由于大量失水，要立即喂母牛温热的麸皮盐水（麸皮 1～2 千克、盐 100～150 克、碳酸钙 50～100 克、温水 10～20 千克），可起到暖腹、充饥、增腹压的作用。同时喂给母牛优质、柔软的干草 1～2 千克。为促进子宫恢复和恶露排出，还可补给益母草温热红糖水（益母草 250 克、水 1500 克，煎成水剂后，再加红糖 1 千克、水 3 千克），每天 1 次，连服 2～3 天。

母牛产犊后 10 天内，尚处于身体恢复阶段，要限制精饲料及根茎类饲料的喂量，此期若饲养过于丰富，特别是精饲料饲喂过多，母牛食欲不好、消化失调，易加重乳房水肿或发炎，有时因钙、磷代谢失调而发生乳热症等，这种情况在高产母牛身上极易出现。因此，对于产犊后体况过肥或过瘦的母牛必须进行适度饲养。对体弱母牛，在产犊3天后喂给优质干草，3~4天后可喂多汁饲料和精饲料。到6~7天时，便可增加到足够的喂量。

根据乳房及消化系统的恢复状况，逐渐增加给料量，但每天增加的精饲料量不得超过1千克，当乳水肿完全消失时，饲料可增至正常。若母牛产后乳房没有水肿，体质健康，粪便正常，在产犊后的第一天就可饲喂多汁料和精饲料，到6~7天即可增至正常喂量。

头胎母牛产后饲养不当易出现酮病——血糖降低、血和尿中酮体增加，表现食欲不佳，产奶量下降和出现神经症状。其原因是饲料中富含碳水化合物的精饲料量不足，而蛋白质给量过高。实践中应给予高度重视。在饲养肉用哺乳母牛时，应正确安排饲喂次数。一般以日喂3次为宜。要保证供给充足、清洁、适温的饮水。一般产后1~5天应饮给温水，水温37~40℃，以后逐渐降至常温。

（2）哺乳母牛的管理

① 产前准备和接产。产前准备和接产详见第六章内容。母牛分娩后阴门松弛，躺卧时黏膜外翻易接触地面，为避免感染，地面应保持清洁，要勤换垫草。母牛的后躯阴门及尾部应用消毒液清洗，以保持清洁。加强监护，随时观察恶露排出情况，观察阴门、乳房、乳头等部位是否有损伤。每天测1~2次体温，若有升高，及时查明原因并进行处理。

② 日常管理。每天应定时清洗乳房，保持乳房清洁；每天及时清理牛床上的污染物，定期对牛床和牛舍消毒，保持洁净卫生；注意观察哺乳母牛的采食、饮水、排泄、精神状态等情况。

③ 哺乳母牛的放牧管理。夏季应以放牧管理为主。放牧期间的充足运动和阳光浴及牧草中所含的丰富营养，可促进牛体的新陈代谢，改善繁殖机能，提高泌乳量，增强母牛和犊牛的体质。研究表明，青绿饲料中含有丰富的粗蛋白质，含有各种必需氨基酸、维生素、酶和微量元素。因此，经过放牧，牛体内血液中血红素的含量

增加，机体内胡萝卜素和维生素 D 等贮备较多，提高了对疾病的抵抗能力。放牧饲养前应做好以下几项准备工作。一是放牧场设备的准备，在放牧季节到来之前，要检修房舍、棚圈及篱笆；确定水源和饮水后的临时休息点；整修道路。二是牛群的准备，包括修蹄、去角，驱除体内外寄生虫，检查牛号，母牛称重及组群等。三是从舍饲到放牧的过渡。母牛从舍饲到放牧管理要逐步进行，一般需 7 ~ 8 天的过渡期。当母牛被赶到草地放牧前，要用粗饲料、半干贮及青贮饲料预饲，日粮中要有足量的纤维素，以维持正常的瘤胃消化。若冬季日粮中多汁饲料很少，则过渡期应延长至 10 ~ 14 天。时间上由开始时的每天放牧 2 ~ 3 小时，逐渐过渡到末尾的每天 12 小时。

在过渡期，为了预防青草抽搐症，春季牛群由舍饲转为放牧时，开始一周不宜吃得过多，放牧时间不宜过长，每天至少补充 2 千克干草。并应注意不宜在牧场施用过多钾肥和氨肥，而应在易发本病的地方增施硫酸镁。

由于牧草中含钾多，含钠少，因此要特别注意食盐的补给，以维持牛体内的钠钾平衡。补盐方法：可配合在母牛的精饲料中喂给，也可在母牛饮水的地方设置盐槽，供其自由舔食。

三 肉牛的肥育

肉牛肥育，根据不同分类方法可分为如下几个体系：按性能划分，可分为普通肉牛肥育和高档肉牛肥育；按年龄划分，可分为犊牛肥育、青年牛肥育、成年牛肥育、淘汰牛肥育；按性别划分，可分为公牛肥育、母牛肥育、去势牛肥育；根据饲料类型，可分为精饲料型直线肥育、前粗后精型架子牛肥育。

1. 肉牛肥育方式

肉牛肥育方式一般可分为放牧肥育、半舍饲半放牧肥育和舍饲肥育三种。

(1) 放牧肥育方式 放牧肥育是指从犊牛到出栏牛，完全采用草地放牧而不补充任何饲料的肥育方式，也称草地畜牧业。这种肥育方式适于人口较少、土地充足、草地广阔、降雨量充沛、牧草丰盛的牧区和部分半农半牧区。例如新西兰肉牛肥育基本上以这种方式为主，一般自出生到饲养至 18 个月龄，体重达 400 千克便可出栏。

如果有较大面积的草山草坡，可以种植牧草，在夏天青草期除供放牧外，还可保留一部分草地，收割调制青干草或青贮料，作为越冬饲用。这种方式也可称为放牧肥育，且最为经济，但饲养周期长。

（2）半舍饲半放牧肥育方式 夏季青草期牛群采取放牧肥育，寒冷干旱的枯草期把牛群于舍内圈养，这种半集约式的育肥方式称为半舍饲肥育。

此法通常适用于热带地区，因为当地夏季牧草丰盛，可以满足肉牛生长发育的需要，而冬季低温少雨，牧草生长不良或不能生长。我国东北地区，也可采用这种方式。但由于牧草不如热带丰盛，故夏季一般采用白天放牧、晚间舍饲的方式，并补充一定精饲料，冬季则全天舍饲。

采用半舍饲半放牧肥育，应将母牛控制在夏季牧草期开始时分娩，犊牛出生后，随母牛放牧自然哺乳，这样，因母牛在夏季有优良青嫩牧草可供采食，故泌乳量充足，能哺育出健康犊牛。当犊牛生长至5~6个月龄时，断奶重达100~150千克，随后采用舍饲，补充一点精饲料过冬。在第二年青草期，采用放牧肥育，冬季再回到牛舍舍饲，3~4个月即可达到出栏标准。此法的优点是：可利用最廉价的草地放牧，犊牛断奶后用较低营养顺利过冬，第二年在青草期放牧能获得较理想的补偿增长。在屠宰前有3~4个月的舍饲肥育，胴体优良。

（3）舍饲肥育方式 肉牛从出生到屠宰全部实行圈养的肥育方式，称为舍饲肥育。舍饲的突出优点是使用土地少，饲养周期短，牛肉质量好，经济效益高；缺点是投资多，需较多的精饲料。此种方式适用于人口多、土地少、经济较发达的地区。美国盛产玉米，且价格较低，舍饲肥育已成为美国的一大特色。舍饲肥育方式又可分为拴饲和群饲。

① 拴饲。舍饲肥育较多的肉牛时，每头牛分别拴系给料，称之为拴饲。其优点是便于管理，能保证同期增重，饲料报酬高。缺点是运动少，影响生理发育，不利于肥育前期增重。一般情况下，给料量一定时，拴饲效果较好。

② 群饲。群饲问题是由牛群数量多少、牛床大小、给料方式及给料量引起的。一般变 6 头为一群，每头所占面积 4 米^2。为避免斗架，肥育初期可多些，然后逐渐减少头数。或者在给料时，用链或连动式颈枷保定。如在采食时不保定，可设简易牛栏，像小室那样，将牛分开自由采食，以防止抢食而造成增重不均。但如果发现有被挤出采食行列而怯食的牛，则应另设饲槽单独喂养。群饲的优点是：节省劳动力，牛不受约束，利于生理发育。缺点是：一旦抢食，体重会参差不齐；在限量饲喂时，应该用于增重的饲料反转到运动上，降低了饲料报酬。当饲料充分、自由采食时，群饲效果较好。

2. 犊牛肥育

犊牛肥育又称小肥牛肥育，是指犊牛出生后 5 个月内，在特殊饲养条件下，育肥至 90 ~ 150 千克时屠宰，生产出风味独特、肉质鲜嫩、多汁的高档犊牛肉。犊牛肥育以全乳或代乳品为饲料，在缺铁条件下饲养，肉色很浅，故又称“白牛”生产。

（1）犊牛的选择

① 品种。一般利用奶牛业中不做种用公犊进行犊牛肥育。在我国，多数地区以黑白花奶牛公犊为主，主要原因是黑白花奶牛公犊前期生长快、肥育成本低，且便于组织生产。

② 性别、年龄与体重。一般选择初生重不低于 35 千克、无缺损、健康状况良好的初生公牛犊。

③ 体形外貌。选择头方大、前管围粗壮、蹄大的犊牛。

（2）饲养管理

① 饲料。由于犊牛吃了草料后肉色会变暗，不受消费者欢迎，为此犊牛肥育不能直接饲喂精饲料、粗料，应以全乳或代乳品为饲料，代乳品参考配方见表 7-3。

表 7-3　代乳品参考配方

丹麦配方	脱脂乳 60% ~ 70%、猪油 15% ~ 20%、乳清 15% ~ 20%、玉米粉 1% ~ 10%、矿物质、微量元素 2%
日本配方	脱脂奶粉 60% ~ 70%、鱼粉 5% ~ 10%、豆饼 5% ~ 10%、油脂 5% ~ 10%

② 饲喂。犊牛的饲喂应实行计划采食。以代乳品为饲料的饲喂

计划见表7-4。

表7-4 代乳品饲喂量

周　　龄	代乳品/克	水/千克	代乳品:水
1	300	3	100:1
2	660	6	110:1
8	1800	12	145:1
12～14	3000	16	200:1

注：1～2周代乳品温度为38℃左右；以后为30～35℃。

饲喂全乳，也要加喂油脂。为了更好地消化脂肪，可将牛乳均质化，使脂肪球变小，如能喂当地的黄牛乳、水牛乳，则效果会更好。

饲喂用奶嘴，日喂2～3次，日喂量最初为3～4千克，以后逐渐增加到8～10千克，4周龄后喂到能吃多少吃多少。

③ 管理。严格控制饲料和水中铁的含量，强迫牛在缺铁条件下生长；控制牛与泥土、草料的接触，牛栏地板尽量采用漏粪地板，如果是水泥地面应加垫料，垫料要用锯末，不要用秸秆、稻草，以防采食；饮水充足，定时定量；有条件的，犊牛应单独饲养，如果几个犊牛圈养，应带笼嘴，以防吸吮耳朵或其他部位；舍温要保持在14～20℃，通风良好；要吃足初乳，最初几天还要在每千克代乳品中添加40毫克/千克抗生素和维生素A、维生素D、维生素E，2～3周时要经常检查体温和采食量，以防发病。

④ 屠宰月龄与体重。犊牛饲喂到1.5～2月龄，体重达到90千克时即可屠宰。如果犊牛增长率很好，进一步饲喂到3～4月龄，体重170千克时屠宰，也可获得较好效果。但屠宰月龄超过5月龄以后，单靠牛乳或代乳品，增长率就差了，且年龄越大，牛肉越显红色，肉质较差。

3. 青年牛肥育

青年牛肥育主要是利用幼龄牛生长快的特点，在犊牛断奶后直接转入肥育阶段，给予高水平营养，进行直线持续强度肥育，13～24月龄前出栏，出栏体重达到360～550千克。这类牛肉鲜嫩多汁、脂肪少、适口性好，是上档牛肉。

（1）舍饲强度肥育　青年牛的舍饲强度肥育一般分为适应期、增肉期和催肥期三个阶段。

① 适应期。刚进舍的断乳犊牛不适应环境，一般要有一个月左右的适应期。应让其自由活动，充分饮水，饲喂少量优质青草或干草，麸皮每天每头 0.5 千克，以后逐步加麸皮喂量。当犊牛能进食麸皮 1～2 千克时，逐步换成肥育料。其参考配方如下：酒糟 5～10 千克、干草 15～20 千克、麸皮 1～1.5 千克、食盐 30～35 克。

② 增肉期。增肉期一般在 7～8 个月，分为前后两期。前期日粮参考配方为：酒糟 10～20 千克，干草 5～10 千克，麸皮、玉米粗粉、饼类各 0.5～1 千克，尿素 50～70 克，食盐 40～50 克。喂尿素时将其溶解在水中，与酒糟或精饲料混合饲喂。切忌放在水中让牛饮用，以免中毒。后期日粮参考配方为：酒糟 20～25 千克、干草 2.5～5 千克、麸皮 0.5～1 千克、玉米粗粉 2～3 千克、饼类 1～1.3 千克、尿素 125 克、食盐 50～60 克。

③ 催肥期。此期主要是促进牛体膘肉丰满，沉积脂肪，一般为两个月。日粮参考配方如下：酒糟 20～30 千克、干草 1.5～2 千克、麸皮 1～1.5 千克、玉米粗粉 3～3.5 千克、饼类 1.25～1.5 千克、尿素 150～170 克、食盐 70～80 克。为提高催肥效果，可使用瘤胃素，每天 200 毫克，混于精饲料中饲喂，体重可增加 10%～20%。

肉牛舍饲强度肥育要掌握短缰拴系（缰绳长 0.5 米）、先粗后精，最后饮水，定时定量饲喂的原则。每天饲喂 2～3 次，饮水 2～3 次。喂精饲料时应先取酒糟用水拌湿，或干、湿酒糟各半混匀，再加麸皮、玉米粗粉和食盐等。牛吃到最后时加入少量玉米粗粉，促使牛把料吃净。饮水在给料后 1 小时左右进行，要给 15～25℃的清洁温水。

舍饲强度肥育的肥育场有：全露天肥育场，无任何挡风屏障或牛棚，适于温暖地区；全露天肥育场，有挡风屏障；有简易牛棚的育肥场；全舍饲肥育场，适于寒冷地区。以上育肥场形式应根据投资能力和气候条件而定。

（2）放牧补饲强度肥育　此种肥育方式是指犊牛断奶后进行越冬舍饲，到第二年春季结合放牧适当补饲精饲料。这种肥育方式精

饲料用量少，每增重 1 千克约消耗精饲料 2 千克。但日增重较低，平均日增重在 1 千克以内。15 个月龄体重为 300～350 千克，8 个月龄体重为 400～450 千克。

放牧补饲强度肥育饲养成本低，肥育效果较好，适于半农半牧区。

进行放牧补饲强度肥育，应注意不要在出牧前或收牧后立即补料，应在回舍后数小时后补饲，否则会减少放牧时牛的采食量。当天气炎热时，应早出晚归，中午多休息，必要时夜牧。当补饲时，如果粗料以秸秆为主，则其精饲料参考配方如下：1～5 月份，玉米面 60%，油渣 30%，麦麸 10%。6～9 月份，玉米面 70%，油渣 20%，麦麸 10%。

(3) 谷实饲料肥育法 谷实饲料肥育法是一种强化肥育的方法，要求完全舍饲，使牛在不到 1 周岁时活重达到 400 千克以上，平均日增重达 1000 克以上。要达到这个指标，可在 1.5～2 个月龄时断奶，喂给含可消化粗蛋白质 17% 的混合精饲料日粮，使犊牛在近 12 周龄时体重达到 110 千克。之后用含可消化粗蛋白质 14% 的混合料，喂到 6～7 月龄时，体重达 250 千克。然后可消化粗蛋白质再降到 11.2%，使牛在接近 12 月龄时体重达 400 千克以上，公犊牛甚至可达 450 千克。谷实强化肥育的精饲料报酬见表 7-5。

表 7-5 不同月龄牛精饲料报酬

阶段	日增重/千克		千克增重需混合料/千克	
	公犊	去势牛犊	公犊	去势牛犊
5 周龄前	0.45	0.45	—	—
6 周～3 月龄	1.00	0.90	2.7	2.8
3～6 月龄	1.30	1.20	4.0	4.3
6 月～屠宰龄	1.40	1.30	6.1	6.6

用谷实强化法催肥，每千克增重需 4～6 千克精饲料，原来由粗料提供的营养改为谷实（如大麦或玉米）和高蛋白质精饲料（如豆饼类）。典型试验和生产总结证明，如果用糟渣料和氮素、无机盐等为主的日粮，则每千克增长仍需 3 千克精饲料。因此，谷实催肥在

我国不可取，或只可短期采用，以弥补粗料法的不足。

从品种上考虑，要达到这种高效的肥育效果必须是大型牛种及其改良牛，一般黄牛品种是无法达到的。为降低精饲料消耗，可选用以下代用品。

① 尿素代替蛋白质饲料。牛的瘤胃微生物能利用游离氨合成蛋白质，所以饲料中添加尿素可以代替一部分蛋白质。添加时应掌握以下原则：一是只能在瘤胃功能成熟后添加。按牛龄估算应在生后3个半月以后。实践中多按体重估算，一般牛要求重200千克，大型牛则要达250千克，过早添加会引起尿素中毒。二是不得空腹喂，要搭配精饲料。三是精饲料要低蛋白质。精饲料蛋白含量一般应低于12%，超过14%则尿素不起作用；四是限量添加。尿素喂量一般占饲料总量的1%，成牛可达100克，最多不能超过200克。

② 块根饲料代替部分谷实料。按干物质计算，块根与相应谷实所含代谢能量相等，成本低。甜菜、胡萝卜、马铃薯都是很好的代用料。1岁以内，体重低于250千克的牛最多能用块根饲料代替一半精饲料；体重250千克以上的牛，可大部分或全部用块根饲料代替精饲料。但由于全部用块根饲料代替精饲料要增加管理费，且得调整其他营养成分，在实践中应用不多。

③ 粗饲料代替部分谷实料。用较低廉的粗饲料代替精饲料可节省精饲料，降低成本。尤其是用草粉、谷糠秕壳可收到较好效果。但不能过多，一般以15%为宜，过多会降低日增重，延长肥育期，影响牛肉嫩度。利用秸秆代替部分精饲料在国内已大量应用，特别是麦秸、氨化玉米秸的应用更为广泛，并取得良好效果。粉碎后，应加入一定量的无机盐、维生素，若能加工成颗粒饲料，效果会更好。

（4）粗饲料为主的肥育法

① 干草为主的肥育法。在盛产干草的地区，秋冬季能够贮存大量优质干草，可采用干草肥育。具体方法是：优质干草随意采食，日加1.5千克精饲料。干草的质量对增重起关键性作用。大量的生产实践证明，豆科和禾本科混合干草饲喂效果较好，而且还可节约精饲料。

②以青贮玉米为主的肥育法　青贮玉米是高能量饲料，蛋白质含量较低，一般不超过2%。以青贮玉米为主要成分的日粮，要获得高日增重，就要搭配1.5千克以上的混合精饲料。其参考配方见表7-6（肥育期为90天，每阶段各30天）。

表7-6　体重300~350千克肥育牛参考配方

饲料	一阶段/千克	二阶段/千克	三阶段/千克
青贮玉米	30	30	25
干草	5	5	5
混合	0.5	1.0	2.0
食盐	0.03	0.03	0.03
无机盐	0.04	0.04	0.04

以青贮玉米为主的肥育法，增重的高低与干草的质量、混合精饲料中豆粕的含量有关。如果干草是苜蓿、沙打旺、红豆草、串叶松香草或优质禾本科牧草，精饲料中豆粕含量占一半以上，则日增重可达1.2千克以上。

4. 架子牛快速肥育

架子牛快速肥育也称后期集中肥育，是指犊牛断奶后，在较粗放的饲养条件下饲养到2~3周岁，体重达到300千克以上时，采用强化肥育方式，集中肥育3~4个月，充分利用牛的补偿生长能力，达到理想体重和膘情后屠宰。这种肥育方式成本低，精饲料用量少，经济效益较高，应用较广。

（1）肥育前的准备　购牛前1周，应将牛舍粪便清除，用水清洗后，用2%的氢氧化钠溶液对牛舍地面、墙壁进行喷洒消毒，用0.1%的高锰酸钾溶液对器具进行消毒，最后再用清水清洗一次。如果是敞圈牛舍，则冬季应覆盖塑膜暖棚，夏季应搭棚遮阴，通风良好，使其温度不低于5℃。

（2）架子牛的选购　架子牛的优劣直接决定着肥育效果与效益。应选夏洛莱、西门塔尔等国际优良品种与本地黄牛的杂交后代，年龄在1~3岁，体型大、皮松软（用手摸摸脊背，其皮肤松软有弹性，像橡皮筋；或将手插入后裆，一抓一大把，皮多松软，这样的牛上膘快、增肉多），膘情较好，体重在250～300千克，健康无病。

（3）驱虫 架子牛入栏后应立即进行驱虫。常用的驱虫药物有阿弗米丁、丙硫苯咪唑、敌百虫、左旋咪唑等，应在空腹时进行，以利于药物吸收。驱虫后，架子牛应隔离饲养2周，对其粪便消毒后，进行无害化处理。

（4）健胃 驱虫3日后，为增加食欲，改善消化机能，应进行一次健胃。常用于健胃的药物是人工盐，其口服剂量为每头每次60～100克。

（5）饲养

① 适应期的饲养。从外地引来的架子牛，由于各种条件的改变，要经过1个月的适应期。首先让牛安静休息几天，然后饮1%的食盐水，喂一些青干草及青鲜饲料。对大便干燥、小便赤黄的牛，用牛黄清火丸调理肠胃。15天左右进行体内驱虫和疫苗注射，并开始采用秸秆氨化饲料（干草）+青饲料+混合精饲料的肥育方式，可取得较好的效果，日粮精饲料量0.3～0.5千克/头，10～15天内，增加到2千克/头（精饲料配方：玉米70%、饼粕类20.5%、麦麸5%、贝壳粉或石粉3%、食盐1.5%，若有专门添加剂则更好。注意，棉籽饼和菜籽饼需经脱毒处理后才能使用）。

② 过渡肥育期的饲养。经过1个月的适应，开始向强化催肥期过渡。这一阶段是牛生长发育最旺盛时期，一般为2个月。每天喂上述的精饲料配方，开始为每天2千克，逐渐增加到每天3.5千克，直到体重达到350千克，这时每天喂精饲料2.5～4.5千克。也可每月称重1次，按活体重1%～1.5%逐渐增加精饲料。粗、精饲料比例开始可为3∶1，中期2∶1，后期1∶1。每天的6时和17时分2次饲喂。投喂时绝不能一次性添加，要分次勤添，先喂一半粗饲料，再喂精饲料，或将精饲料拌入粗料中投喂。并注意随时拣出饲料中的钉子、塑料等杂物。喂完料后1小时，把清洁水放入饲槽中自由饮用。

③ 强化催肥期饲养。经过过渡生长期，牛的骨架基本定型，到了最后强化催肥阶段。此时日粮应以精饲料为主，按体重的1.5%～2%喂料，粗、精比为1∶（2～3），体重达到500千克左右适时出栏。

另外，喂干草每天2.5~8千克。精饲料配方：玉米81.5%、饼粕类11%、尿素13%、骨粉1%、石粉1.7%、食盐1%、碳酸氢钠0.5%、添加剂0.3%。

肥育前期，每天饮水3次，后期每天饮水4次，一般在饲喂后饮水。

我国架子牛肥育的日粮以青粗饲料或酒糟、甜菜渣等加工副产物为主，适当补饲精饲料。精粗饲料比例按干物质计算为1∶1.2~1.5，日干物质采食量为体重的2.5%~3%。其参考日粮配方见表7-7。

表7-7 日粮配方表

	干草或青贮玉米秸/千克	酒糟/千克	玉米粗粉/千克	饼类/千克	盐/克
1~15天	6~8	5~6	1.5	0.5	50
16~30天	4	12~15	1.5	0.5	50
31~60天	4	16~18	1.5	0.5	50
61~100天	4	18~20	1.5	0.5	50

(6) 管理 肥育架子牛应采用短缰拴系，限制活动。缰绳长0.4~0.5米为宜，使牛不便趴卧，俗称“养牛站”。饲喂要定时定量，先粗后精，少给勤添。每天上、下午各刷拭一次。经常观察粪便，如粪便无光泽，说明精饲料少，如便稀或有料粒，则说明精饲料太多或消化不良。

5. 高档牛肉生产

(1) 高档牛肉标准

① 年龄与体重要求。牛年龄在30月龄以内；屠宰活重为500千克以上；达满膘，体形呈长方形，腹部下垂，背平宽，皮较厚，皮下有较厚的脂肪。

② 胴体及肉质要求。胴体表面脂肪的覆盖率达80%以上，背部脂肪厚度为8~10毫米以上，第十二、十三肋骨脂肪厚度为10~13毫米，脂肪洁白、坚挺；胴体外型无缺损；肉质柔嫩多汁，剪切值在3.62千克以下的出现次数应在65%以上；大理石纹明显；每条牛柳2千克以上，每条西冷5千克以上；符合西餐要求，用户满意。

(2) 高档牛肉生产模式 高档牛肉生产应实行产加销一体化经

营方式，在具体工作中重点把握以下几个环节：

① 建立架子牛生产基地。生产高档牛肉，必须建立肉牛基地，以保证架子牛牛源供应。基地建设应注意以下几个环节。一是品种。高档牛肉对肉牛品种要求并不十分严格，据实验测定，我国现有的地方良种或它们与引进的国外肉用、兼用品种牛的杂交牛，经良好饲养，均可达到进口高档牛肉水平，都可以作为高档牛肉的牛源。但从复州牛、科尔沁牛屠宰成绩上看，未去势牛屠宰成绩低于去势牛，为此肥育前应对牛去势。二是饲养管理。根据我国生产力水平，现阶段架子牛饲养应以专业乡、村和户为主，采用半舍饲半放牧的饲养方式，夏季白天放牧，晚间舍饲，补饲少量精饲料，冬季全天舍饲，寒冷地区覆盖塑膜暖棚。舍饲阶段，饲料以秸秆、牧草为主，适当添加一定量的酒糟和少量的玉米粗粉和豆饼。

② 建立肥育牛场。生产高档牛肉应建立肥育牛场，当架子牛饲养到 12 ~ 20 月龄，体重达 300 千克左右时，应集中到肥育场肥育。肥育前期，采取粗料日粮过渡饲养 1 ~ 2 周，然后采用全价配合日粮并应用增重剂和添加剂，实行短缰拴系，自由采食，自由饮水。经 150 天一般饲养阶段后，每头牛在原有配合日粮中增喂大麦 1 ~ 2 千克，采用高能日粮，再强化育肥 120 天，即可出栏屠宰。

高档牛肉生产有别于一般牛肉生产，屠宰企业无论是屠宰设备、胴体处理设备、胴体分割设备、冷藏设备、运输设备，均需达到较高的现代水平。根据各地的生产实践，高档牛肉屠宰要注意以下几点。一是肉牛的屠宰年龄必须在 30 月龄以内，30 月龄以上的肉牛，一般是不能生产出高档牛肉的。二是屠宰体重在 500 千克以上，因牛肉块重与体重呈正相关，体重越大，肉块的绝对重量也越大。其中，牛柳重量占屠宰活重的 0.84% ~ 0.97%，西冷重量占 1.92% ~ 2.12%，去骨眼肉重量占 5.3% ~ 5.4%，这三块肉的产值可达一头牛总产值的 50% 左右；臀肉、大米龙、小米龙、膝圆、腰肉的重量占屠宰活重的 8.0% ~ 10.9%，这五块肉的产值约占一头牛产值的 15% ~ 17%。三是屠宰胴体要进行成熟处理。普通牛肉生产实行热胴体剔骨，而高档牛肉生产则不能，胴体要求在温度 0 ~ 4℃ 条件下吊挂 7 ~ 9 天后才能剔骨，这一过程也称胴体排酸，对提高牛肉嫩度极

为有效。四是胴体分割要按照用户要求进行。一般情况下，牛肉分割为高档牛肉、优质牛和普通牛肉三部分。高档牛肉包括牛柳、西冷和眼肉三块；优质牛肉包括臀肉、大米龙、小米龙、膝圆、腰肉、腱子肉等；普通牛肉包括前躯肉、脖领肉、牛腩等。

6. 肉牛肥育新技术——使用增重剂

(1) 增重剂的使用效果 选用性激素类的不同性激素配合使用可以明显提高增重效果。用己烯雌酚埋植，一般可使去势犊牛断奶重提高5%，母犊牛提高7%~8%。用二羟基苯酸丙酯，一般可提高肉用犊牛增重5%~25%，处理放牧条件下的肥育阉牛增重提高11.9%~24.5%。复合增重剂的应用效果一般高于单一成分的增重剂。许多试验发现，雄雌激素配合使用时增重效果是累加的。用合成的十六甲地黄体酮给肥育小母牛口服（剂量0.25~0.5毫克），增重提高11.2%，比用己烯雌酚组提高6.9%。给短角牛和蒙古牛杂交二代去势牛埋植雌二醇-200，在放牧结合补饲条件下，可体重增加15.3%。

(2) 增重剂的使用方法 主要为皮下埋植，效果较好。用量一般很小。每头牛一次仅埋植20~30毫克，但其作用可维持3~4个月。埋植方法是应用特制的埋植器（枪），选择耳背距耳根2.5厘米处，使用锋利针头，刺入皮下至软骨以上，针头应拉回1厘米，再注进药丸，以保证药丸完整。

(3) 影响增重剂应用效果的因素 一是牛体本身。肥育家畜的畜种、性别、年龄等都影响着增重剂的增重效果。一般说来，增重剂对去势牛的增重效果最大，其次是母牛、公牛；在其他条件相同时，年龄不同的家畜对增重剂的反应也不同。增重剂对犊牛的应用效果受年龄的影响十分显著。5周龄处理，增重效果最小。用己烯雌酚处理时，周龄越大，增重效果越明显。所以对犊牛的性激素处理不宜过早。二是日粮。增重剂的应用效果受日粮能量、蛋白质水平的影响，由于增重的基本作用是增加体内能、氮的沉积，当日粮能量、蛋白质不能满足需要时，则会影响其增重效果。增重剂与离子载体联用效果最大。在埋植增重剂情况下，饲料中添加拉沙里菌素、莫能菌素、阿伏霉素等，可显著提高日增重。离子载体影响瘤胃消化终产物，加强反刍家畜消化过程，提高能量形成。但这类饲料添加剂不能在放牧场投喂。三是增重剂的种类、剂量及施药途径。不同种类的增重剂应用效果有很大差异，即便是同一种增重剂，剂量不同，其作用效果也不一样。剂量过小，达不到增重的目的；剂量过大，增重效果也不一定大，而且还会增加家畜体组织中激素及其代谢物的残留量。四是重复埋植。诸多试验证明，重复埋植可延长增重剂的利用时间，进一步提高其增重效果。维来柯等用肉用牛在屠宰前4周和8周重复埋植醋酸三烯去甲睾酮，结果比一次埋植提高了5.98%。

【注意】 肉牛属反刍动物，应该以粗饲料为主。给肉牛饲喂含很多精饲料的日粮，常常致使肉牛发生消化机能紊乱疾病。肉牛日粮中粗饲料所占份额通常不应少于60%。在充分利用现有粗饲料资源的前提下，结合实际种植牧草，提高粗饲料质量；或是晒成干草、加工成草粉混入饲料中，减少精饲料用量，提高饲料利用率。

第三节 奶牛的饲养管理

一 犊牛的饲养管理

奶牛犊牛期进行分期饲养，对奶牛成年体型的形成、采食粗饲料的能力以及成年后的产乳和繁殖能力都有极其重要的影响。

1. 新生犊牛护理

（1）清除黏液 犊牛出生后，立即用清洁的软布擦净鼻腔、口腔及其周围的黏液。对于倒生的犊牛，如果已经停止呼吸，则应尽快两人合作，抓住犊牛后肢将其倒提起来，拍打胸部、脊背，以便把吸到气管里的胎水咳出，使其恢复正常呼吸。随后，让母牛舔舐犊牛3~10分钟（根据季节决定，一般夏季时间长一些，冬季时间短一些），以利于犊牛体表干燥和母牛排出胎衣；然后，把犊牛被毛上的黏液清除干净。

（2）脐带消毒 在离犊牛腹部约10厘米处握紧脐带，用大拇指

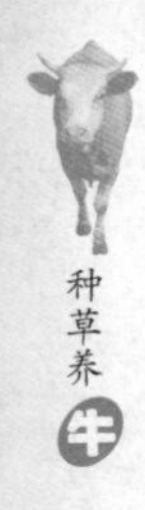

和食指用力揉搓脐带1~2分钟，然后，用消毒的剪刀在经揉搓部位远离腹部的一侧把脐带剪断，无须包扎或结扎，用5%的碘酊浸泡脐带断口消毒。

（3）母犊隔离与哺食初乳 犊牛出生后，应尽快将犊牛与母牛隔离，使其不再与母牛同圈，以免母牛认犊之后不利于挤奶。母牛分娩后，应尽早挤奶，保证犊牛在出生后较短的时间内能吃到初乳。如果母牛没有初乳或初乳受到污染，可用其他产犊日期相近母牛的初乳代替，也可用冷冻或发酵保存的健康牛初乳代替。

犊牛第一次饲喂初乳的时间应在生后1小时以内，喂量一般为1.5~2千克，约占体重的5%，不能太多，否则会引起犊牛消化机能紊乱。第二次饲喂初乳的时间一般在出生后6~9小时。初乳每天喂3~4次，每天喂量一般不超过体重的8%~10%，饲喂4~5天；然后，逐步改为饲喂常乳，每天喂3次。初乳最好即挤即喂，以保持乳温。适宜的初乳温度为38℃±1℃。如果饲喂冷冻保存的初乳或已经降温的初乳，则应加热到38℃左右再饲喂。初乳的温度过低会引起犊牛胃肠消化机能紊乱，导致腹泻。初乳加热最好采用水浴加热，加热温度不能过高。过高的初乳温度会使初乳中的免疫球蛋白变性而失去作用，同时还容易使犊牛患口腔炎、胃肠炎。饲喂发酵初乳时，在初乳中加入少量（碳酸氢钠），可提高犊牛对初乳中抗体的吸收率。犊牛每次哺乳1~2小时后，应喂35~38℃的温开水1次，防止犊牛因渴饮尿而发病。

2. 哺乳期犊牛的饲养

哺乳期内犊牛可完全以混合乳作为日粮。但由于大量哺喂常乳成本高、投入大，现代化的规模牛场多采用代乳品代替部分或全部常乳。特别是对用于肥育的奶公犊，普遍采用代乳料替代常乳饲喂。饲喂天然初乳或人工初乳的犊牛，在初生期的后期即可开始用常乳或代乳料逐步替代初乳。4~7日龄即可开始补饲优质青干草，7~10日龄可开始补饲精饲料，20日龄以后可开始饲喂优质青绿多汁饲料。在更换乳品时，要有4~5天的过渡期。补饲饲料时要由少到多。对于体质较弱的犊牛，应饲喂一段时间的常乳后再饲喂代乳品。

（1）哺乳量 犊牛哺乳期的长短和哺乳量，因培育方向、所处的环境条件、饲养条件不同，各地不尽相同。大多奶牛场采用哺乳期2个月左右，一般全期哺乳量300千克左右。标准规模化的奶牛场，哺乳期为45～60天，哺乳量为200～250千克。

> ⚠【注意】 传统的哺喂方案，哺喂期长达5～6月龄，哺乳量达到600～800千克。虽然犊牛增重较快，但对犊牛消化器官发育不利，而且加大了犊牛培育成本。

常乳喂量1～4周龄约为体重的10%，5～6周龄约为体重的10%～12%，7～8周龄约为体重的8%～10%，8周龄后逐步减少喂量，直至断奶。对采用4～6周龄早期断奶的母犊，断奶前喂量为体重的10%。如果使用代乳品，则喂量应根据产品标签说明确定。使用代乳品时，由于对质量要求高，加上代乳品配制技术和工艺比较复杂，最好购买质量可靠厂家生产的代乳品。

（2）犊牛的饲喂 饲喂牛乳或代乳品时，必须做到定质、定时、定温、定人。定质即要求必须保证常乳和代乳品的质量，变质的乳品会导致犊牛腹泻或中毒。低质量的乳品不能为犊牛提供所需要的必需养分，会导致犊牛生长发育缓慢、患病甚至死亡。定时即每天的饲喂时间要求相对固定，同时两次饲喂应保持一个合适的时间间隔。这样既有利于犊牛形成稳定的消化酶分泌规律，又可避免犊牛因时间间隔过长而暴饮或时间过短而使吃进的乳来不及消化造成消化不良。哺乳期一般日喂两次，间隔8小时。定温即要保证饲喂乳品的温度，牛乳的饲喂温度和加温方法应与初乳饲喂时一样。定人即固定饲养人员，以减少应激和意外发生。经常更换饲养员，会使犊牛出现拒食或采食量下降等情况，同时还不利于犊牛疾病或异常情况的及时发现。

（3）早期补料 早期补饲干草的时间可以提前至出生后7～10天，10～15日龄开始补喂少量精饲料，20日龄以后可开始饲喂优质青绿多汁饲料。

干草补饲时可直接饲喂，但要保证质量，应以优质豆科和禾本科牧草为主。精饲料补饲时必须先进行调教，开始每天给10～20克，以后逐渐增加喂量。

【提示】 诱导方法：首先，将精饲料用温水调制成糊状，加入少量牛奶、糖蜜或其他适口性好的饲料，在犊牛鼻镜、嘴唇上少量涂抹，或直接将少量精饲料放入奶桶底使其自然舔食，大约3~5天犊牛适应采食后，即可在犊牛旁边设置料盘，将精饲料放入其中任其舔食。

对采用60日龄左右断奶的犊牛，到30日龄时每天精饲料采食量应达到0.5千克左右，60日龄时采食量应达到1千克以上。这是早期断奶成功的关键。

精饲料参考配方：玉米50%~55%、豆饼25%~30%、麸皮10%~15%、糖蜜3%~5%、酵母粉2%~3%、食盐1%、矿物质元素1%、磷酸氢钙1%~2%。在配制好的精饲料中，添加维生素A 1320微克/千克、维生素D 174微克/千克，并适当添加B族维生素、抗生素（如新霉素、金霉素）、驱虫药。

【注意】 饲喂犊牛的青绿多汁饲料，如胡萝卜、甜菜等，应提前切碎。青贮饲料应保证质量，不能饲喂发霉、变质、冰冻的饲料。

3. 断奶期犊牛的饲养管理

断奶期是指母犊从断奶至6月龄之间的时期。

（1）加强饲养 断奶后，犊牛继续饲喂断奶前的精、粗饲料。随着月龄的增长，应逐渐增加精饲料喂量。至3~4月龄时，精饲料喂量增加到每天1.5~2千克。同时，选择优质干草，如苜蓿草供犊牛自由采食。4月龄前，尽量少喂或不喂青绿多汁饲料和青贮饲料。3~4月龄以后，可改为饲喂育成牛精饲料。母犊牛应以日增重650克以上的速度生长，4月龄体重达110千克，6月龄体重达170千克以上比较理想。

【提示】 很多犊牛断奶后1~2周内会出现断奶应激，表现消瘦、被毛凌乱、毛没有光泽等症状及增重较低，此时不必担心，当犊牛逐渐适应全植物饲料后，饲料采食量增加，很快就会恢复。

（2）精细管理 断奶后的犊牛，除刚断奶时需要特别精心的管理外，以后随着犊牛的长大，对管理的要求相对降低。

断奶后的母犊，如果原来是单圈饲养，则需要合群，如果原来是混合饲养，则需要分群。合理分群可以方便饲养，避免个体差异太大造成采食不均。合群与分群的原则一样，即月龄和体重相近的犊牛分为一群，每群 10~15 头。

犊牛一般采取散放饲养，自由采食，自由饮水，但应保证饮水和饲料的新鲜、清洁卫生。注意保持牛舍清洁、干燥，定期消毒。每天保证犊牛不少于两小时的户外运动。夏天要避开中午太阳强烈的时候；冬天要避开阴冷天气，最好利用中午较暖和的时间进行户外运动。

每月称重，并做好记录，对生长发育缓慢的犊牛要找出原因。同时，定期测定体尺，根据体尺和体重来评定犊牛生长发育的好坏。目前已有研究认为，体高比体重对后备母牛初次产奶量的影响更大。荷斯坦母犊 3 月龄的理想体高为 92 厘米，体况评分 2.2 以上；6 月龄的理想体高为 102~105 厘米，胸围 124 厘米，体况评分 2.3 以上，体重 170 千克左右。

二 育成牛的饲养管理

育成牛指牛出生后 6 个月至约 24 个月第一次产犊前的牛。育成牛的培育任务是保证母牛正常的生长发育和适时配种。

犊牛在断奶之后，就转入育成牛舍，育成牛正处于剧烈的生长发育阶段，这一时期的培育和生产性能有极大关系。因此，对这一阶段的育成牛，必须按不同年龄发育特点和所需营养物质进行正确的饲养。

1. 6~12 月龄饲养

育成母牛由 6 月龄至 12 月龄是性成熟期。在此时期，其性器官和第二性征发育很快，体躯向高度和长度方向急剧生长。同时，其前胃已发育相当完善，容积扩大 1 倍左右。因此，在饲养上要求供给足够的营养物质；同时，所喂饲料还必须有一定的容积，以刺激前胃的发育。除给予优良的牧草、干草、多汁饲料外，还必须适当补充一些精饲料。从 9~10 月龄开始，可掺喂一些秸秆和谷糠类饲料，其分量约占粗饲料的30%～40%。饲喂方案为：6～8月龄，混合精饲料2千克（配方：玉米54%、麸皮28%、豆粕15%、磷酸氢钙2%、食盐1%）、干草0.5千克、青贮料10.8千克；9～10月龄，混合精饲料2.3千克、干草1.4千克、青贮料11千克；11～12月龄，混合精饲料2.5千克、干草2千克、青贮料11.5千克。

【注意】 此期不宜增重过快，应控制能量饲料的喂量，以免大量脂肪沉积于乳房，影响乳腺组织的发育，致使成年后产奶性能低下。12月龄的理想体重为300千克（日增重600克）。

2. 12～16月龄饲养

育成母牛从12～16月龄，消化器官更加扩大。为了促进其消化器官的生长，其日粮应以粗饲料和多汁饲料为主，比例约占日粮总量的75%，其余25%为混合精饲料，以补充能量和蛋白质。饲喂方案为：13～14月龄，混合精饲料3千克（配方：玉米46%、麸皮31%、豆粕20%、磷酸氢钙2%、食盐1%）、干草2.5千克、青贮料12～14千克、糟渣类2.5千克；15～16月龄，混合精饲料2.5千克、干草3千克、青贮料13～16千克、糟渣类3.3千克。

【注意】 此期对粗纤维的消化能力较强，可大量利用粗饲料促进育成牛乳腺和性器官发育，日粮中应适量增加青贮、青绿多汁饲料的喂量。

3. 育成牛的管理

犊牛满6月龄转入育成牛舍时，公母应分群饲养；加强刷拭，每天至少刷拭1～2次，每次5分钟；运动对于育成牛更为重要，育成牛在舍饲期，每天至少要进行2小时以上的驱赶运动。此外，在晴天时还要让育成牛在运动场内自由运动和呼吸新鲜空气及接受日光的照射。因日光中的紫外线能使动物皮肤中的麦角固醇转变为维生素D_3，而维生素D又是动物吸收钙质和促进骨骼生长的重要营养物质；为了掌握育成牛生长发育情况，应在6月龄、12月龄及配种前进行体尺、体重测定，并记录入档。当育成牛长到14～16月龄，体重达到成年体重的65%～70%时，应及时配种。

> 【注意】 育成牛的乳房按摩对培育高产奶牛十分重要，对6～18月龄的育成牛每天按摩一次乳房，每次按摩先用热毛巾擦洗乳房，然后用双手从乳房两侧轻轻进行按摩，最后再用两手轮换握擦4个乳头，全过程需要3～4分钟。

三 青年牛的饲养管理

青年牛指14～16月龄配种妊娠后到产犊前的母牛。饲养目标是在23～25月龄初产时，体重达到540～620千克，并顺利完成第一个犊牛的生产。

母牛妊娠初期，营养需要与配种前相近，应以品质优良干草、青草、青贮饲料和块根类饲料作为基础饲料。这些饲料在日粮中所占比重要更大，精饲料可以减少饲喂量甚至不喂。妊娠后期应逐渐增加精饲料比例，满足胎儿后期发育需要，日喂量可达2～3千克。

> 【注意】 青年牛由于怀有胎儿，因此在整个妊娠期间都要注意饲草饲料的质量和日粮的平衡。尤其是不能饲喂发霉变质和冰冻的饲料。治疗用药也要考虑是否会引起流产。

育成母牛交配受胎后，特别是在妊娠后期（5～6个月以后），由于这时乳房组织正处于高度的发育阶段，为了促进育成牛乳房的发育，除给予良好的全价营养外，还要采取乳房按摩的方法，对促进乳腺组织的发育具有良好的效果（18月龄以上每天按摩两次，产前1～2个月停止按摩）。

青年牛的保胎工作非常重要，在妊娠后期应单独分区饲养管理，以免被其他牛顶伤或导致流产。初次怀胎的母牛，未必像经产母牛那样温顺，因此，管理上必须非常耐心，并经常通过刷拭、按摩等与之接触，使之养成温顺习性，以适应产后管理。

> 【提示】 切记初孕牛妊娠前2个月应转入干奶牛舍。

四 成年奶牛的饲养管理

1. 干奶牛的饲养管理

干奶牛是指妊娠母牛在产前60天左右采用人为方法停止泌乳的奶牛。奶牛经过长期的泌乳，随着胎儿的生长，体内消耗了许多营养物质，需要一段时间停止泌乳，以弥补母牛体内养分的损失，使胎儿很好地生长发育，恢复瘤胃机能和维持奶牛健康，使乳腺组织得到修复和更新，为下一个泌乳期做准备。

（1）干奶前的准备工作

① 体况评分。干奶前1~2个月，应做一次体况评分，对不符合标准的瘦牛和肥牛，通过调整日粮结构、调群（如肥牛调至低产群、瘦牛调至高产群）以及增减挤奶次数等措施，在干奶时达到理想膘度，使进入干奶期的母牛只承担胎儿增重一项任务，而不用承担胎儿增重和母体自身增重双重任务。

② 妊娠检查。正式干奶前，再做一次妊娠检查。确保已妊娠才能进行干奶，以防止妊娠后流产的空怀牛混入。并仔细核对配种日期、预产日期和预干奶期是否吻合。干奶前10天，对预干奶牛做隐性乳腺炎的检测，对阳性牛采用不含抗生素的中草药治疗，治愈后方可干奶。

（2）干奶天数　干奶期长短可因奶牛的年龄、膘情、产奶量高低而有一定的伸缩性，一般为60天（范围50~70天）。干奶期过长会影响本泌乳期的产奶量，使牛体过肥，易引起某些疾病。干奶期如果过短，牛体得不到充分的休息调整，不仅影响健康状况，而且严重影响下一泌乳期的产奶量。一般情况下，高产牛、老龄牛、体弱牛、初配牛可适当延长到70~75天左右。第一、第二胎若不进行干奶，则第二和第三泌乳期产奶量分别是第一泌乳期的75%、62%。干奶期20~40天的与60天的相比，前者的下一泌乳期产奶量减少450~680千克。

青年牛临产前60天，按干奶牛的营养需要标准饲喂，如有条件，最好与经产干奶牛群分开，单独组群饲养。

（3）干奶方法

① 逐渐干奶法。用1~2周的时间使牛停止泌乳。一般采用减少

青草、块根、块茎等多汁饲料的喂量，限制饮水，减少精饲料的喂量，增加干草喂量、增加运动和停止按摩乳房，改变挤奶时间和挤奶次数，打乱牛的生活习性。挤奶次数由3次逐渐减少到1次，最后迫使奶牛停奶。这种方法一般用于高产牛。

② 快速干奶法。在5~7天内使牛停止泌乳。采用停喂多汁料，减少精饲料喂量，以青干草为主，控制饮水，加强运动，使其生活规律完全被打破。在停奶的第一天，由3次挤奶改为2次，第二天改为1次。当日产奶量下降到5~8千克时，方可停止挤奶。该法适用于中、低产牛。

③ 骤然干奶法。在预定干奶日突然停止挤奶，依靠乳房的内压减少泌乳，最后干奶。一般经过3~5天，乳房的乳汁逐渐被吸收，约10天乳房收缩变松软。对高产牛，应在停奶后的1周再挤1次，挤净奶后注入抗生素，封闭乳头；或用其他干奶药剂注入乳头并封闭。

【提示】 无论采用哪种干奶法，都应观察乳房情况，发现乳房肿胀变硬，奶牛烦躁不安，就应把奶挤出，重新干奶；如果乳房有炎症，就应及时治疗，待炎症消失后，再进行干奶。

（4）干奶过程的护理

① 药浴。泌乳后期由于乳汁中抗炎因子的减少或消失，极易引起乳房炎症，干奶后7~10天，每天仍应两次药浴乳头，还要每天观察一次乳房状态。有的牛在干奶后2~3天乳房体积可能比干奶前大，只要未出现红、肿、热、痛的炎性反应就不必介意。不要轻易乱摸，更不能轻易用挤奶的办法来判断是否乳房感染了。在最后1次挤奶后，可向乳房内注入油剂抗生素或专用的干奶剂。油剂抗生素的制备：利用食用花生油，经灭菌后冷却，再搅入青霉素320万单位，链霉素200万单位，由乳头孔向每个乳区各注入10毫升。

② 注意观察乳房的变化。正常情况下，停止挤奶后的7~10天内，泌乳功能基本停止，乳房逐渐发生萎缩，因而看到乳房基底部空虚松弛，残存在乳房内的少量乳汁被吸收，整个乳房进一步萎缩。当干奶后1周左右乳房不仅不萎缩反而肿胀发红，触诊有疼痛反映

时应当引起注意。

（5）干奶牛的饲养

① 干奶前期的饲喂。干奶前期奶牛指分娩前21天至60天的奶牛。干奶前期奶牛消耗的干物质预计占体重的1.8%～2.0%（650千克的奶牛约消耗干物质11.5～13千克）。应给干奶前期奶牛饲喂含粗蛋白质11%～12%，低钙（≤0.7%）、低磷（≤0.15%）含量的禾本科长秆干草。给干奶牛饲喂优质矿物质，硒、维生素E的日饲喂量应分别达到4～6毫克/头及500～1000国际单位/头。

单一的玉米青贮因能量太高，并不是干奶前期奶牛的理想草料。如果必须饲喂玉米青贮（含35%干物质），则应将饲喂量限制在5～7千克湿重（约2～2.5千克干重），防止采食玉米青贮的干奶牛发生肥胖牛综合征。给干奶牛饲喂精饲料及（或）玉米青贮，可能会引发皱胃移位。

限制玉米青贮的用量，有助于调节干奶牛日粮中的钙、钾及蛋白质水平，有利于瘦干奶牛的饲喂。豆科低水分青贮料本身不是干奶前期奶牛理想的草料。如果必须饲喂低水分青贮料（含干物质45%），则应将饲喂量限制在3～5千克湿重（约1.5～2千克干重）。不要给干奶牛饲喂发霉干草（或饲料），霉菌能降低奶牛免疫系统的抗病力，采食发霉饲料的干奶牛较易发生乳腺炎。

② 干奶末期的饲喂。干奶末期奶牛指分娩前21天以内的奶牛。与干奶前期的奶牛相比，干奶末期奶牛的采食总量下降15%（即一头650千克奶牛的干物质摄入量减少10～11千克），干奶末期奶牛的干物质采食量为体重的1.5%～1.7%。干奶牛在分娩前2～3周的干物质摄入量估计每周下降5%，在分娩前3～5天内，最多可下降30%。此时期的饲喂应注意如下几点：

一是应仔细地计算干奶末期奶牛的钙摄入量，以防发生产后瘫痪。即使是无明显临床症状的产后瘫痪，也可能引起许多其他的代谢问题。对草料及饲料进行挑选，以使钙的总供应量为100克或以下。磷的日供应量为45～50克（日粮干物质含磷量低于0.35%）。钙磷比保持在2∶1或更低。限制苜蓿草的用量，以防产后瘫痪。这是因为苜蓿含钙量太高，通过采食苜蓿，奶牛对钙的日摄入量可能超过100克/头。

二是使干奶末期奶牛适应采食泌乳日粮的基础草料。这一阶段使用玉米青贮及（或）低水分青贮料，不提倡给干奶末期奶牛饲喂泌乳期全混合日粮，因为可能引起奶牛过量采食钙、磷、食盐及（或）碳酸氢盐。也不要给干奶末期奶牛饲喂碳酸氢钠。饲喂干奶末期奶牛专用全混合日粮，可以确保在干物质摄入量发生剧烈波动时，粗、精饲料比例仍保持固定。

三是饲喂阴离子盐。钙的摄入量可增加到每头每天150~180克（增加采食含钙1.5%~1.9%的日粮8~11千克）。饲喂阴离子盐能有效降低产后瘫痪的发病率。

四是给干奶末期奶牛饲喂全谷物日粮，而给新产牛饲喂精饲料。这样能使瘤胃（包括瘤胃壁及瘤胃菌群）适应分娩后所喂的高谷物日粮。

五是对于体况良好的奶牛，谷物的饲喂量可高达体重的0.5%（每头每天3~3.5千克），对于非最佳体况的奶牛，谷物的饲喂量最多占体重的0.75%（每头每天4.5~5千克）。精饲料的饲喂量限制在干奶末期奶牛日粮干物质的50%，或者最多饲喂每头每天5千克。

六是密集饲养的奶牛的日粮能量浓度应为泌乳净能5.06兆焦/千克，但对于冬季在户外的奶牛，其日粮能量浓度应增至泌乳净能5.98兆焦/千克，良好通风对于保持奶牛舒适十分重要，但应注意防止奶牛受凉。奶牛的适宜温度为8~18℃，低于适宜温度则会耗费日粮能量。

七是干奶牛在干奶期，尤其在分娩前最后10~14天，不应减轻体重。在此阶段减轻体重的奶牛，其肝脏会过度积累脂肪，出现脂肪肝综合征。

> 【提示】 干奶期奶牛的体况最好保持在3~3.25分。过肥的牛，难产率和代谢病增加，产后食欲下降，采食量少，掉膘快。

（6）干奶牛的管理

① 给予适当的运动。给予奶牛适当的运动，能使之保持良好体

况。避免牛体过肥，以减少分娩困难、乳腺炎、腿部疾病、便秘等情况的发生。

② 始终做到分槽饲喂干奶牛。干奶牛与其他奶牛同槽采食时，因竞争力差，会限制其在干奶期这一关键时期的采食量，从而增加发生代谢问题的概率。干奶期饲料品种不要突变，以免打乱和导致干奶牛采食量的降低。

③ 控制增重。将瘦干奶牛的增重率限制在每天0.45千克，应饲喂2～5千克含水量14%谷物的混合日粮（最多占体重的0.75%）及低钙禾本科干草，并提供足量的钙、磷、维生素E和硒。

④ 保胎，防止流产。孕畜要与公畜分开，要与大群产奶牛分养，禁喂霜冻霉变饲料。冬季饮水不能低于10～20℃，在酷热多湿的夏季，应将牛置于阴凉通风的环境里，必要时可提高日粮的营养浓度。

⑤ 注重保健。加强牛体卫生，保持皮肤清洁；对干奶牛要每天进行乳房按摩，促进乳腺发育，在干奶后10天到产前10天这一期间进行。

2. 围产期奶牛的饲养管理

围产期奶牛是指分娩前后各15天以内的母牛。分娩前的15天称围产前期，分娩后的15天称围产后期。根据奶牛阶段饲养理论和实践，划分这一阶段对增进临产前母牛、胎犊、分娩后母牛以及断奶犊牛的健康极为重要。实践证明，围产期母牛比泌乳中期和后期母牛发病率均高，成年母牛死亡有70%～80%发生在这一时期，所以这个阶段的饲养管理应以保健为中心。

（1）临产前母牛的饲养管理 临产前母牛的生殖器官最易感染病菌。为减少病菌感染，母牛产前7～14天应转入产房。产房必须事先用2%氢氧化钠水喷洒消毒，然后铺上清洁干燥的垫草，并建立常规的消毒制度。母牛进产房前，工作人员必须填写入产房通知单，并进行卫生处理，母牛后躯和外阴部应用2%～3%来苏儿溶液洗刷，然后用毛巾擦干。

产房工作人员进出产房要穿清洁的外衣，用消毒液洗手。产房入口处设消毒池，进行鞋底消毒。产房昼夜应有人值班。发现母牛有临产征兆——表现腹痛、不安、频频起卧，即用0.1%高锰酸钾液擦洗生殖道外部。产房要经常备有消毒药品、毛巾和接产用器具等。

临产前母牛饲养应采取以优质干草为主，逐渐增加精饲料的方法，对体弱临产牛可适当增加喂量，对过肥临产牛可适当减少喂量。临产前7天的母牛，可酌情多喂些精饲料，其喂量也应逐渐增加，最大喂量不宜超过母牛体重的1%。这有助于母牛适应产后大量挤乳和采食的变化。但对产前乳房严重水肿的母牛，则不宜多喂精饲料。临产前15天以内的母牛，除减喂食盐外，还应饲喂低钙日粮，其钙含量减至平时喂量的1/2～1/3，或钙在日粮干物质中的比例降至0.2%。

> ⚠【注意】 临产前2～8天内，精饲料中可适当增加麸皮含量，以防止母牛发生便秘。

（2）母牛分娩期护理 舒适的分娩环境和正确的接生技术对母牛护理和犊牛健康是极为重要的。母牛分娩时必须保持安静，并尽量使其自然分娩。一般从阵痛开始约需1～4小时，犊牛即可顺利产出。如果发现异常，应请兽医助产。母牛分娩应使其左侧躺卧，以免胎儿受瘤胃压迫，造成产出困难，母牛分娩后应尽早驱使其站起。母牛分娩后体力消耗很大，应使其安静休息，并饮喂温热麸皮盐钙汤10～20千克（麸皮500克、食盐50克、碳酸钙50克），以利母牛恢复体力和胎衣排出。

母牛分娩过程中的卫生状况与产后生殖道感染有很大的关系。母牛分娩后，必须把它的两肋、乳房、腹部、后躯和尾部等污脏部分用温水洗净，用干净的干草全部擦干，并把玷污的垫草和粪便清除出去，地面消毒后铺以厚的干垫草。母牛产后，一般1～8小时内胎衣排出。排出后，要及时清除并用来苏儿水清洗外阴部。母牛产后应天天用1%～2%的来苏儿水洗刷后躯，特别是臀部、尾部、外阴部，要将恶露彻底洗净，以免生殖道感染。

为了使母牛恶露排净和产后子宫早日恢复，还应喂饮温热的益母草红糖水，每天一次，连服2～3次。犊牛产后一般30～60分钟即可站起，并寻找乳头哺乳，所以这时应开始给母牛挤乳。挤乳前挤乳员要用温水和肥皂洗手，另用一桶温水洗净乳房。用新挤出的初

乳哺喂犊牛。母牛产后头几次挤乳，不可挤得过净，一般挤出量为估计量的1/3即可。

【小知识】 益母草红糖水制备：益母草粉250克，加水1500克，煎成水剂后，加红糖1千克和水8千克，饮时温度最好在40～50℃。

母牛在分娩过程中是否发生难产、助产的情况、胎衣排出的时间、恶露排出情况以及分娩母牛的体况等，均应详细进行记录。

（3）母牛产后15天内的饲养管理 为减轻产后母牛乳腺机能的活动并考虑母牛产后消化机能较弱的特点，母牛产后2天内应以优质干草为主，同时补喂易消化的精饲料，如玉米、麸皮，并适当增加钙在日粮中的水平（由产前占日粮干物质的0.2%增加到0.6%）和食盐的含量。对产后3～4天的母牛，如食欲良好、健康、粪便正常、乳房水肿消失，则可随其产乳量的增加，逐渐增加精饲料和青贮喂量。实践证明，每天精饲料增加量以0.5～1千克为宜。

产后一周内的母牛，不宜饮用冷水，以免引起胃肠炎，所以应坚持饮温水，水温应为37～38℃，一周后可降至常温。为了促进食欲，应尽量多饮水，但对乳房水肿严重的乳牛，饮水量应适当减少。母牛产后，产乳机能迅速增加，代谢旺盛，因此常发生代谢紊乱而患酮病和其他代谢疾病。这期间要严禁过早催乳，以免引起体况的迅速下降而导致代谢失调。在产后15天或更长一段时间内，饲养应当以尽快促使母牛恢复健康为原则。

挤乳过程中，一定要遵守挤乳操作规程，保持乳房卫生，以免诱发细菌感染而患乳腺炎。

3. 泌乳盛期奶牛的饲养管理

（1）生理特性和管理目标 奶牛分娩后第16～100天称泌乳盛期，此间，因分娩而带来的特殊生理状态已基本消除，此时食欲正常、体质恢复、恶露排净、子宫复原、乳房消肿，在生理上做好了大量泌乳的准备。此阶段在生产上有两个重点：一是这80多天的泌乳量占全期奶量的50%，且泌乳高峰期的产奶量每增加1千克，全期奶量就可增加200～250千克；二是减缓（少）能量负平衡，借以保证奶牛机体健康和正常繁殖。

【小常识】 有关奶牛能量负平衡问题。通常泌乳高峰期出现在产后4~8周，而采食量的高峰期则要延至产后10~14周。两个高峰期不是同时出现，而是产生6周的时间差，此时间段因采食受限，通过饲养供应的能量满足不了泌乳的需要，而只得动用体内脂肪转化为能量供给泌乳。体内脂肪的损失，使机体逐渐消瘦，这期间被称为能量负平衡阶段。能量负平衡是必然的，产后体重不下降的奶牛，往往就是低产牛。如饲养得当，此间体重会下降35~55千克，体况评分下降0.5~1分，且体况评分能保持在2.5分以上，最多不会低于2分。若饲养不当，体重将会下降90千克以上。解决能量负平衡的有效措施是补充过瘤胃脂肪。

（2）营养和饲喂

① 根据产奶量和乳脂率、乳蛋白率，参照饲养标准配制日粮。按照下列标准配制日粮：干物采食量逐步由占体重的3%上升到3.5%，甚至达到4%；每千克日粮干物含NND（奶牛能量单位）2.3~2.4、粗蛋白质（CP）占日粮干物的15%~17%、钙占日粮干物的0.7%、磷占0.38%~0.45%；精粗比为50∶50，最高比例为60∶40；每产2.5千克奶喂给1千克精饲料；粗纤维（CF）占15%，最低不少于13%，最好达到17%；NDF（中性洗涤纤维）占28%~30%；ADF（酸性洗涤纤维）占19%~20%；粗饲料中应有50%的饲料长度在2.6厘米以上，以保证有效反刍。此外还要按需要供给足量的微量元素和脂溶性维生素。

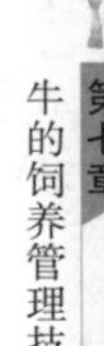

② 供给预支饲料。为促使母牛多产奶、充分发挥产奶潜力，日粮营养标准在泌乳早期要高出15%左右，高出的部分叫预支饲料。预支饲料一般是谷物精饲料，即在正常标准的基础上，再额外增加1~2千克精饲料，直到产奶高峰期出现。奶量不再增加时，再恢复至正常饲养标准。供给预支饲料时，需密切注意奶牛的食欲和粪便状况（不得出现恶臭和过稀的现象），灵活掌握预支饲料的增喂速度。

③ 饲喂营养丰富、消化率高、增奶效果明显的饲料。苜蓿是牧草之王，在显蕾、初花期收割的苜蓿干草，蛋白质含量高达20%以上，且矿物质钙、微量元素和维生素均非常丰富，还含有泌乳、生长的未知因子；啤酒糟营养丰富、粗纤维消化率高、过瘤胃蛋白多且含有泌乳的未知因子，升奶效果明显（用8千克鲜啤酒糟代替6千克全株玉米青贮后，平均每头每日增奶0.35千克）；甜菜粕的粗纤维消化率高达80%，虽属粗饲料，但也可视为能量饲料，1千克甜菜粕可替代0.8千克玉米，是升奶效果明显的另一种优质饲料。

④ 增加饲喂次数。为保持瘤胃微生物的正常活动，促进营养物质的消化吸收，可将精饲料分多次饲喂（6~8次），粗料则每天喂3次或自由采食。

⑤ 补充过瘤胃物质。一是加喂缓冲剂。高产牛一般日喂碳酸氢钠120克~200克、氧化镁40~80克，借以中和精饲料发酵所产生的过多的有机酸。二是饲喂过瘤胃脂肪。目的是既不影响负担繁重的瘤胃及其微生物的正常功能，又能增加能量的吸收。它是在小肠内消化吸收，减轻了瘤胃的负担。常用脂肪酸钙，一般喂量300~400克效果最佳，达500克时效果欠佳。它的主要功能是缓解能量负平衡。三是饲喂整粒棉籽和整粒大豆。它们含有较高的过瘤胃脂肪和过瘤胃蛋白，对缓解能量负平衡的作用仅次于脂肪酸钙，且价格便宜。

⑥ 保证清洁、充足的饮水，冬季水温尽量达到15℃左右。

（3）管理

① 细心护理。人牛亲和，夏防暑、冬防寒；合理分群，减少密度，防止以强欺弱；卧床多铺垫料以增加奶牛舒适度，保证充分的休息时间；大型牧场可在牛舍生活区和待挤厅安装自动牛体刷以克服人工每天刷拭牛体的困难。适当进行运动。

② 增加挤奶次数。提倡每日挤2次奶，以便减少人为干扰，增加奶牛的休息时间。2次挤奶可延长泌乳高峰期的持续时间，使泌乳曲线平稳，缓解能量负平衡。

③ 及时配种。一般奶牛产后1个月左右生殖道基本康复，随之开始发情。此时应详细做好记录，在随后的1~2个发情期内抓紧配

种。对产后45～60天尚未出现发情症候的奶牛，应及时进行健康、营养和生殖道系统检查，发现问题，尽早解决。

④ 疾病预防。一是预防瘤胃酸中毒。确保日粮精粗比例，保证一定量的青干草，添加缓冲剂等。二是预防奶牛发情延迟，安静发情增多，受胎率降低。可增加能量和蛋白质的摄入量，并使二者的比例保持一定水平，保证日粮中足够的维生素和微量元素。

4. 泌乳中期奶牛的饲养管理

泌乳中期指产后101～200天。这个时期，母牛食欲旺盛，采食量达到高峰，奶牛处于妊娠早期或中期，体质已经恢复，体重开始增加，发病机会减少，是稳定高产的良好时机。

(1) 管理目标　确保奶牛自身和瘤胃健康，恢复体膘。产奶量尽量稳定在高峰产量或减缓产奶量下降速度，一般每10天下降3%以下，高产奶牛不超过2%，产奶量力争达到全泌乳期产奶量的30%～35%。

(2) 饲养管理要点　根据产奶量高低、体况胖瘦、胎次、妊娠时间长短，并结合本场牛群的实际情况进行分群。精饲料喂量以“料跟着奶走”为原则，即随着产奶量的下降而逐渐减少精饲料的喂量。日粮营养浓度逐渐降低，保持日粮组成相对稳定，供给充足的饮水，保证足够的运动，保证正确的挤奶方法和乳房按摩。

泌乳中期，日粮干物质占体重3%～3.2%，每千克饲料干物质NND 2.13个，蛋白质为13%，钙为0.45%，磷为0.4%，粗精比为40∶60，粗纤维含量不少于17%。

【注意】 为防止产奶量过快下降，在精粗比合理的情况下，适当保持精饲料的喂量，增加饲喂次数，提高干物质进食量，保持能量和蛋白质的平衡。

5. 泌乳末期奶牛的饲养管理

泌乳末期是指奶牛泌乳中期以后至干奶期之前的一段时间，一般指产后第201天至停奶。

奶牛经过200天的大量泌乳后，体膘明显下降，应在泌乳后期适当增加饲料喂量，以恢复奶牛的体况，但同时要注意防止奶牛过

肥。据国外有关能量研究表明，在奶牛泌乳末期加强饲养、给予补饲，比等到干奶期才补饲效果更好。因此，目前国外的奶牛养殖更重视加强泌乳末期的饲养，让牛体稍有营养储积，这样当奶牛进入干奶期时，体况已基本恢复。

泌乳末期，奶牛日粮中干物质量应占其体重的3%～3.2%，其中粗蛋白质含量为12%，钙为0.45%，磷为0.35%，精饲料和粗料比例为30:70，粗纤维含量不得少于20%。此期日粮以青粗饲料为主，适当搭配精饲料即可。

第八章 牛疾病控制技术

第一节 综合防治措施

一 牛场的隔离卫生

1. 注意场址选择和规划

科学选择场址并合理规划布局，为隔离卫生奠定好的基础。

2. 加强隔离

（1）引种隔离 尽量做到自繁自养。从外地引进场内的种牛，要严格进行检疫。可以隔离饲养和观察2～3周，确认无病后，方可并入生产群。

（2）牛场隔离

① 设置隔离消毒设施。生产区最好有围墙和防疫沟，并且在围墙外种植荆棘类植物，形成防疫林带，只留人员入口、饲料入口和牛的进出口，减少与外界的直接接触；牛场大门设立车辆消毒池和人员消毒室，生产区的每栋牛舍门口必须设立消毒脚盆。严禁闲人进场，外来人员来访必须在值班室登记，把好防疫第一关。

② 采用全进全出的饲养制度。采取全进全出的饲养制度是有效防止疾病传播的措施之一。“全进全出”使得牛场能够做到净场和充分的消毒，切断了疾病传播的途径，从而避免患病牛或病原携带者将病原传染给日龄较小的牛群。

③ 加强消毒。外来车辆必须在场外经严格冲洗消毒后才能进入生活管理区，严禁任何车辆和外人进入生产区。人员必须在更衣室沐浴、更衣、换鞋，经严格消毒后方可进入。生产区生产人员经过脚盆再次消毒工作鞋后进入牛舍。饲料应由本场生产区外的饲料车运到饲料周转仓库，再由生产区内的车辆转运到每栋牛舍，严禁将饲料直接运入生产区内。生产区内的任何物品、工具（包括车辆），除特殊情况外不得离开生产区，任何物品进入生产区必须经过严格消毒，特别是饲料袋，应先经熏蒸消毒后才能装料进入生产区。场内生活区严禁饲养畜禽。尽量避免猪、狗、禽鸟进入生产区。生产区内的肉食品要由场内供给，严禁从场外带入偶蹄兽的肉类及其制品。

④ 全场工作人员禁止兼任其他畜牧场的饲养、技术工作和屠宰贩卖工作。保证生产区与外界环境有良好的隔离状态，全面预防外界病原侵入牛场内。休假返场的生产人员必须在生活管理区隔离两天后，方可进入生产区工作，牛场后勤人员应尽量避免进入生产区。

3. 保持卫生

（1）保持牛舍以及周围环境卫生　及时清理牛舍的污物、污水和垃圾，定期打扫牛舍和设备用具上的灰尘，每天进行适量通风，保持牛舍清洁卫生；不在牛舍周围和道路上堆放废弃物和垃圾。

（2）保持饲料、饲草和饮水卫生　保证饲料、饲草不霉变、不被病原污染，饲喂用具勤清洁消毒；饮用水符合卫生标准，水质良好，饮水用具要清洁，饮水系统要定期消毒。

（3）废弃物要进行无害化处理　粪便堆放要远离牛舍，最好设置专门的储粪场，对粪便进行无害化处理，如堆积发酵、生产沼气等处理。病死牛不要随意出售或乱扔乱放，防止疾病传播。

（4）防害灭鼠　昆虫可以传播疫病，因此要保持舍内干燥和清洁，夏季使用化学杀虫剂防止昆虫滋生繁殖；老鼠不仅可以传播疫病，而且可以污染和消耗大量的饲料，危害极大，必须注意灭鼠。每2～3个月进行一次彻底灭鼠。

二 科学饲养管理

1. 合理饲养

按时饲喂，饲草和饲料优质，采食足量，合理补饲，供给洁净充足的饮水。不喂霉败饲料，不饮污浊或受污染的水，剔除青干野草中的有毒植物。注意饲料的正确调制处理，妥善储藏以及适当地搭配比例，防止误食草菜茎叶上残留的农药或灭鼠药中毒。

2. 严格管理

除了做好隔离卫生和其他饲养管理外，注意提供适宜的温度、湿度、通风、光照等环境条件，避免过冷、过热、通风不良、有害气体浓度过高和噪声过大等，减少应激发生。

三 加强消毒工作

消毒是采用一定方法将养殖场、交通工具和各种被污染物体中病原微生物的数量减少到最低或无害的程度。通过消毒能够杀灭环境中的病原体，切断传播途径，防止传染病的传播与蔓延，是传染病预防措施中的一项重要内容。

1. 消毒的方法

(1) 物理消毒法 包括机械性清扫、冲洗、加热、干燥、阳光和紫外线照射等方法。如用喷灯对牛经常出入的地方、产房、培育舍，每年进行1~2次火焰瞬间喷射消毒；人员入口处设紫外线灯，照射至少5分钟才可进入等。

(2) 化学消毒法 利用化学消毒剂对病原微生物污染的场地、物品等进行消毒。如在牛舍周围、入口、产房和牛床下撒生石灰或氢氧化钠溶液进行消毒；用甲醛等将饲养器具放在密闭的室内或容器内进行熏蒸；用规定浓度的新洁尔灭、有机碘混合物或甲酚的水溶液洗手、洗工作服或胶鞋。

(3) 生物热消毒法 主要用于粪便及污物，通过堆积发酵产热来杀灭一般病原体。

2. 消毒的程序

根据消毒的类型、对象、环境温度、病原体性质以及传染病流行特点等因素，将多种消毒方法科学合理地加以组合而进行的消毒

过程称为消毒程序。

（1）人员消毒 所有工作人员进入场区大门必须进行鞋底消毒，并经自动喷雾器进行喷雾消毒。进入生产区的人员必须淋浴、更衣、换鞋、洗手，并经紫外线照射15分钟。工作服、鞋、帽等定期消毒（可放在1%~2%碱水内煮沸消毒，也可每立方米空间42毫升福尔马林熏蒸20分钟消毒）。严禁外来人员进入生产区。人员进入牛舍要先踏消毒池（消毒池的消毒液每2天更换一次），再洗手后方可进入。工作人员在接触畜群、饲料之前必须洗手，并用消毒液浸泡消毒3~5分钟。病牛隔离人员和剖检人员操作前后都要进行严格消毒。

（2）车辆消毒 进入场区大门的车辆除要经过消毒池外，还必须对车身、车底盘进行高压喷雾消毒，消毒液可用2%过氧乙酸或1%灭毒威。严禁车辆（包括员工的摩托车、自行车）进入生产区。进入生产区的饲料车每周彻底消毒一次。

（3）环境消毒

① 垃圾处理消毒。生产区的垃圾实行分类堆放，并定期收集。每逢周六进行环境清理、消毒和焚烧垃圾。可用3%的氢氧化钠喷湿，阴暗潮湿处撒生石灰。

② 生活区、办公区消毒。生活区、办公区院落或门前屋后4~10月份每7~10天消毒一次，11月至次年3月每半月一次。可用2%~3%的氢氧化钠或甲醛溶液喷洒消毒。

③ 生产区的消毒。生产区道路、每栋舍前后每2~3周消毒一次；每月对场内污水池、堆粪坑、下水道出口消毒一次；使用2%~3%的氢氧化钠或甲醛溶液喷洒消毒。

④ 地面土壤消毒。土壤表面可用10%漂白粉溶液、4%福尔马林或10%氢氧化钠溶液消毒。停放过芽孢杆菌所致传染病（如炭疽）病牛尸体的场所，应严格加以消毒，首先用上述漂白粉澄清液喷洒池面，然后将表层土壤掘起30厘米左右，撒上干漂白粉，并与土混合，将此表层土妥善运出并掩埋。其他传染病所污染的地面土壤，则可先将地面翻一下，深度约30厘米，在翻地的同时撒上干漂白粉（用量为每平方米面积0.5千克），然后以水湿润，压平。如果

放牧地区被某种病原体污染，一般利用自然因素（如阳光）来消除病原体；如果污染的面积不大，则应使用化学消毒药消毒。

（4）牛舍消毒

① 空舍消毒。牛出售或转出后对牛舍进行彻底的清洁消毒，消毒步骤如下：

清扫：首先对空舍的粪尿、污水、残料、垃圾和墙面、顶棚、水管等处的尘埃进行彻底清扫，并整理归纳舍内饲槽和用具。当发生疫情时，必须先消毒后清扫。

浸润：对地面、牛栏、出粪口、食槽、粪尿沟、风扇匣和护仔箱进行低压喷洒，并确保充分浸润，浸润时间不低于 30 分钟，但不能时间过长，以免干燥、浪费水且不好洗刷。

冲刷：使用高压冲洗机，由上至下彻底冲洗屋顶、墙壁、栏架、网床、地面和粪尿沟等。要用刷子刷洗藏污纳垢的缝隙，尤其是食槽、水槽等，冲刷不要留死角。

消毒：晾干后，选用广谱高效消毒剂，消毒牛舍内所有表面、设备和用具，必要时可选用 2%～3% 的氢氧化钠进行喷雾消毒，30～60 分钟后低压冲洗，晾干后用另外的消毒药（0.3% 好利安）喷雾消毒。

复原：恢复原来栏舍内的布置，并检查维修，做好进牛前的充分准备，并进行第二次消毒。

再消毒：进牛前 1 天再喷雾消毒，然后熏蒸消毒。对封闭牛舍冲刷干净、晾干后，用福尔马林、高锰酸钾熏蒸消毒。

【小知识】 熏蒸消毒的方法：熏蒸前封闭所有缝隙、孔洞，计算房间容积，称量好药品。按照福尔马林∶高锰酸钾∶水 2∶1∶1 比例配制，福尔马林用量一般为 28～42 毫升/立方米。容器应大于甲醛溶液加水后容积的 3～4 倍。放药时一定要把甲醛溶液倒入盛有高锰酸钾的容器内，室温最好不低于 24℃，相对湿度在 70%～80%。舍内可以放置几个容器，先从牛舍远离门的一端开始加药，加药后迅速离开，把门封严，24 小时后打开门窗通风。

② 产房和隔离舍消毒。在产犊前应进行1次，产犊高峰时进行多次，产犊结束后再进行1次。在病牛舍、隔离舍的出入口处，应放置浸有消毒液的麻袋片或草垫，消毒液可用2%～4%氢氧化钠（针对病毒性疾病），或用10%克辽林溶液（针对其他疾病）。

③ 带牛消毒。正常情况下选用过氧乙酸或喷雾灵等消毒剂，0.5%浓度以下对人畜无害。夏季每周消毒2次，春秋季每周消毒1次，冬季2周消毒1次。如果发生传染病，每天或隔日带牛消毒1次，带牛消毒前必须彻底清扫，消毒时不仅限于牛的体表，还包括整个舍的所有空间。应将喷雾器的喷头高举空中，喷嘴向上，让雾料从空中缓慢地下降，雾粒直径控制在80～120微米，压力为0.2～0.3千克/厘米^2。注意不宜选用刺激性大的药物。

(5) 废弃物消毒

① 粪便消毒。牛的粪便消毒方法主要采用生物热消毒法，即在距牛场100～200米以外的地方设一堆粪场，将牛粪堆积起来，上面覆盖10厘米厚的沙土，堆放发酵30天左右，即可用作肥料。

② 污水消毒。最常用的方法是将污水引入污水处理池，加入化学药品（如漂白粉或其他氯制剂）进行消毒，用量视污水量而定，一般1升污水用2～5克漂白粉。

四 科学的免疫接种

免疫接种是给动物接种各种免疫制剂（疫苗、类毒素及免疫血清），使动物个体和群体产生对传染性的特异性免疫力。免疫接种是预防和治疗传染病的主要手段，也是使易感动物群转化为非易感动物群的唯一手段。

1. 牛常用疫苗

见附录A。

2. 免疫接种程序

免疫接种程序是指根据一定地区、养殖场或特定动物群体内传染病的流行状况、动物健康状况和不同疫苗特性，为特定动物群体制订的免疫接种计划，包括接种疫苗的类型、顺序、时间、方法、次数、时间间隔等规程和次序。科学合理的免疫程序是获得有效免疫保护的重要保障。制定肉牛免疫程序时应充分考虑当地疫病流行情况，动物种类、年龄，母源抗体水平和饲养管理水平，以及使用疫苗的种类、性质、免疫途径等方面的因素。免疫接种程序科学与否可根据肉牛的生产力水平和疫病发生情况来评价，科学地制定一个免疫接种程序必须以抗体检测为重要参考依据。参考免疫接种程序见附录 B。

五 正确的药物防治

肉牛的用药方案见附录 C。

第二节 牛的保健

做好牛场的保健，使牛群处于健康状态，有利于提高牛的生产性能。

一 日常保健工作

1. 翔实的记录

客观、翔实的记录能真实地反映出牛群的健康状况和管理水平，是计算牛群发病率、死亡率和安排生产的重要依据。一般包括以下几个方面：

（1）犊牛情况记录 包括犊牛号、出生日期、性别、出生重量、母号、父号、免疫情况、每个月增重情况。

（2）后备母牛情况记录 包括牛号、出生日期、母号、父号、免疫情况、既往病史与治疗措施、不同月龄的体重、发情和配种情况、妊娠检查结果、预产期等。

（3）生产母牛情况的记录 母牛健康记录应与母牛生产记录相结合，除记录日产量外，还要记录配种和繁殖情况、发病情况及治疗措施。

（4）病历档案记录 不少牛场病历记录不全或很零乱，而且多数牛场只有年、月的发病头（次）数统计，但对每头牛患病的详细情况记录得不清楚。建立健全系统的病历档案，不仅是一项重要的兽医保健工作，而且也是牛场技术管理的重要内容之一，应与育种、繁殖、产奶量等档案资料一样系统详细地做好记录。

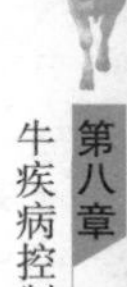

2. 兽医诊断

准确及时的兽医诊断工作对维持牛群的健康有着重要的作用。除了常规检查之外，应充分利用血清学试验、尸体剖检等实验室诊断手段。

3. 疾病监控

利用体细胞数测定仪能直接监测奶牛乳腺的健康状况，全自动生化分析仪测定血样中的一系列生化指标，辅助诊断牛的疾病，同时对代谢性疾病也有监控作用。

4. 疾病定期检查

每年春秋两次对结核、布鲁氏菌病等传染病进行检疫，并利用这两次免疫机会，在对牛群进行系统健康检查的同时，针对各个场的具体情况，对血糖、血钙、血磷、碱贮、肝功能等内容进行部分抽查。

二 围产期的保健工作

1. 首先要做好产房的消毒工作

奶牛分娩前应适时进入产房，当出现分娩预兆时，进入临产室（位），用专门的清洗、清毒溶液对其后躯及尾部进行有效消毒。

2. 掌握助产时机

一般正常分娩无须助产。当发生下列情况，如奶牛分泌期已到，临产状况明显，阵缩和努责正常，但久不见胎水流出和胎儿肢体，或胎水已破达 1 小时以上仍不见胎儿露出肢体，则应及时检查，并采取矫正胎儿措施，使其产出。如胎儿经过助产仍难产出，应及时采取剖腹术。

3. 加强观察

产前、产后注意观察，对食欲不佳、体弱的母牛，及时静脉注射 10% 葡萄糖酸钙注射液及 5% 的葡萄糖液，以增强其体质；产后胎衣不下、子宫复位不全及患有子宫炎的母牛要及时治疗。

4. 定期进行血样抽查

对泌乳母牛每年抽查 2～4 次，了解血液中各种成分的变化情况。如某物质的含量下降到正常水平，则要增加其摄入量，以求平衡。检查项目包括：血糖、血钙、血磷、血钾、血钠、碱贮、血酮体、谷草转氨酶、血脂等。

5. 建立产前、产后酮体监测制度

产前1周和产后1个月，隔日测尿液pH、尿酮体或乳酮体。凡测定尿液为酸性、尿（乳）酮体为阳性者，及时静脉注射葡萄糖溶液和碳酸氢钠溶液进行治疗。在产乳高峰期使用添加剂，可适当加喂瘤胃缓冲剂如碳酸氢钠、氧化镁、醋酸钠等，以维持营养体代谢平衡。

三 蹄部保健工作

1. 改善环境卫生和饲养条件

牛舍要保持干燥、清洁，并定期消毒；饲料中钙、磷的含量和比例要合理；不要经常突然改变饲喂条件等。定期修蹄，每年1~2次普查牛蹄底部，对增生的角质要修平，对腐烂、坏死的组织要及时消除，并清理干净，及时治疗。在梅雨季节或潮湿季节，用3%的福尔马林溶液或10%硫酸铜溶液定期喷洗蹄部，以预防蹄部感染。

2. 注意蹄部选择

从选种角度来提高牛蹄质量。采用蹄形好、不发生腐蹄病的公牛的精液进行配种，以降低后代变形蹄和腐蹄病的发生。

四 乳房保健工作

1. 改善环境卫生

保持环境卫生是预防乳腺炎的重要因素。要经常使牛舍、牛床、牛体和环境保持清洁．及时清理牛粪，并注意垫草、挤奶机及乳房用毛巾的清洁卫生。挤奶后用消毒药液浸洗乳头数秒。

2. 正确挤奶

正确掌握挤奶技术和使用功能正常的挤奶机，遵守挤奶操作规程。

3. 加强检测和治疗

每年至少两次（5~6月及11~12月）对全群泌乳奶牛进行隐性乳腺炎的检测，对检测结果为“++”以上者要进行治疗。凡全场泌乳奶牛乳区感染阳性率达到15%以上时，应查其原因，及时采取措施，以降低乳腺炎的发病率；奶牛在干乳前15天要进行乳腺炎检

测。凡检测结果“++”以上的牛要及时药物治疗，间隔2~3天后再检测一次，直至为阴性后才能用药物干乳。

【提示】要及时有效地治疗临床病牛，防止病原菌污染环境和感染健康牛。

第三节 牛的常见病防治

一 传染性疾病

1. 病毒性传染病

（1）口蹄疫 口蹄疫是由口蹄疫病毒引起的偶蹄类动物共患的急性、热性、接触性传染病。

【病原及流行特点】口蹄疫病毒属小核糖核酸病毒科口疮病毒属，根据血清学反应的抗原关系，病毒可分为O、A、C、亚洲Ⅰ、南非Ⅰ、南非Ⅱ、南非Ⅲ 7个不同的血清型和60多个亚型。口蹄疫病毒对酸、碱特别敏感。在pH为3时，瞬间丧失感染力，pH为5.5时，1秒钟内90%被灭活；1%~2%氢氧化钠或4%碳酸氢钠液1分钟内可将病毒杀死。在-70~-50℃的环境下，病毒可存活数年，温度达85℃，1分钟即可杀死病毒。牛奶经巴氏消毒（72℃15分钟）能使病毒感染力丧失。在自然条件下，病毒在牛毛上可存活24日，在麸皮中能存活104日。紫外线可杀死病毒，乙醚、丙酮、氯仿和蛋白酶对病毒无作用。本病发生无明显的季节性，但以秋末、冬春为发病盛期。本病以直接接触和间接接触的方式进行传递，病牛是本病的传染源。

【临床症状和病理变化】口蹄疫病毒侵入动物体内后，经过2~3日，有的则可达7~21日的潜伏时间，才出现症状。症状表现为口腔、鼻、舌、乳房和蹄等部位出现水泡，12~36小时后出现破溃，局部露出鲜红色糜烂面；体温升高达40~41℃；精神沉郁，食欲减退，脉搏和呼吸加快；流涎呈泡沫状；乳头上水泡破溃，挤乳时疼痛不安；蹄水泡破溃，蹄痛跛行，蹄壳边缘溃裂，重者蹄壳脱落。犊牛常因心肌麻痹死亡，剖检可见心肌出现浅黄色或灰白色、带状或点状条纹，似虎皮，故称“虎斑心”。有的牛还会发生乳腺炎、流产症状。该病成年牛一般死亡率不高，在1%~3%，但犊牛多会发生心肌炎和出血性肠炎，死亡率很高。

【诊断】根据临床症状和病理变化可初步诊断。确诊需经实验室对病毒进行毒型诊断。

> **【提示】** 该病传播速度快，典型症状是口腔、乳房和蹄部出现水泡和溃烂，尤其在口腔和蹄部的病变比较明显。

【预防】牛O型口蹄疫灭活苗2~3毫升肌内注射，1岁以下犊牛2毫升，成年牛3毫升，免疫期6个月。

【发病后措施】一旦发病，应及时报告疫情，同时在疫区严格实施封锁、隔离、消毒、紧急接种及治疗等综合措施；在紧急情况下，可应用口蹄疫高免血清或康复动物血清进行被动免疫，按每千克体重0.5~1毫升皮下注射，免疫期约2周。疫区封锁必须在最后1头病畜痊愈、死亡或急宰后14天，经全面大消毒后才能解除封锁。患良性口蹄疫之牛，一般经1周左右多能自愈。为缩短病程、防止继发感染，可对症治疗。

① 牛口腔病变，可用清水、食盐水或0.1%高锰酸钾液清洗口腔，后涂以1%~2%明矾溶液或碘甘油，也可涂洒中药冰硼散（冰片15克、硼砂150克、芒硝150克，共研为细末）于口腔病变处。

② 蹄部病变，可先用3%来苏儿清洗，后涂擦甲紫溶液、碘甘油、青霉素软膏等，用绷带包扎。

③ 乳房病变，可用肥皂水或2%~3%硼酸水清洗，后涂以青霉素软膏。

患恶性口蹄疫之牛，除采用上述局部措施外，可用强心剂（如安钠咖）和滋补剂（如葡萄糖盐水）等。

（2）牛流行热（三日热） 牛流行热是由牛流行热病毒引起的一种急性热性传染病。

【病原及流行特点】牛流行热病毒为RNA型，属于弹状病毒属。该病毒主要侵害牛，以3~5岁的壮年牛最易感。病牛是该病的传染来源，其自然传播途径尚不完全清楚。一般认为，该病多经呼吸道

感染。此外，吸血昆虫的叮咬以及与病畜接触的人和用具的机械传播也是可能的。该病流行具有明显的季节性，多发生于雨量多和气候炎热的6～9月。流行上还有一定周期性，约3～5年大流行一次。病牛多为良性经过，在没有继发感染的情况下，死亡率为1%～3%。

【临床症状和病理变化】病初，病牛震颤，恶寒战栗，接着体温升高到40℃以上，稽留2～3天后体温恢复正常。在体温升高的同时，可见流泪，有水样眼眵，眼睑结膜充血、水肿。呼吸促迫，呼吸次数每分钟可达80次以上，呼吸困难，患牛发出呻吟声，呈苦闷状。这是由于发生了间质性肺气肿，有时可由窒息而死亡。

食欲废绝，反刍停止。第一胃蠕动停止，出现鼓胀或者缺乏水分，胃内容物干涸。粪便干燥，有时下痢。四肢关节浮肿疼痛，病牛呆立，跛行，以后起立困难而伏卧。皮温不整，特别是角根、耳翼、肢端有冷感。另外，颌下可见皮下气肿。流鼻液，口炎，显著流涎。口角有泡沫。尿量减少，尿浑浊。妊娠母牛患病时可发生流产、死胎。乳量下降或泌乳停止。剖检可见气管和支气管黏膜充血和点状出血，黏膜肿胀，气管内充满大量泡沫黏液。肺显著肿大，有程度不同的水肿和间质气肿，压之有捻发音。全身淋巴结充血、肿胀或出血。真胃、小肠和盲肠黏膜呈卡他性炎和出血。其他实质脏器可见混浊肿胀。

【诊断】根据临床症状可初步诊断。

【提示】临床特征为突然高热，呼吸促迫，流泪和消化器官的严重卡他性炎症和运动障碍。

【预防】加强牛的卫生管理对该病预防具有重要作用（管理不良时发病率高，并容易成为重症，死亡率增高）。甲紫灭活苗10～15毫升，第一次皮下注射10毫升，5～7天后再注射15毫升，免疫期6个月；或病毒裂解疫苗，第一次皮下注射2毫升，间隔4周后再注射2毫升，在每年7月份前完成预防注射。

【发病后措施】应立即隔离病牛并进行治疗，对假定健康牛和受威胁牛，可用高免血清进行紧急预防注射。高热时，肌内注射复方氨基比林20～40毫升，或30%安乃近20～30毫升。重症病牛给予大剂量的抗生素，常用青霉素、链霉素，并用葡萄糖生理盐水、林格氏液、安钠咖、维生素 B_1 和维生素 C 等药物，静脉注射，每天 2 次。牛四肢关节疼痛，可静脉注射水杨酸钠溶液。对于因高热而脱水和由此而引起的胃内容干涸，可静脉注射复方氯化钠或生理盐水 2～4 升，并向胃内灌入 3%～5% 的盐类溶液 10～20 升。加强消毒，搞好灭蚊蝇等吸血昆虫工作，用牛流热疫苗进行免疫接种。

此外，也可用清肺、平喘、止咳、化痰、解热和通便的中药，辨证施治。如九味羌活汤：羌活 40 克、防风 46 克、苍术 46 克、细辛 24 克、川芎 31 克、白芷 31 克、生地 31 克、黄芩 31 克、甘草 31 克、生姜 31 克、大葱一棵。水煎 2 次，一次灌服。加减：寒热往来加柴胡；四肢跛行加钻地风、年见、木瓜、牛膝；肚胀加青皮、苹果、松壳；咳嗽加杏仁、全蒌；大便干加大黄、芒硝。均可缩短病程，促进康复。

（3）牛病毒性腹泻-黏膜病 牛病毒性腹泻-黏膜病是由牛病毒性腹泻病毒（BVDV）引起牛的以黏膜发炎、糜烂、坏死和腹泻为特征的疾病。

【病原及流行特点】牛病毒性腹泻病毒为黄病毒科、瘟病毒属，是一种单股 RNA、有囊膜的病毒。病毒对乙醚和氯仿等有机溶剂敏感，并能被灭活，病毒在低温下稳定，真空冻干后在 －70～－60℃ 下可保存多年。病毒在 56℃ 下可被灭活，氯化镁不起保护作用。病毒可被紫外线灭活，但可经受多次冻融。

家养和野生的反刍兽及猪是本病的自然宿主，自然发病病例仅见于牛，各种年龄的牛都有易感性，但 6～18 月龄的幼牛易感性较高，感染后更易发病。绵羊、山羊也可发生亚临诊感染，感染后产生抗体。病毒可随分泌物和排泄物排出体外。持续感染牛可终生带毒、排毒，因而是本病传播的重要传染源。本病主要经口感染，易感动物食入被污染的饲料、饮水而经消化道感染，也可由于吸入由病畜咳嗽、呼吸而排出的带毒的飞沫而感染。病毒可通过胎盘发生垂直感染。病毒血症期的公牛精液中也有大量病毒，可通过自然交配或人工授精而感染母牛。该病常发生于冬季和早春，舍饲牛和放牧牛都可发病。

【临床症状和病理变化】发病时多数牛不表现临床症状，牛群中只见少数轻型病例。有时也引起全牛群突然发病。急性病牛，腹泻是特征性症状，可持续1~3周。粪便水样、恶臭，有大量黏液和气泡，体温升高达40~42℃。慢性病牛，出现间歇性腹泻，病程较长，一般2~5个月，表现消瘦、生长发育受阻，有的出现跛行。剖检主要病变在消化道和淋巴结，口腔黏膜、食道和整个胃肠道黏膜充血、出血、水肿和糜烂，整个消化道淋巴结发生水肿。

【诊断】本病确诊需进行病毒分离，或进行血清中和试验。

【预防】目前应用牛病毒性腹泻-黏膜病弱毒疫苗来预防本病。皮下注射，成年牛注射1次，犊牛在2月龄适量注射，成年时再注射1次，用量按说明书要求。

【发病后措施】本病尚无有效治疗和免疫方法，只有加强护理和对症疗法，增强机体抵抗力，才能促使病牛康复。碱式碳酸铋片30克，磺胺二甲嘧啶片40克，一次口服。或磺胺嘧啶注射液20~40毫升，肌内或静脉注射。

（4）牛恶性卡他热 牛恶性卡他热（又称恶性头卡他或坏疽性鼻卡他）是由恶性卡他热病毒引起的一种急性热性、非接触性传染病。

【病原及流行特点】牛恶性卡他热病毒为疱疹病毒丙亚科的成员。其病原为两种γ-疱疹病毒中的任何一种：狷羚属疱疹病毒1型（AIHV-1），其自然宿主为角马；另一种是作为亚临床感染在绵羊中流行的绵羊疱疹病毒2型（OVHV-2）。病毒对外界环境的抵抗力不强，不能抵抗冷冻和干燥。含病毒的血液在室温中24小时则失去活力，冰点以下温度可使病毒失去活性。隐性感染的绵羊、山羊和角马是本病的主要传染源。多发生于2~5岁的牛，老龄牛及1岁以下的牛发病较少。本病一年四季均可发生，但以春、夏季节发病较多。

【临床症状和病理变化】本病自然感染潜伏期为3~8周，人工感染为14~90天。病初高热，达40~42℃，精神沉郁，于第1天末或第2天，眼、口及鼻黏膜发生病变。临床上分头眼型、肠型、皮肤型和混合型四种。

① 头眼型。眼结膜发炎，羞明流泪，以后角膜浑浊，眼球萎缩、溃疡及失明。鼻腔、喉头、气管、支气管及颌窦卡他性及伪膜性炎症，呼吸困难，炎症可蔓延到鼻旁窦、额窦、角窦，角根发热，严重者两角脱落。鼻镜及鼻黏膜先充血，后坏死、糜烂、结痂。口腔黏膜潮红肿胀，出现灰白色丘疹或糜烂。病死率较高。

② 肠型。先便秘后下痢，粪便带血、恶臭。口腔黏膜充血，常在唇、齿龈、硬腭等部位出现伪膜，脱落后形成糜烂及溃疡。

③ 皮肤型。在颈部、肩胛部、背部、乳房、阴囊等处皮肤出现丘疹、水泡，结痂后脱落，有时形成脓肿。

④ 混合型。此型多见。病牛同时有头眼症状、胃肠炎症状及皮肤丘疹等。有的病牛呈现脑炎症状。一般经 5 ~ 14 天死亡。病死率达 60%。

剖检鼻旁窦、喉、气管及支气管黏膜充血肿胀，有伪膜及溃疡。口、咽、食道糜烂、溃疡，皱胃充血水肿、斑状出血及溃疡，整个小肠充血出血。头颈部淋巴结充血和水肿，脑膜充血，呈非化脓性脑炎变化。肾皮质有白色病灶是本病特征性病变。

【诊断】根据典型临床症状和病理变化可做出初步诊断，确诊需进一步做实验室诊断。

① 病原检查。病毒分离鉴定（用病料接种牛甲状腺细胞、牛睾丸或牛胚肾原代细胞，培养 3 ~ 10 天可出现细胞病变，用中和试验或免疫荧光试验进行鉴定）。

② 血清学检查。间接荧光抗体试验、免疫过氧化物酶试验、病毒中和试验。

【提示】 临床特征是持续发热，口、鼻流出黏脓性鼻液，眼黏膜发炎，角膜混浊，并有脑炎症状，病死率很高。

【预防】加强饲养管理，增强动物抵抗力，注意栏舍卫生。牛、羊分开饲养，分群放牧。

【发病后措施】发现病畜后，按《中华人民共和国动物防疫法》及有关规定，采取严格控制、扑灭措施，防止扩散。病畜应隔离扑杀，污染场所及用具等实施严格消毒。

（5）新生犊牛腹泻　新生犊牛腹泻是一种发病率高、病因复杂、难以治愈、死亡率高的疾病。

【病原及流行特点】轮状病毒和冠状病毒在生后初期的犊牛腹泻发生中，起到了极为重要的作用，病毒可能是最初的致病因子。虽然它并不能直接引起犊牛死亡，但这两种病毒的存在，能使犊牛肠道功能减退，极易继发细菌感染，尤其是致病性大肠杆菌，引起严重的腹泻。另外，母乳过浓、气温突变、饲养管理失误、卫生条件差等对本病的发生，都具有明显的促进作用。犊牛下痢尤其多发于集约化饲养的犊牛群中。

【临床症状和病理变化】本病多发于生后第2~5天的犊牛。病程约2~3天，呈急性经过。病犊牛突然表现精神沉郁，食欲废绝，体温高达39.5~40.5℃，病后不久，即排灰白、黄白色水样或粥样稀便，粪中混有未消化的凝乳块。后期粪便中含有黏液、血液、伪膜等，粪色由灰色变为褐色或血样，具有酸臭或恶臭气味，尾根和肛门周围被稀粪污染，尿量减少。1天后，病犊牛背腰拱起，肛门外翻，常见里急后重，张口伸舌，哞叫，病程后期常因脱水衰竭而死。本病可分为败血型、肠毒血型和肠型。

① 败血型。主要发生于7日龄内未吃过初乳的犊牛。为致病菌由肠道进入血液而致发，常见突然死亡。

② 肠毒血型。主要发生于7日龄吃过初乳的犊牛。为致病性大肠杆菌在肠道内大量增殖并产生肠毒素，肠毒素吸收入血所致。

③ 肠型（白痢）。最为常发，见于7~10日龄吃过初乳的犊牛。病死犊牛由于腹泻，而使机体脱水消瘦。病变主要在消化道，呈现严重的卡他性、出血性炎症。肠系膜淋巴结肿大，有的还可见到脾肿大，肝脏与肾脏被膜下出血，心内膜有点状出血。肠内容物如血水样，混有气泡。

【诊断】根据流行病学特点、临床症状（临床上主要表现为伴有腹泻症状的胃肠炎，全身中毒和机体脱水）和剖检变化可做出初步诊断。确诊还需要进行细菌分离和鉴定。细菌分离所用材料，生前可取病犊粪便，死后可取肠系膜淋巴结、肝脏、脾脏及肠内容物。

> 【提示】 健康犊牛肠道内也有大肠杆菌，而且病犊牛死后，大肠杆菌又易侵入到组织中，所以分离到细菌后，必须鉴定出血清型，再进行综合判断。

【预防】对于刚出生的犊牛，可以尽早投服预防剂量的抗生素药物，如氯霉素、痢菌净等，对于防止本病发生具有一定的效果。另外，可以给妊娠期母牛注射用当地流行的致病性大肠杆菌株所制的菌苗。在本病发生严重的地区，应考虑给妊娠母牛注射轮状病毒和冠状病毒疫苗。如江苏省农业科学院研制的牛轮状病毒疫苗，给妊娠母牛接种以后，能有效控制犊牛下痢症状的发生。

【发病后措施】治疗本病时，最好先通过药敏试验，选出敏感药物后，再行给药。诺氟沙星，犊牛每头每次内服 10 片，即 2.5 克，每天 2～3 次。或氯霉素，每千克体重 0.01～0.03 克，每天注射 3 次。也可用庆大霉素、氨苄西林等。抗菌治疗的同时，还应配合补液，以强心和纠正酸中毒。口服 ORS 液（氯化钠 3.5 克、氯化钾 1.5 克、碳酸氢钠 2.5 克、葡萄糖 20 克加常水至 1000 毫升），供犊牛自由饮用，或按每千克体重 100 毫升，每天分 3～4 次给犊牛灌服，即可迅速补充体液，同时能起到清理肠道的作用。或 6% 低分子右旋糖酐、生理盐水、5% 葡萄糖、5% 碳酸氢钠各 250 毫升、氢化可的松 100 毫克、维生素 C 10 毫克混溶后，给犊牛一次静脉注射。轻症每天补液一次，重危症每天补液两次。补液速度以 30～40 毫升/分为宜。危重病犊牛也可输全血，可任选供血牛，但以该病犊的母牛血液最好，2.5% 枸橼酸钠 50 毫升与全血 450 毫升，混合后一次静脉注射。

（6）牛传染性鼻气管炎 牛传染性鼻气管炎（IBR）又称“坏死性鼻炎”“红鼻病”，是Ⅰ型牛疱疹病毒（BHV-1）引起的一种牛呼吸道接触性传染病。临床表现形式多样，以呼吸道为主，伴有结膜炎、流产、乳腺炎，有时诱发小牛脑炎等。

【病原及流行特点】牛传染性鼻气管炎病毒或牛疱疹病毒Ⅰ型，在分类地位上属疱疹病毒科 α 疱疹病毒亚科。病牛和带毒动物是主要传染源，隐性感染的种公牛精液带毒，是最危险的传染源。病愈牛可带毒6～12个月，甚至长达19个月。病毒主要存在于鼻、眼、阴道分泌物和排泄物中。本病可通过空气、飞沫、物体和病牛的直接接触、交配，经呼吸道黏膜、生殖道黏膜、眼结膜传播，主要由飞沫经呼吸道传播。吸血昆虫（软壳蜱等）也可传播本病。

在自然条件下，只有牛易感。各种年龄和品种的牛均易感，其中以20～60日龄的犊牛最易感，肉用牛比乳用牛易感。本病在秋、冬寒冷季节较易流行。过分拥挤、密切接触的条件下更易迅速传播。运输、运动、发情、分娩、卫生条件、应激因素均与本病发病率有关。一般发病率为20%～100%，死亡率为1%～12%。

【临床症状和病理变化】自然感染潜伏期一般为4～6天。临床分为呼吸道型、生殖道型、流产型、脑炎型和眼炎型五种。

① 呼吸道型。表现为鼻气管炎，为本病最常见的一种类型。病初高热（40～42℃），流泪、流涎及黏脓性鼻液。鼻黏膜高度充血，呈火红色。呼吸高度困难，咳嗽不常见。病变表现以上呼吸道黏膜炎症，鼻腔和气管内有纤维素蛋白性渗出物为特征。

② 生殖道型。母畜表现外阴阴道炎，又称传染性脓疱性外阴阴道炎。阴门、阴道黏膜充血，有时表面有散在灰黄色、粟粒大的脓疱，重症者脓疱融合成片，形成伪膜。孕牛一般不发生流产。公畜表现为龟头包皮炎，因此称传染性脓疱性龟头包皮炎。龟头、包皮、阴茎充血、溃疡，阴茎弯曲，精囊变性、坏死。生殖道型表现为外阴、阴道、宫颈黏膜、包皮、阴茎黏膜的炎症。

③ 流产型。一般见于初胎青年母牛妊娠期的任何阶段，也可发生于经产母牛。

④ 脑炎型。易发生于4～6月龄犊牛，病初表现为流涕流泪，呼吸困难，之后肌肉痉挛，兴奋或沉郁，角弓反张，共济失调，发病率低但病死率高，可达50%以上。脑炎型表现为脑非化脓性炎症变化。

⑤ 眼炎型。表现结膜角膜炎，不发生角膜溃疡，一般无全身反应，常与呼吸道型合并发生。在结膜下可见水肿，结膜上可形成灰黄色颗粒状坏死膜，严重者眼结膜外翻。角膜混浊呈云雾状。眼鼻流浆液脓性分泌物。

【诊断】根据典型临床症状和病理变化可做出初步诊断，确诊需进一步做实验室诊断。采用病毒分离鉴定（接种牛肾、肺或睾丸细胞）、病毒抗原检测（荧光抗体试验、酶联免疫吸附试验）和病毒中和试验、酶联免疫吸附试验进行诊断。

【小常识】 病料采集方法。鼻腔拭子、脓性鼻液（应在感染早期采集）。对于隐性阴道炎或龟头炎的病例，应采取生殖道拭子，拭子要在黏膜表面用力刮取，或用生理盐水冲洗包皮收集洗液，所有样品置于运输培养基，4℃保存并快速送检。尸检时，应收集呼吸道黏膜、部分扁桃体、肺和支气管淋巴结做病毒分离材料。对于流产的病例，应收集胎儿、肝、肺、肾和胎盘子叶。

【预防】在秋季，进入育肥场之前，先给青年牛注射疫苗，可避免由此病所致的损失。当检出阳性牛时，最经济的办法是予以扑杀。

【发病后措施】发病时应立即隔离病牛，采用抗生素并配合对症治疗以减少死亡，牛只康复后可获坚强的免疫力。未被感染的牛接种疫苗。

（7）牛白血病 牛白血病是牛的一种慢性肿瘤性疾病，其特征为淋巴样细胞恶性增生、进行性恶病质和高度病死率。

【病原及流行特点】病原为牛白血病病毒（BLV），属于反录病毒科丁型反录病毒属，只感染牛的B淋巴细胞，并长期持续存在于牛体内。迄今为止其他组织和体液均未发现该病毒。本病主要发生于牛、绵羊、瘤牛，水牛和水豚也能感染。以4～8岁成年牛最常见。病畜和带毒者是本病的传染源。潜伏期平均为4年。近年来证明吸血昆虫在本病传播上具有重要作用。被污染的医疗器械（如注射器、针头）可以起到机械传播本病的作用。

【临床症状和病理变化】本病有亚临床型和临床型两种表现。亚临床型无瘤的形成，其特点是淋巴细胞增生，可持续多年或终身，对健康状况没有任何扰乱。这样的牲畜有些可进一步发展为临床型。此时，病牛生长缓慢，体重减轻。体温一般正常，有时略为升高。从体表或经直肠可摸到某些淋巴结呈一侧或对称性增大。腮淋巴结或股前淋巴结常显著增大，触摸时可移动。如一侧颈浅背侧淋巴结增大，病牛的头颈可向对侧偏斜；眶后淋巴结增大可引起眼球突出。出现临床症状的牛，通常均取死亡转归（最终都会死亡），但其病程可因肿瘤病变发生的部位、程度不同而异，一般在数周至数月之间。

剖检尸体常消瘦、贫血。腮淋巴结、颈浅背侧淋巴结、股前淋巴结、乳房上淋巴结和腰下淋巴结常肿大，被膜紧张，呈均匀灰色，柔软，切面突出。心脏、皱胃和脊髓常发生浸润。心肌浸润常发生于右心房、右心室和心隔，色灰而增厚。循环扰乱导致全身性被动充血和水肿。脊髓被膜外壳里的肿瘤结节，使脊髓受压、变形和萎缩。皱胃壁由于肿瘤浸润而增厚变硬。肾、肝、肌肉、神经纤维束和其他器官也可受损，但脑的病变少见。

【诊断】临床诊断基于触诊发现增大的淋巴结（腮、颈浅背侧、股前）。在疑有本病的牛只，直肠检查具有重要意义。尤其在病的初期，触诊骨盆腔和腹腔的器官可以发现白血组织增生的变化，常在表现淋巴结增大之前。

【提示】 具有特别诊断意义的是腹股沟和髂淋巴结的增大。

对感染淋巴结做活组织检查，发现有成淋巴细胞（瘤细胞），可以证明有肿瘤的存在。尸体剖检可以见到特征性的肿瘤病变。最好采取组织样品（包括右心房、肝、脾、肾和淋巴结）做显微镜检查以确定诊断。

【预防】以严格检疫、淘汰阳性牛为中心，包括定期消毒、驱除吸血昆虫、杜绝因手术或注射可能引起的交互传染等在内的综合性措施。无病地区应严格防止引入病牛和带毒牛；引进新牛必须进行认真的检疫，发现阳性牛立即淘汰，但不得出售，阴性牛也必须隔离3~6个月以上方能混群。疫场每年应进行3~4次临床、血液和血清学检查，不断剔除阳性牛；对感染不严重的牛群，可借此净化牛群，如感染牛只较多或牛群长期处于感染状态，应采取全群扑杀的坚决措施。对检出的阳性牛，如因其他原因暂时不能扑杀，应隔离饲养，控制利用；肉牛可在肥育后屠宰。阳性母牛可用来培养健康后代，犊牛出生后即行检疫，阴性者单独饲养，喂以健康牛乳或消毒乳，阳性牛的后代均不可作为种用。

【发病后措施】本病尚无特效疗法。

(8) 牛细小病毒病 牛细小病毒病是由牛细小病毒感染引起的一种接触性传染病。

【病原及流行特点】该病是由细小病毒引起的一种传染病。病牛和带毒牛是传染源。病毒经粪便排出，污染环境，经口播散。病毒也能通过胎盘感染胎儿，造成胎儿畸形、死亡和流产。

【临床症状和病理变化】妊娠母牛感染后，主要病变在胚胎和胎儿。胚胎可死亡或被吸收，死亡的胚胎随后发生组织软化，胎儿表现充血、水肿、出血、体腔积液、脱水（木乃伊化）等病变。用病毒经口服或静脉注射感染新生犊牛，24～48 小时即可引起腹泻，呈水样，含有黏液。剖检病死犊，尸体消瘦，脱水明显，肛门周围有稀粪。病变主要是回肠和空肠黏膜有不同程度的充血、出血或溃疡，口腔、食管、皱胃、盲肠、结肠和直肠也可见水肿、出血、糜烂性变化，肠系膜淋巴结肿大、出血，有的出现坏死灶。

【诊断】通过病毒分离和血清学进行诊断。

> **【提示】** 特征是引起妊娠母牛流产、死胎，小牛感染则表现肠炎腹泻。

【预防】隔离病牛，搞好牛舍和环境卫生，平时注意消毒，防止感染。治疗主要采取对症疗法，补液，给予抗生素或磺胺类药物控制继发感染。本病目前还无疫苗用于预防注射。

【发病后措施】本病尚无特效疗法。

(9) 牛海绵状脑病 牛海绵状脑病俗称“疯牛病”，以潜伏期长、病情逐渐加重、表现行为反常、运动失调、轻瘫、体重减轻、脑灰质海绵状水肿和神经元空泡形成为特征。病牛终归死亡。

【病原及流行特点】病原至今仍未确定，有文献认为该病原类似于绵羊痒病病毒，极微小，难提取，能诱导脑组织产生，电镜可查到类痒病纤维蛋白。常用消毒剂及紫外光消毒无效，136℃高温 30 分钟才能杀死该病原。人们认为疯牛病病原除引起牛患疯牛病外，还可引起人的疾病，如克雅氏病、库鲁病、致死性家族性失眠症、

新型克雅氏病、格斯综合征等。本病主要通过被污染的饲料经口传染。由于本病潜伏期较长，被感染的牛到2岁才开始有少数发病，3岁时发病明显增加，4岁和5岁达到高峰，6~7岁发病开始明显减少，到9岁以后发病率维持在低水平。本病的流行没有明显的季节性。

【临床症状和病理变化】病牛临床症状大多数表现出中枢神经系统的变化，行为异常，惊恐不安，神经质；姿态和运动异常，四肢伸展过度，后肢运动失调，震颤和跌倒、麻痹、轻瘫；感觉异常，对外界的声音和触摸过敏，擦痒。剖检病牛病变不典型。

【诊断】本病原不能刺激牛产生免疫反应，故不能用血清学试验来辅助诊断已感染活牛，生化和血清学数值异常不明显，剖检病变不典型。确诊需依靠临床症状和病死牛脑组织检查。

【预防】禁止在饲料中添加反刍动物蛋白；严禁病牛屠宰后供食用。我国也已采取了积极的防范措施，以防止该病传入我国。对杀灭该病病原比较有效的方法是使用3%~5%的氢氧化钠1小时或0.5%以上的次氯酸钠2小时。

【发病后措施】本病目前无特效治疗方法。为控制本病，在英国规定对患牛一律采取扑杀和销毁措施。

2. 细菌病传染病

(1) 牛巴氏杆菌病 牛巴氏杆菌病是一种由多杀性巴氏杆菌引起的急性、热性传染病，常以高温、肺炎以及内脏器官广泛性出血为特征。多见于犊牛。

【病原及流行特点】牛巴氏杆菌病的病原是多杀性巴氏杆菌。本病遍布全世界，各种畜禽均可发病。常呈散发性或地方流行性发生，多发生在春、秋两季。

【临床症状和病理变化】病初体温升高，可达41℃以上，鼻镜干燥，结膜潮红，食欲和反刍减退，脉搏加快，精神委顿，被毛粗乱，肌肉震颤，皮温不整。有的呼吸困难；痛苦咳嗽，流泡沫样鼻涕，呼吸音加强，并有水泡音。有些病牛初便秘后腹泻，粪便常带有血或黏液。剖检可见黏膜、浆膜小点出血，淋巴结充血肿胀，其他内脏器官也有出血点。肺呈肝变，质脆，切面坚黑褐色。

【诊断】根据流行特点、症状和病变可做出诊断。采取死牛新鲜心、血、肝、淋巴结组织涂片，以姬姆萨氏液染色，镜检可见两极着色的小杆菌。

> **【提示】** 临床特征是牛的肌肉震颤、眼睑抽搐、往后使劲、倒地抽搐、四肢呈游泳状、口吐白沫、牛一动就死亡。

【预防】对以往发生本病的地区以及在本病流行时，应定期或随时注射牛出血性败血症氢氧化铝菌苗，体重在 100 千克以下者，皮下注射 4 毫升，100 千克以上者，皮下注射 6 毫升。

【发病后措施】对刚发病的牛，用痊愈牛的全血 500 毫升静脉注射，结合使用四环素 8 ~ 15 克溶解在 5% 葡萄糖溶液 1000 ~ 2000 毫升中静脉注射，每天 1 次。普鲁卡因、青霉素 300 万 ~ 600 万单位，双氢链霉素 5 ~ 10 克同时肌内注射，每天 1 ~ 2 次。强心剂可用 20% 安钠咖注射液 20 毫升，每天肌内注射 2 次。重症者可用硫酸庆大霉素 80 万单位，每天肌内注射 2 ~ 3 次。保护胃肠可用碱式硝酸铋 30 克和磺胺脒 30 克，每天内服 3 次。

（2）牛沙门氏菌病 牛沙门氏菌病又称牛副伤寒病，本病以病畜败血症、毒血症或胃肠炎、腹泻、孕畜流产为特征，在世界各地均有发生。

【病原及流行特点】病原多为鼠伤寒沙门氏菌或都柏林沙门氏菌。舍饲青年犊牛比成年牛易感，往往呈流行性。病畜和带菌畜是本病的传染源。通过消化道和呼吸道感染，也可通过病畜与健康畜的交配或病畜精液通过人工授精而感染。

【临床症状和病理变化】牛沙门氏菌病主要症状是下痢。犊牛呈流行性发生，成牛呈散发性。本病的潜伏期因各种发病因素不同，于 1 ~ 3 周不等。

① 犊牛副伤寒。病程可分为最急性、急性和慢性 3 种。最急性型：表现有菌血症或毒血症症状，其他表现不明显。发病 2 ~ 3 天内死亡。急性型：体温升高到 40 ~ 41℃，精神沉郁，食欲减退，继而出现胃肠炎症状，排出黄色或灰黄色、混有血液或伪膜的恶臭糊状

或液体粪便，有时表现咳嗽和呼吸困难。慢性型：除有急性型个别表现外，可见关节肿大或耳朵、尾部、蹄部发生贫血性坏死，病程数周至3个月。病理解剖变化以脾脏肿大最明显，一般2~3倍，呈紫红色。皱胃、小肠黏膜弥漫性小出血点，肠道中有覆盖着痂膜的溃疡。慢性病例主要表现于肺、肝、肺尖叶，心叶实变（肉变），与胸膜粘连，肝有坏死灶。

② 成年牛副伤寒。多见于1~3岁的牛，病牛体温升高到40~41℃，沉郁、减食、减奶、咳嗽、呼吸困难、结膜炎、下痢。粪便带血和纤维素絮片，恶臭。病牛脱水消瘦，跗关节炎，腹痛。母牛发生流产。病程1~5天，病死率30%~50%。成年牛有时呈顿挫型经过，病牛发热，不食，精神委顿，产奶下降，但经24小时左右这些症状即可减退。病理变化同犊牛副伤寒。

【诊断】在本病流行的地区，根据发病季节、典型症状和剖检变化，可以初步诊断。进一步确诊则需要进行细菌分离培养鉴定。

【预防】

① 加强管理。加强牛的饲养管理，保持畜舍清洁卫生；定期消毒；犊牛出生后应吃足初乳，注意产房卫生和保暖；发现病畜应及时隔离、治疗。

② 免疫接种。沙门氏菌灭活苗的免疫力不如活菌苗。对妊娠母牛用都柏林沙门氏菌活菌苗接种，可保护数周龄以内的犊牛，还能使感染的犊牛减少粪便排菌。

【发病后措施】本病用庆大霉素、氨苄西林钠、卡那霉素和喹诺酮类等抗菌药物都有疗效。但应用某些药物时间过长，易产生抗药性。对有条件的地区应分离细菌做药敏试验。氨苄西林钠：犊牛每千克体重4~10毫克口服。肌内注射：牛每千克体重2~7毫克，每天1~2次。

（3）布氏杆菌病 布氏杆菌病是由布氏杆菌引起的一种人兽共患疾病。其特征是生殖器官和胎膜发炎，引起流产、不育和各种组织的局部病灶。

【病原及流行特点】布氏杆菌属有6个种，相互间各有差别。习惯上称流产布鲁氏菌为牛布鲁氏菌。母牛较公牛易感，犊牛对本病具有抵抗力。随着年龄的增长，抵抗力逐渐减弱，性成熟后，对本病最为敏感。病畜可成为本病的主要传染源，尤其是受感染的母畜，流产后的阴道分泌物以及乳汁中都含有布氏杆菌。牛主要是摄入了被布氏杆菌污染的饲料和饮水而感染。也可通过皮肤创伤感染。布氏杆菌进入牛体后，很快在所适应的组织或脏器中定居下来。病牛将终生带菌，不能治愈，并且不定期地随乳汁、精液、脓汁，特别是母畜流产的胎儿、胎衣、羊水、子宫和阴道分泌物等排出体外，扩大感染。人的感染主要是由于手部接触到病菌后再经口腔进入体内而发生。

【临床症状和病理变化】牛感染布氏杆菌后，潜伏期通常为2周至6个月。主要临床症状为母牛流产，也会出现低烧，但常被忽视。妊娠母牛在任何时期都可能发生流产，但流产主要发生在妊娠后的第6~8个月。流产过的母牛，如果再次发生流产，其流产时间会向后推迟。流产前可表现出临产时的症状，如阴唇、乳房肿大等。但在阴道黏膜上可以见到粟粒大、红色结节，并且从阴道内流出灰白色或灰色黏性分泌物。流产时常见有胎衣不下。流产的胎儿有的产前已死亡；有的产出虽然活着，但很衰弱，不久即死。公牛患本病后，主要发生睾丸炎和附睾炎。初期睾丸肿胀、疼痛，中度发热和食欲不振。3周以后，疼痛逐渐减轻，表现为睾丸和附睾肿大，触之坚硬。此外，病牛还可出现关节炎，严重时关节肿胀疼痛，重病牛卧地不起。牛流产1~2次后，可以转为正常生产，但仍然能传播本病。

妊娠母牛子宫与胎膜的病变较为严重。绒毛膜因充血而呈污红色或紫红色，表面覆盖黄色坏死物和污灰色脓汁。常见到深浅不一的糜烂面。胎膜水肿、肥厚，呈黄色胶冻样浸润。由于母体胎盘与胎儿胎盘炎性坏死，引起流产。胎儿胎盘与母体胎盘粘连，导致胎衣不下，可继发子宫炎。胎儿皱胃内含有微黄色或白色黏液及絮状物；胃肠、膀胱黏膜和浆膜上有的有出血点；肝、脾、淋巴结有不同程度的肿胀。

【诊断】本病从临床上不易诊断。本病必须通过试验室检验。在本病诊断中应用较广的是试管凝集试验和平板凝集试验。

➡【提示】根据母牛流产和表现出的相应临床变化，应该怀疑有本病的存在。

【预防】阴性家畜与受威胁畜群应全部免疫。奶牛、种牛每年要全部检疫，其产品必须具有布氏杆菌病检疫合格证方可出售。

【发病后措施】因本病在临床上，一方面难以治愈，另一方面不允许治疗，所以发现病牛后，应采取严格的扑杀措施，彻底销毁病牛尸体及其污染物。在本病的控制区和稳定控制区内，停止注射疫苗；对易感家畜实行定期疫情监测，及时扑杀病畜。在未控制区内，主要以免疫为主，定期抽检，发现阳性畜时应全部扑杀。在疫区内，如果出现该病疫情暴发，疫点内畜群必须全部进行检疫，阳性病畜也要全部扑杀，不进行免疫。

（4）犊牛大肠杆菌病 犊牛大肠杆菌病又称犊牛白痢，是由一定血清型的大肠杆菌引起的一种急性传染病。本病特征为败血症和严重腹泻、脱水，引起幼畜大量死亡或发育不良。

【病原及流行特点】犊牛大肠杆菌的病因复杂，其发生往往是由大肠杆菌和轮状病毒、冠状病毒等多种致病因素引起。传染源主要是病畜和能排出致病性大肠杆菌的带菌动物，通过消化道、脐带或产道传播，多见于2~3周犊牛，多发于冬春季节。

【临床症状和病理变化】以腹泻为特征，具体分为败血型、肠毒血型和肠炎型。败血型大肠杆菌病表现是：精神沉郁，食欲减退或废绝，心跳加快，黏膜出血，关节肿痛，有肺炎或脑炎症状，体温40℃，腹泻，大便由浅黄色粥样变浅灰色水样，混有凝血块、血丝和气泡，恶臭，病初排粪用力，后变为自由流出，污染后躯，最后高度衰弱，卧地不起，急性在24~96小时死亡，死亡率高达80%~100%。肠毒血型大肠杆菌病表现是：病程短促，一般最急性2~6小时死亡。肠炎型的表现是：多发生10日龄内的犊牛，腹泻，先白色，后变黄色带血便，后躯和尾巴沾满粪便、恶臭，消瘦、虚弱，3~5天脱水死亡。

【诊断】根据症状、病理变化、流行病学及细菌学检查等进行综合诊断。确认需分离鉴定细菌。

【预防】母牛进入产房前，产房及临产母牛都要进行彻底消毒；产前3~5天对母牛的乳房及腹部皮肤用0.1%高锰酸钾擦拭，哺乳前应再重复一次。犊牛出生后立即喂服地衣芽孢杆菌2~5g/次，每天3次，或乳酸菌素片6粒/次，每天2次，可获良好预防效果。

【发病后措施】治疗原则为抗菌、补液、调节胃肠机能。抗菌采用新霉素，0.05克/千克体重，每天2~3次，每天给犊牛肌内注射1克和口服200~500毫克，连用5天，可使犊牛在8周内不发病。金霉素粉口服，每天30~50毫克/千克体重，分2~3次。补液主要是静脉输入复方氯化钠溶液、生理盐水或葡萄糖盐水2000~6000毫升，必要时还可加入碳酸氢钠、乳酸钠等以防酸中毒。调节胃肠机能主要是在病初，犊牛体质尚强壮时，应先投予盐类泻剂，使胃肠道内含有的大量病原菌及毒素的内容物及早排出；此后可再投予各种收敛和健胃剂。

（5）炭疽 炭疽是由炭疽杆菌引起的人、畜共患的一种急性、热性、败血性传染病，多呈散发或地方流行性，以脾脏显著肿大，皮下、浆膜下结缔组织出血性胶样浸润，血液凝固不良，尸僵不全为特征。

【病原及流行特点】炭疽是由炭疽芽孢杆菌引起的传染性疾病，传染源主要为患病的食草动物。本病的潜伏期一般为1~5天。由于皮肤黏膜伤口直接接触病菌，病菌毒力强，可直接侵袭完整皮肤而致病或经呼吸道吸入带炭疽芽孢的尘埃、飞沫等而致病，经消化道摄入被污染的食物或饮用水等也可感染。

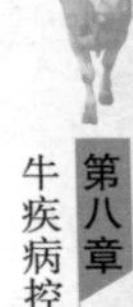

【临床症状和病理变化】

① 最急性型。通常见于暴发之初。突然发病，体温升高，行走摇摆或站立不动，也有的突然倒地，出现昏迷，呼吸极度困难，可视黏膜呈蓝紫色，口吐白沫，全身战栗。濒死期天然孔出血，病程很短，出现症状后数小时即可死亡。

② 急性型。这是最常见的一种类型，体温急剧上升到42℃，精神不振，食欲减退或废绝，呼吸困难，可视黏膜呈蓝紫色或有小点出血。初便秘，后腹泻带血，有时腹痛，尿暗红色，有时混有血液，孕牛可发生流产，严重者兴奋不安，惊慌哞叫，口和鼻腔往往有红

色泡沫流出。濒死期体温急剧下降；呼吸极度困难，在1~2天后窒息而死。

③ 亚急性型。病状与急性型相似，但病程较长，约2~5天，病情也较缓和，并在体表各部如喉、胸前、腹下、乳房等部皮肤及直肠、口腔黏膜发生炭疽痈，初期呈硬团块状，有热痛，以后热痛消失，可发生溃疡或坏死。

【诊断】从耳尖取血，做血片染色镜检，若有多量单个或成对的有荚膜、菌端平直的粗大杆菌，结合临床表现可确诊为炭疽。采取未污染的新鲜病料，如血液、浸出液或器官直接分离培养，或动物接种试验，可进一步确诊。

【预防】预防接种。经常发生炭疽及受威胁的地区，每年秋季应做无毒炭疽芽孢苗或二号炭疽芽孢苗的预防接种（春季给新生牛补种），可获得1年以上坚强而持久的免疫力。

【发病后措施】

① 封锁处理。本病发生后，应立即进行封锁，对牛群进行检查，隔离病牛并立即给予预防治疗，同群牛应用免疫血清进行预防接种。经1~2天后再接种疫苗，假定健康牛应做紧急预防注射。在最后一头病畜死亡或痊愈后，经15天到免疫接种反应结束时，方可解除封锁。

② 彻底消毒。病牛污染的牛舍、用具及地面应彻底消毒，病牛躺卧过的地面，应把表土除去15~20厘米，取下的土与20%的漂白粉溶液混合后再行深埋，水泥地面用20%漂白粉消毒。污染的饲料、垫草、粪便应烧毁。尸体不能解剖，应全部焚烧或深埋，且不能浅于2米，尸体底部表面应撒上厚层漂白粉。凡和尸体接触过的车辆、用具都应彻底消毒。工作人员在处理尸体时必须戴手套，穿胶靴和工作服，用后立即进行消毒。凡手和体表有伤口的人员，不得接触病牛和尸体。疫区内禁止闲杂人员、动物随便进出，禁止输出畜产品和饲料，禁止食用病畜的肉。

③ 药物治疗。抗炭疽血清是治疗炭疽的特效药，成年牛每次皮下或静脉注射100~300毫升，犊牛30~60毫升，必要时12小时后再重复注射一次。或用磺胺嘧啶，定时、足量进行肌内注射，按

0.05～0.10克/千克体重，分3次肌内注射。第一次用量加倍。或水剂青霉素80万～120万单位，每天2次肌内注射，随后用油剂青霉素120万～240万单位肌内注射，每天1次，连用3天。或内服克辽林，每次15～20毫升，每2小时加水灌服1次，可连用3～4次。如果是体表炭疽痈，可用普鲁卡因青霉素在肿胀周围分点注射。

（6）传染性胸膜肺炎 牛传染性胸膜肺炎（又称牛肺疫）是由丝状支原体丝状亚种引起的一种高度接触性传染病，以渗出性纤维素性肺炎和浆液纤维素性胸膜肺炎为特征。

【病原及流行特点】传染性胸膜肺炎为丝状支原体丝状亚种，属支原体科支原体属成员。病原体对外界环境的抵抗力甚弱，暴露在空气中，特别是直射阳光下，几小时即失去毒力。在干燥、高温的环境下迅速死亡。本病主要由于健康牛与病牛直接接触传染，病菌经咳嗽、唾液、尿液排出（飞沫），通过空气经呼吸道传播。适宜的环境气候下，病菌可传播到几千米以外。也可经胎盘传染。传染源为病牛、康复牛及隐性带菌者。隐性带菌者是主要传染来源。

【临床症状和病理变化】潜伏期，自然感染一般为2～4周，最短7天，最长可达8个月。

① 急性。病初体温升高达40～42℃，呈稽留热型。鼻翼开放，呼吸急促而浅，呈腹式呼吸和痛性短咳。因胸部疼痛而不愿行走或卧下，肋间下陷，呼气长吸气短。叩诊胸部患侧发浊音，并有痛感。听诊肺部有湿性啰音，肺泡音减弱或消失，代之以支气管呼吸音，无病变部呼吸音增强。有胸膜炎发生时，可听到摩擦音。病的后期心脏衰弱，有时因胸腔积液，只能听到微弱心音甚至听不到。重症可见前胸下部水肿，尿量少而比重增加，便秘和腹泻交替发生。病畜体况衰弱，眼球下陷，呼吸极度困难，体温下降，最后窒息死亡。急性病例病程为15～30天，继而死亡。

② 慢性。多由急性转来，也有开始即取慢性经过的。除体况瘦弱外，多数症状不明显，偶发干性咳嗽，听诊胸部可能有不大的浊音区。此种患牛在良好饲养管理条件下，症状缓解，逐渐恢复正常。少数病例因病变区域较大，饲养管理条件改变或劳役过度等因素，易引起恶化，预后不良。

【诊断】依据典型临床症状和病理变化可做出初步诊断，确诊需实验室诊断。

> ⚠【注意】 在国际贸易中，指定诊断方法为补体结合试验。替代诊断方法为酶联免疫吸附试验。

【预防】对疫区和受威胁区6月龄以上的牛只，必须每年接种1次牛肺疫兔化弱毒菌苗。不从疫区引进牛只。

【发病后措施】发现病畜或可疑病畜，要尽快确诊，上报疫情，划定疫点、疫区和受威胁区。对疫区实行封锁，按《中华人民共和国动物防疫法》规定，采取紧急、强制性的控制和扑灭措施。扑杀患病牛只；对同群牛隔离观察，进行预防性治疗。彻底消毒栏舍、场地和饲养工具、用具；严格无害化处理污水、污物、粪尿等。严格执行封锁疫区的各项规定。

（7）结核病 结核病是由结核分枝杆菌引起的人畜和禽类共患的一种慢性传染病。其病理特点是在机体多种组织器官中形成结核结节性肉芽肿和干酪样坏死，钙化结节性病灶。

【病原及流行特点】结核分枝杆菌主要分三个型，即牛分枝杆菌（牛型）、结核分枝杆菌（人型）和禽分枝杆菌（禽型）。结核病畜是主要传染源，结核杆菌在机体中分布于各个器官的病灶内，因病畜能由粪便、乳汁、尿及气管分泌物排出病菌，污染周围环境而散布传染。主要经呼吸道和消化道传染，也可经胎盘传播或交配感染。本病一年四季都可发生。一般说来，舍饲的牛发生较多。畜舍拥挤、阴暗、潮湿、污秽不洁，过度使役和挤乳，饲养不良等，均可促进本病的发生和传播。

【临床症状和病理变化】潜伏期一般为10～15天，有时达数月以上。病程呈慢性经过，表现为进行性消瘦，咳嗽、呼吸困难，体温一般正常。因病菌侵入机体后，由于毒力、机体抵抗力和受害器官不同，症状也不一样。在牛体中本菌多侵害肺、乳房、肠和淋巴结等。

① 肺结核。病牛呈进行性消瘦，病初有短促干咳，渐变为湿性咳嗽。听诊肺区有啰音，胸膜结核时可听到摩擦音。叩诊有实音区

并有痛感。

② 乳房结核。乳量渐少或停乳，乳汁稀薄，有时混有脓块。乳房淋巴结硬肿，但无热痛。

③ 淋巴结核。这不是一个独立病型，各种结核病的附近淋巴结都可能发生病变。淋巴结肿大，无热痛。常见于下颌、咽颈及腹股沟等淋巴结。

④ 肠结核。多见于犊牛，以便秘与下痢交替出现或顽固性下痢为特征。

⑤ 神经结核。中枢神经系统受侵害时，在脑和脑膜等处可发生粟粒状或干酪样结核，常引起神经症状，如癫痫样发作、运动障碍等。

【诊断】根据临床症状和病理变化可做出初步诊断，确诊需进一步做实验室诊断。

> ⚠【注意】 在国际贸易中，指定诊断方法为结核菌素试验，无替代诊断方法。

【预防】定期对牛群进行检疫，阳性牛必须予以扑杀，并进行无害化处理；每年定期大消毒2～4次，牧场及牛舍出入口处，设置消毒池，饲养用具每月定期消毒1次；粪便经发酵后利用。

【发病后措施】有临床症状的病牛应按《中华人民共和国动物防疫法》及有关规定，采取严格扑杀措施，防止扩散。检出病牛时，要进行临时消毒。

二 寄生虫病

1. 原虫病

(1) 梨形虫病 牛梨形虫病是由蜱为媒介而传播的一种虫媒传染病。可分为牛巴贝斯虫病和牛环形泰勒梨形虫病两种。

【病原及流行特点】梨形虫寄生于红细胞内。此病以散发和地方流行为主，多发生于夏秋季节，以7～9月份为发病高峰期。有病区当地牛发病率较低，死亡率约为40%；由无病区运进有病区的牛发病率高，死亡率可达60%～92%。

【临床症状和病理变化】梨形虫病的共同症状是高热、贫血和黄疸。临床上常表现为病牛体表淋巴结肿大或出现红色素尿为特征两种类型。剖检可见肝脏和脾脏肿大、出血，皮下、肌肉、脂肪黄染，皮下组织胶样浸润，肾脏及周围组织黄染和胶样病变，膀胱积尿呈红色，黏膜及其他脏器有出血点，瓣胃阻塞。

【诊断】根据临床症状和病理变化可做出初步诊断，确诊需做实验室诊断。

【提示】 主要临床症状是高热、贫血或黄疸，反刍停止，泌乳停止，食欲减退，消瘦严重者则造成死亡。

【防治】梨形虫病疫苗尚处于研制阶段，病牛仍以药物治疗为主。三氮脒（血虫净）是治疗梨形虫病的高效药物。临用时，用注射用水配成5%溶液，做分点深层肌内注射或皮下注射。一般病例每千克体重注射3.5~3.8毫克。对顽固的牛环形泰勒梨形虫病等重症病例，每千克体重应注射7毫克。黄牛按治疗量给药后，可能出现轻微的副反应，如起卧不安、肌肉震颤等，但很快消失。或灭焦敏，对牛泰勒梨形虫病亦有特效，对其他梨形虫病也有效，治愈率达90%~100%，灭焦敏是目前国内外治疗梨形虫病最好的药物，主要成分是磷酸氯喹和磷酸伯氨喹。片剂，每10~15千克体重服一片，每天一次，连服3~4天。针剂，每次每千克体重肌内注射0.05~0.1毫升，剂量大时可分点注射。每天或隔天一次，共注射3~4次。对重病牛还应同时进行强心、解热、补液等对症疗法，以提高治愈率。

（2）牛球虫病 牛球虫病是由艾美耳属的几种球虫寄生于牛肠道引起的以急性肠炎、血痢等为特征的寄生虫病。牛球虫病多发生于犊牛。

【病原及流行特点】牛球虫有十余种：邱氏艾美耳球虫、斯氏艾美耳球虫、拨克朗艾美耳球虫、奥氏艾美耳球虫、椭圆艾美耳球虫、柱状艾美耳球虫、加拿大艾美耳球虫、奥博艾美耳球虫、阿拉巴艾美耳球虫、亚球形艾美耳球虫、巴西艾美耳球虫、艾地艾美耳球虫、俄明艾美耳球虫、皮利他艾美耳球虫等。寄生于牛的各种球虫中，以邱氏艾美耳球虫和斯氏艾美耳球虫的致病力最强，而且最常见。

【临床症状和病理变化】潜伏期约为2~3周，犊牛一般为急性经过，病程为10~15天。当牛球虫寄生在大肠内繁殖时，肠黏膜上皮大量破坏脱落，黏膜出血并形成溃疡；这时在临床上表现为出血性肠炎、腹痛，血便中常带有黏膜碎片。约1周后，当肠黏膜破坏而造成细菌继发感染时，则体温可升高到40~41℃，前胃迟缓，肠蠕动增强、下痢，多因体液过度消耗而死亡。慢性病例则表现为长期下痢、贫血，最终因极度消瘦而死亡。

【诊断】临床上犊牛出现血痢和粪便恶臭时，可采用饱和盐水漂浮法检查患犊粪便，查出球虫卵囊即可确诊。

> ⚠【注意】 在临床上应注意牛球虫病与大肠杆菌病的鉴别。牛球虫病常发生于1个月以上的犊牛，大肠杆菌病多发生于生后数日内的犊牛且表现脾脏肿大。

【预防】

① 犊牛与成年牛分群饲养，以免球虫卵囊污染犊牛的饲料。被粪便污染的母牛乳房在哺乳前要清洗干净。

② 舍饲牛的粪便和垫草需集中消毒或生物热堆肥发酵，在发病时可用1%克辽林对牛舍、饲槽消毒，每周一次。

③ 添加药物预防。如氨丙啉，按0.004%~0.008%的浓度添加于饲料或饮水中；或莫能霉素按每千克饲料添加0.3克，既能预防球虫又能提高饲料报酬。

【发病后措施】药物治疗。氨丙啉，按每千克体重20~50毫克，一次内服，连用5~6天；或呋喃唑酮，每千克体重7~10毫克内服，连用7天；或盐霉素，每天每千克体重2毫克，连用7天。

(3) 弓形虫病 弓形虫病是由弓形虫原虫所引起的人、畜共患疾病。

【病原及流行特点】弓形虫在整个生活史过程中可出现滋养体、包囊、卵囊、裂殖体、配子体等几种不同的形态。弓形虫滋养体可以在很多种动物细胞中培养，如猪肾、牛肾、猴肾等原代细胞，以及其他种传代细胞，均能发育好。隐性感染或临床型的猫、人、畜、

禽、鼠及其他动物都是本病的传染来源。弓形虫的发病季节十分明显，多发生在每年的6月间。

【临床症状和病理变化】突然发病，最急性者约经36小时死亡。病牛食欲废绝，反刍停止；粪便干、黑，外附黏液和血液；流涎；结膜炎、流泪；体温升高至40～41.5℃，呈稽留热；脉搏增数，每分钟达120次，呼吸增数，每分钟达80次以上，气喘，腹式呼吸，咳嗽；肌肉震颤，腰和四肢僵硬，步态不稳，共济失调。严重者，后肢麻痹，卧地不起；腹下、四肢内侧出现紫红色斑块，体躯下部水肿；死前表现兴奋不安、吐白沫、窒息。病情较轻者，虽能康复，但见发生流产；病程较长者，可见神经症状，如昏睡、四肢划动；有的出现耳尖坏死或脱落，最后死亡。剖检可见皮下血管怒张，颈部皮下水肿，结膜发绀；鼻腔、气管黏膜点状出血；阴道黏膜条状出血；真胃、小肠黏膜出血；肺水肿、气肿，间质增宽，切面流出大量含泡沫的液体；肝脏肿大、质硬、土黄色，表面有粟粒状坏死灶；体表淋巴结肿大，切面外翻，周边出血，实质见脑回样坏死。

【诊断】结合临床症状及剖检变化进行诊断，另外可通过生前取腹股沟浅淋巴结，急性死亡病例可取肺、肝、淋巴结直接抹片，染色、镜检发现10～60微米直径的圆形或椭圆形小体。

【提示】 家畜弓形虫病多呈隐性感染；显性感染的临床特征是高热、呼吸困难、中枢神经机能障碍、早产和流产。剖检以实质器官的灶性坏死、间质性肺炎及脑膜炎为特征。

【预防】坚持兽医防疫制度，保持牛舍、运动场的卫生，粪便经常清除，堆积发酵后才能在地里施用；坚持灭鼠，禁止养猫。对于已发生过弓形虫病的牛场，应定期进行血清学检查，及时检出隐性感染牛，并进行严格控制，隔离饲养，用磺胺类药物连续治疗，直到完全康复为止。

【发病后措施】当发生流行弓形虫病时，全群牛可考虑用药物预防。

2. 蠕虫病

（1）牛囊尾蚴病 囊尾蚴病是由牛带绦虫的幼虫——牛囊尾蚴

寄生于牛的肌肉组织中引起的，是重要的人畜共患的寄生虫病。

【病原及流行特点】牛囊尾蚴为白色半透明的小泡囊，如黄豆粒大，囊内充满液体，囊壁一端有一粟粒大的头节，上有四个小吸盘，无顶突和小钩。本病世界性流行，特别是在有吃生牛肉习惯的地区或民族中流行。

【临床症状和病理变化】一般不出现症状，只有当牛受到严重感染时才表现症状，初期可见体温升高，虚弱，腹泻，反刍减少或停止，呼吸困难，心跳加快等，可引起死亡。

【诊断】生前诊断，可采取血清学方法，目前认为最有效的方法是间接红细胞凝集试验和酶联免疫吸附试验。宰杀后检验时发现囊尾蚴可确诊。

【预防】建立健全卫生检验制度和法规，要求做到检验认真，严格处理，不让牛吃到病人粪便污染的饲料和饮水，不让人吃到病牛肉。

【发病后措施】治疗牛囊尾蚴是困难的，建议试用丙硫苯咪唑。

（2）消化道线虫病 牛消化道线虫病是指寄生在反刍兽消化道中的毛圆科、毛线科、钩口科和圆形科的多种线虫所引起的寄生虫病。这些虫体寄生在反刍兽的第四胃、小肠和大肠中，在一般情况下多呈混合感染。

【病原及流行特点】牛线虫病种类繁多，在消化道线虫病中，有无饰科的弓首蛔虫、牛新蛔虫，主要寄生于犊牛小肠；有消化道圆线虫的毛圆科、毛线科、钩口科和圆形科的几十种线虫，分别寄生在第四胃、小肠、大肠和盲肠；有毛首科的鞭虫病，主要寄生于大肠及盲肠；有网尾科的网尾线虫，寄生于肺脏；有吸吮科的吸吮线虫，寄生于眼中；有丝状科的腹腔丝虫和丝虫科的盘尾丝虫，寄生于腹腔和皮下等。其中在我国比较多见且危害严重的是消化道圆线虫病中的一些虫种，如血矛线虫病、钩虫病、结节虫病等。

【临床症状和病理变化】各类线虫的共同症状，主要表现明显的持续性腹泻，排出带黏液和血的粪便；幼畜发育受阻，进行性贫血，严重消瘦，下颌水肿，还有神经症状，最后虚脱而死亡。

【诊断】用饱和盐水漂浮法检查粪便中的虫卵或根据粪便培养出

的侵袭性幼虫的形态及尸体剖检在胃肠内发现虫体可以分别确诊。

【小知识】 饱和盐水漂浮法的原理是利用比虫卵比重大的溶液作为检查用的漂浮液，使寄生虫的虫卵、卵囊等浮聚于液体表面，取表膜液制片镜检。该法适用于检查粪便中的线虫卵、绦虫卵和球虫卵囊。操作方法：取5~10克粪便置于100毫升烧杯中，加入少量饱和盐水搅拌混匀后，继续加入10~20倍的饱和盐水，用玻璃棒搅匀，经细网筛或两层纱布过滤出滤液。将滤液置平底试管内，静置30分钟左右，用直径0.5~1.0厘米的金属圈平着接触滤液表面，提起后将粘于金属圈上的液膜抖落于载玻片上，如此多次蘸取不同部位的液面后，加盖玻片镜检；或将粪便滤液倒入直立的直径1.5~2厘米的平口试管或青霉素瓶中，直到液面接近管口时为止，然后用滴管补加粪液，滴至液面凸出管口为止，上放清洁盖玻片，静置30分钟后，平移此盖玻片于事先放有一滴甘油水的载玻片上镜检；或将粪便滤液置离心管内，按每分钟2500~3000转离心漂浮5~10分钟，取上浮物制片镜检。

【预防】改善饲养管理，合理补充精饲料，进行全价饲养以增强机体的抗病能力。牛舍要通风干燥，加强粪便管理，防止污染饲料及水源。牛粪应放置在远离牛舍的固定地点堆肥发酵，以消灭虫卵和幼虫。

【发病后措施】用来治疗牛消化道线虫病的药物很多，根据实际情况，常用以下两种药物。敌百虫，每千克体重用0.04~0.08克，配成2%~3%的水溶液，灌服；或伊维菌素注射液，每50克体重用药1毫升，皮下注射，不准肌内或静脉注射，注射部位在肩前、肩后或颈部皮肤松弛的部位。

（3）绦虫病 牛绦虫病是由牛绦虫寄生在人体小肠引起的寄生虫病，临床以腹痛、腹泻、食欲异常、神疲乏力及大便排出绦虫节片为主症。

【病原及流行特点】虫体呈白色，由头节、颈节和体节构成扁平长带状。成熟的体节或虫卵随粪便排出体外，被地螨吞食，六钩蚴从卵内逸出，并发育成为侵袭性的似囊尾蚴，牛吞食似囊尾蚴的地螨而感染。

【临床症状和病理变化】莫尼茨绦虫主要感染生后数月的犊牛，以6~7月份发病最为严重。曲子宫绦虫各种牛均可感染。无卵黄腺绦虫常感染成年牛。严重感染时表现精神不振，腹泻，粪便中混有成熟的节片。病牛迅速消瘦，贫血，有时还出现痉挛或回旋运动，最后引起死亡。

【诊断】用粪便漂浮法可发现虫卵，虫卵近似四角形或三角形，无色，半透明，卵内有梨形器，梨形器内有六钩蚴。用1%硫酸铜溶液进行诊断驱虫，如发现排出虫体，即可确诊。剖检时可在肠道内发现白色带状的虫体。

【预防】对病牛粪便集中处理，然后才能作为肥料，采用翻耕土地、更新牧地等方法消灭地螨。

【发病后措施】如有病牛感染，则可用硫酸二氯酚按每千克30~40毫克，一次口服；或丙硫苯咪唑按每千克体重7.5毫克，一次口服。

3. 吸虫病

（1）肝片形吸虫病 肝片形吸虫病是由肝片形吸虫或大片形吸虫引起的一种寄生虫病，主要发生于牛、羊。临床症状主要是营养障碍和中毒所引起的慢性消瘦和衰竭，病理特征是慢性胆管炎及肝炎。

【病原及流行特点】本病原为肝片形吸虫和大片形吸虫两种，成虫形态基本相似，虫体扁平，呈柳叶状，是一类大型吸虫。该病原的终末宿主为反刍动物。中间宿主为椎实螺。

【临床症状和病理变化】一般在生食水生植物后2~3个月，可有高热，体温波动在38~40℃，持续1~2周，甚至长达8周以上，并有食欲缺乏、乏力、恶心、呕吐、腹胀、腹泻等症状。数月或数年后可出现肝内胆管炎或阻塞性黄疸。慢性症状常发生在成年牛，主要表现为贫血、黏膜苍白、眼睑及体躯下垂部位发生水肿，被毛粗乱无光泽，食欲减退或消失，消瘦，肠炎等。

【诊断】应结合症状、流行情况及粪便虫卵检查综合判定。

➡【提示】 病理诊断要点为：一是胆管增粗、增厚；二是大多胆管中常有片形吸虫寄生。

【预防】

① 定期驱虫。因本病常发生于10月份至第2年5月份，所以春秋两次驱虫是防治的必要环节，既能杀死当年感染的幼虫和成虫，又能杀灭由越冬蚴感染的成虫。硝氯酚，按3～4毫克/千克体重，粉剂混料喂服或水瓶灌服，不必禁食。

② 粪便处理。把平时和驱虫时排出的粪便收集起来，堆积发酵，杀灭虫卵。

③ 消灭椎实螺。配合农田水利建设，填平低洼水潭，杜绝椎实螺栖生处所，放牧时防止牛在低洼地、沼泽地饮水和食草。

【发病后措施】首选药物是硫氯酚，常用剂量每千克体重50毫克/天，分3次服，隔日服用，15个治疗日为1疗程。或依米丁，每千克体重1毫克/天，肌内或皮下注射，每天1次，10天为1疗程，对消除感染、减轻症状有效，但可引起心、肝、胃肠道及神经肌肉的毒性反应，需在严格的医学监督下使用，每次用药前检查腱反射、血压、心电图，并卧床休息。或三氯苯咪唑，12毫克/千克体重，顿服，或第1天5毫克/千克体重，第2天10毫克/千克体重，顿服，可能出现继发性胆管炎，可用抗生素治疗。

（2）血吸虫病 血吸虫病主要是由日本分体科分体吸虫所引起的一种人畜共患血液吸虫病。以牛感染率最高，病变也较明显。主要症状为贫血、营养不良和发育障碍。我国主要发生在长江流域及南方地区，北方地区发生少。

【病原及流行特点】日本分体吸虫成虫呈长线状，雌雄异体，但在动物体内多呈合抱状态。虫卵随粪便排出体外，在水中形成毛蚴，侵入中间宿主钉螺体内发育成尾蚴，从螺体中逸出进入水中。可经口或皮肤感染。

【临床症状和病理变化】急性病牛，主要表现为体温升高到40℃以上，呈不规则的间歇热，可因严重的贫血致全身衰竭而死。常见的多为慢性病例，病牛仅见消化不良，发育迟缓，腹泻及便血，逐渐消瘦。若饲养管理条件较好，则症状不明显，常成为带虫者。

【诊断】可根据临床表现和流行病学资料做出初步诊断，确诊需做病原学检查。病原学检查常用虫卵毛蚴孵化法和沉淀法。沉淀法是反复用清水冲洗沉淀粪便，镜检粪渣中的虫卵。镜下虫卵呈卵圆形。门静脉和肠系膜内有成虫寄生。

【预防】搞好粪便管理，牛粪是感染本病的根源。因此，要结合积肥，把粪便集中起来，进行无害化处理。改变饲养管理方式，在有血吸虫病流行的地区，牛饮用水必须选择无螺水源，以避免有尾蚴侵袭而感染。

【发病后措施】用吡喹酮治疗，按 30 毫克/千克体重，一次口服。

4. 体外寄生虫病

螨病是疥螨和痒螨寄生在动物体表而引起的慢性寄生性皮肤病。螨病又叫疥癣、疥虫病、疥疮等，具有高度传染性，发病后往往蔓延至全群，危害十分严重。

【病原及流行特点】寄生于不同家畜的疥螨，多认为是人疥螨的一些变种，它们具有特异性。有时可发生不同动物间的相互感染，但寄生时间较短。疥螨形体很小，肉眼不易见，呈龟形，背面隆起，腹面扁平，浅黄色。体背面有细横纹、锥突、圆锥形鳞片和刚毛，腹面有 4 对粗短的足。

【临床症状和病理变化】该病初发时，剧痒，可见患畜不断地在圈墙、栏柱等处摩擦。在阴雨天气、夜间、通风不好的圈舍以及随着病情的加重，痒觉表现更为剧烈。由于患畜的摩擦和啃咬，患部皮肤出现丘疹、结节、水泡甚至脓胞，以后形成痂皮和龟裂及造成被毛脱落，炎症可不断向周围皮肤蔓延。病牛食欲减退，渐进性消瘦，生长停滞。有时可导致死亡。

【诊断】根据其症状表现及疾病流行情况，刮取皮肤组织，查找病原进行确诊。其方法是用经过火焰消毒的凸刃小刀，涂上 50% 甘油水溶液或煤油，在皮肤的患部与健部的交界处用力刮取皮屑，一直刮到皮肤轻微出血为止。将刮取的皮屑放入 10% 氢氧化钾或氢氧化钠溶液中煮沸，待大部分皮屑溶解后，经沉淀取其沉渣镜检虫体。

也可直接在待检皮屑内滴少量10%氢氧化钾或氢氧化钠制片镜检，但病原的检出率较低。无镜检条件时，可将刮取物置于平皿内，在热水上或在日光照晒下加热平皿后，将平皿放在黑色背景上，用放大镜仔细观察有无螨虫在皮屑间爬动。

【预防】流行地区每年定期药浴，可取得预防与治疗的双重效果；加强检疫工作，对新购入的家畜应隔离检查后再混群；经常保持圈舍卫生、干燥和通风良好，定期对圈舍和用具清扫和消毒。

【发病后措施】对患畜应及时治疗；可疑患畜应隔离饲养；治疗期间，应注意对饲管人员、圈舍、用具同时进行消毒，以免病原散布，不断出现重复感染。注射或灌服药物，选用伊维生菌素，剂量按每千克体重100~200微克；如果病畜数量多且气候温暖的季节，药浴为主要方法。药浴时，药液可选用0.025%~0.03%林丹乳油水溶液，0.5%~1%敌百虫水溶液，0.05%辛硫磷油水溶液，0.05%双甲脒溶液等。

三 普通病

1. 营养代谢病

（1）佝偻病 佝偻病是由于犊牛饲料中钙、磷缺乏，钙、磷比例失调或吸收障碍而引起的骨结构不适当地钙化，以生长骨的骨骺肥大和变形为特征。

【病因】发病原因为日粮中钙、磷缺乏，或者是由于维生素D不足影响钙、磷的吸收和利用，而导致骨骼异常，饲料利用率降低、异嗜癖、生长速度下降。

【临床症状和病理变化】不愿行走而呆立或卧地，食欲不振、啃食墙壁、泥沙，换齿时间推迟，关节常肿大，步态拘强，跛行，起立困难。膝、腕、跗关节、系关节的骨端肿大，呈二重关节。肋骨与肋软骨接合部肿胀，呈佝偻病念珠状。脊柱侧弯、凹弯、凸弯，骨盆狭窄。上颌骨肿胀，口腔变窄，出现鼻塞和呼吸困难。因异嗜食可致消化不良，营养状况欠佳，精神不振，逐渐消瘦，最终发生恶病质。尸体剖检主要病理变化在骨骼和关节。全身骨骼都有不同程度的肿胀、疏松，骨密质变薄，骨髓腔变大，肋骨变形，胸骨脊呈S状弯曲，管状骨很易折断。关节软骨肿胀，有的有较大的软骨缺损。

【诊断】根据临床症状和骨骼的病理变化一般可做出诊断。对饲料中钙、磷、维生素 D 含量检测可做出确切诊断。

【预防】本病的病程较长，病理变化是逐渐发生的，骨骼变形后极难复原，故应以预防为主。本病的预防并不困难，只要能够坚持满足牛的各个生长时期对钙、磷的需要，并调整好两者的比例关系，即可有效地预防本病发生。

① 科学补钙。日粮要全价，以保证钙、磷的平衡供给，防止钙、磷的缺乏。

② 维生素 D。饲料中维生素 D 的供给应能满足牛的正常需要，以防发生维生素 D 缺乏。但应注意，也不可长期大剂量地添加维生素 D，以防发生中毒。

③ 定期驱虫。牛群应定期以伊维菌素进行驱虫，以保证各种营养素的吸收和利用。

【发病后措施】骨粉 10 千克拌入 1000 千克饲料中，全群混饲，连用 5 ~7 天。并用维生素 D 注射液 0.15 万 ~0.3 万国际单位/次，肌内注射，2 天 1 次，连用 3 ~5 次。或维生素 AD 注射液（维生素 A 25 万国际单位、维生素 D 2.5 万国际单位）2 ~4 毫升/次，肌内注射，每天 1 次，连用 3 ~5 天。并用磷酸氢钙 2 克/头，每天 1 次，全群拌料混饲，连用 5 ~7 天。

（2）维生素 A 缺乏症 本病是由于日粮中维生素 A 原（胡萝卜素等）和维生素 A 供应不足或消化吸收障碍所引起的以黏膜、皮肤上皮角化变质，生长停滞，眼干燥症和夜盲症为主要特征的疾病。

【病因】长期饲喂不含动物性饲料或使用白玉米的日粮，又不注意补充维生素 A 时就易产生该症。饲料中油脂缺乏、长期拉稀、肝胆疾病、十二指肠炎症等都可造成维生素 A 的吸收障碍。

【临床症状和病理变化】维生素 A 缺乏多见于犊牛，主要表现生长发育迟缓，消瘦，精神沉郁，共济运动失调，嗜睡。眼睑肿胀、流泪，眼内有干酪样物质积聚，常将上、下眼睑粘连在一起，出现夜盲。角膜混浊不透明，严重者角膜软化或穿孔，直至失明。常伴发上呼吸道炎症或支气管肺炎，出现咳嗽，呼吸困难，体温升高，心跳加快，鼻孔流出黏液或黏液脓性分泌物。

成年牛表现消化紊乱，前胃弛缓，精神沉郁，被毛粗乱，进行性消瘦，夜盲，甚至出现角膜混浊、溃疡。母牛表现不孕、流产、胎衣不下；公牛表现肾脏功能障碍，尿酸盐排泄受阻，有时发生尿结石，性机能减退，精液品质下降。

【诊断】根据流行病学和临床症状，可做出初步诊断，测定日粮维生素A含量可做出确切诊断。

【预防】停喂贮存过久或霉变饲料；全年供给适量的青绿饲料，避免终年只喂给农作物秸秆。

【发病后措施】鱼肝油50~80毫升/次，拌入精饲料喂给，每天1次，连用3~5天。并用苍术50~80克/次，混入精饲料中全群喂给，每天1次，连用5~7天。或维生素AD注射液（维生素A 25万国际单位、维生素D 2.5万国际单位）10毫升/次，肌内注射，每天1次，连用3~5天。并用胡萝卜500克/头，全群喂给，每天1次，连用10~15天。

2. 中毒病

(1) 有机磷农药中毒 有机磷农药是农业上常用的杀虫剂之一，引起家畜中毒的有机磷农药，主要有乐果、敌百虫、马拉硫磷(4049)和碘依可酯（1240）等。

【病因】引起中毒的原因主要是误食喷洒有机磷农药的青草或庄稼，误饮被有机磷农药污染的饮水，误将配制农药的容器当作饲槽或水桶来喂饮家畜，滥用农药驱虫等。

【临床症状】患牛突然发病，表现为流涎、流泪，口角有白色泡沫，瞳孔缩小，视力减弱或消失，肠音亢进，排粪次数增多或腹泻带血。严重的病例则表现为狂躁不安，共济失调，肌痉挛及震颤，呼吸困难。晚期病牛出现癫痫样抽搐，脉搏和呼吸减慢，最后因呼吸肌麻痹窒息死亡。

【预防】健全农药的保管制度；用农药处理过的种子和配好的溶液，不得随便堆放；配制及喷洒农药的器具要妥善保管；喷洒农药最好在早晚无风时进行；喷洒过农药的地方，应插上“有毒”的标志，1个月内禁止放牧或割草；不滥用农药来杀灭家畜体表寄生虫。

【发病后措施】发现病牛后，立即将病牛与毒物脱离开，紧急使用阿托品与解磷定进行综合治疗。可根据病情的严重程度等有关情况选择不同的治疗方案。

大剂量使用阿托品（即一般剂量的2倍），0.06～0.2克，皮下注射或静脉注射，每隔1～2小时用一次，可使症状明显减轻。在此治疗基础上，配合解磷定或氯解磷定5～10克，配成2%～5%水溶液静脉注射，每隔4～5小时用药一次。有效反应为：瞳孔放大，流涎减少，口腔干燥，视力恢复，症状显著减轻或消失。另外双复磷比氯解磷定效果更好，剂量为10～20毫克/千克体重。对严重脱水的病牛，应当静脉补液，对心功能差的病牛，应使用强心药。对于经口吃入毒物而致病的牛，可早期洗胃；对因体表接触引起中毒的病牛，可进行体表刷洗。

(2) 尿素中毒

【病因】尿素是农业上广泛应用的一种速效肥，它也可以作为牛的蛋白质饲料，还可以用于麦秸的氨化。但若用量不当，则可导致牛尿素中毒。尿素喂量过多，或喂法不当，或被大量误食均可中毒。

【临床症状】牛过量采食尿素后30～60分钟即可发病。病初表现不安，呻吟，流涎，肌肉震颤，体躯摇晃，步态不稳。继而反复痉挛，呼吸困难，脉搏增速，从鼻腔和口腔流出泡沫样液体。末期全身痉挛出汗，眼球震颤，肛门松弛，几小时内死亡。

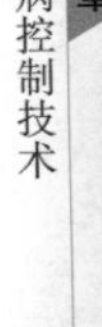

【预防】严格执行化肥保管制度，防止牛误食尿素。用尿素作为饲料添加剂时，应严格掌握用量，体重500千克的成年牛，用量不超过150克/天。尿素以拌在饲料中喂给为宜，不得化水饮服或单喂，喂后2小时内不能饮水。如日粮蛋白质已足够，不宜加喂尿素。犊牛不宜使用尿素。

【发病后措施】发现病牛后，应立即隔离治疗，可根据病情的严重程度等有关情况选择不同的治疗方法。发现牛尿素中毒后，立即灌服食醋或醋酸等弱酸溶液，如1%醋酸1升、糖250～500克、水1升，或食醋500毫升，加水1升，一次内服。静脉注射10%葡萄糖酸钙200～400毫升，或静脉注射10%硫代硫酸钠溶液100～200毫升，同时应用强心剂、利尿剂、高渗葡萄糖等疗法。

（3）食盐中毒 食盐是牛饲料的重要组成部分，缺盐常可导致牛异食癖及代谢机能紊乱，影响牛的生长发育及生产性能发挥。但过量食用或饲喂不当，又可引起牛体中毒，发生消化道炎症和脑水肿等一系列病变。牛的一般中毒量为每千克体重1.0～2.2克。

【病因】长期缺盐饲养的牛突然加喂食盐，又未加限制，造成牛大量采食；水不足也是导致牛食盐中毒的原因之一；给牛饲喂腌菜的废水或酱渣或料盐存放不当，被牛偷食过量而中毒。

【临床症状】病牛精神沉郁，食欲减退，眼结膜充血，眼球外突，口干，饮欲增加，伴有腹泻、腹痛症状，运动失调，步态蹒跚。有的牛只还伴有神经症状，如乱跑乱跳、做圆圈运动。严重者卧地不起，食欲废绝，呼吸困难，濒临死亡。

【预防】保证充分的饮水；在给牛饲喂含盐的残渣废水时，必须适当限制用量，并同其他饲料搭配饲喂。饲料中的盐含量要适宜。料盐要注意保管存放，不要让牛接近，以防偷食。

【发病后措施】立即停喂食盐。本病无特效解毒药，治疗原则主要是促进食盐排出，恢复阳离子平衡，并对症治疗。恢复血液中的阳离子平衡，可静脉注射10%葡萄糖酸钙200～400毫升；缓解脑水肿，可静脉注射甘露醇1000毫升；病牛出现神经症状时，用25%硫酸镁10～25克肌内注射或静脉注射，以镇静解痉。以上是针对成年牛发病的药物使用剂量，犊牛酌减。

3. 其他病

（1）瘤胃迟缓 前胃弛缓是指瘤胃的兴奋性降低、收缩力减弱、消化功能紊乱的一种疾病，多见于舍饲的肉牛。

【病因】前胃弛缓的病因比较复杂。一般为原发性和继发性两种。原发性病因包括长期饲料过于单纯，饲料质量低劣，饲料变质，饲养管理不当，应激反应等。继发性病因包括由胃肠疾病、营养代谢病及某些传染病继发而成的。

【临床症状】按照病程可分急性和慢性两种类型。急性时，病牛表现精神委顿，食欲、反刍减少或消失，瘤胃收缩力降低，蠕动次数减少。嗳气且带酸臭味，瘤胃蠕动音低沉，触诊瘤胃松软，初期粪便干硬色深，继而发生腹泻。体温、脉搏、呼吸一般无明显变化。

随病程的发展，到瘤胃酸中毒时，病牛呻吟，食欲、反刍停止，排出棕褐色糊状恶臭粪便。精神高度沉郁、鼻镜干燥，眼球下陷，黏膜发绀，脱水，体温下降等。听诊蠕动音微弱。瘤胃内纤毛虫的数量减少。由急性发展为慢性时，病牛表现食欲不定，有异嗜癖现象，反刍减弱，便秘，粪便干硬，表面附着黏液，或便秘与腹泻交替发生，脱水，眼球下陷，逐渐消瘦。

【预防】本病要重视预防，改进饲养管理，注意牛的运动，合理调制饲料，不饲喂霉败、冰冻等品质不良的饲料，防止突然更换饲料，喂饲要定时、定量。

【发病后措施】以提高前胃的兴奋性，增强前胃运动机能，制止瘤胃内异常发酵过程，防止酸中毒，恢复牛的正常反刍，改变胃内微生物区系的环境，提高纤毛虫的活力为原则。病初先停食 1～2 天，后改喂青草或优质干草。通常用人工盐 250 克、硫酸镁 500 克、碳酸氢钠 90 克，加水灌服；或 1 次静脉注射 10% 氯化钠 500 毫升、10% 安钠咖 20 毫升；为防止脱水和自体中毒，可静脉滴入等渗葡萄糖生理糖盐水 2000～4000 毫升，5% 的碳酸氢钠 1000 毫升和 10% 的安钠咖 20 毫升。

可应用中药健胃散或消食平胃散 250 克，内服，每天 1 次或隔天 1 次。马钱子酊 10～30 毫升，内服。针灸脾俞、后海、滴明、顺气等穴位。

（2）瘤胃积食 瘤胃积食是以瘤胃内积滞过量食物，导致体积增大，胃壁扩张、运动机能紊乱为特征的一种疾病。本病以舍饲肉牛多见。

【病因】本病是由于瘤胃内积滞过量干涸的饲料，引起瘤胃壁扩张，从而导致瘤胃运动及消化机能紊乱。长期大量饲喂精饲料及糟粕类饲料，粗料喂量过低；牛偷吃大量精饲料，长期采食大量粗硬劣质难消化的饲料（豆秸、麦秸等）或采食大量适口、易膨胀的饲料，均可促使本病的发生。突然变换饲料和饮水不足等也可诱发本病。此外还可继发瘤胃弛缓、瓣胃阻塞、创伤性网胃炎等疾病过程中。

【临床症状】食欲、反刍、嗳气减少或废绝，病牛表现呻吟努责、腹痛不安、腹围显著增大，尤其是左肷部明显。触诊瘤胃充满

而坚实并有痛感，叩诊呈浊音。排软便或腹泻，尿少或无尿，鼻镜干燥，呼吸困难，结膜发绀，脉搏快而弱，体温正常。到后期出现严重的脱水和酸中毒，眼球下陷，红细胞压积由30%增加到60%，瘤胃内pH明显下降。最后出现步态不稳、站立困难、昏迷倒地等症状。

【预防】关键是防止过食。严格执行饲喂制度，饲料按时按量供给，加固牛栏，防止跑牛偷食饲料。避免突然更换饲料，粗饲料应适当加工软化。

【发病后措施】可采取绝食1～2天后给予优质干草的措施。取硫酸镁500～1000克，配成8%～10%水溶液灌服，或用蓖麻油500～1000毫升、液状石蜡1000～1500毫升灌服，以加快胃内容物排出。另外，可用4%碳酸氢钠溶液洗胃，尽量将瘤胃内容物导出，对于虚弱脱水的病牛，可用5%葡萄糖生理盐水1500～3000毫升、5%碳酸氢钠500～1000毫升、25%葡萄糖溶液500毫升，一次静脉注射。以排除瘤胃内容物，制止发酵，防止自体中毒和提高瘤胃的兴奋性为治疗原则。

应用中药消积散或曲麦散250～500克，内服，每天1次或隔天1次。针灸脾俞、后海、滴明、顺气等穴位。

在上述保守疗法无效时，则应立即行瘤胃切开术，取出大部分内容物以后，放入适量健康牛的瘤胃液。

（3）瘤胃臌气 瘤胃臌气是指瘤胃内容物急剧发酵产气，对气体的吸收和排出障碍，致使胃壁急剧扩张的一种疾病。放牧的肉牛多发。

【病因】原发性病因常见采食了大量易发酵的青绿饲料，特别是以饲喂干草为主转化为喂青草为主或大量采食新鲜多汁的豆科牧草或青草，如新鲜苜蓿、三叶草等，最易导致本病发生。此外，食入腐败变质、冰冻、品质不良的饲料也可引起臌气。继发性瘤胃臌胀常见前胃迟缓、瓣胃阻塞、膈疝等，可引起排气障碍，致使瘤胃扩张而发生膨胀，本病还可继发于食道梗塞，创伤性网胃炎等疾病过程中。

【临床症状】按病程可分为急性和慢性臌胀两种。急性多于采食后不久或采食中突然发作，出现瘤胃臌胀。病牛腹围急剧增大，尤其以左肷部明显，叩诊瘤胃紧张而呈鼓音，患牛腹痛不安，不断回头顾腹，或以后肢踢腹，频频起卧。食欲、反刍、暖气停止，瘤胃蠕动减弱或消失。呼吸高度困难，颈部伸直，前肢开张，张口伸舌，呼吸加快。结膜发绀，脉搏快而弱。严重时，眼球向外突出。最后运动失调，站立不稳而卧倒于地。继发性鼓胀症状时好时坏，反复发作。

【预防】本病以预防为主，改善饲养管理。防止贪食过多幼嫩多汁的豆科牧草，尤其由舍饲转为放牧时，应先喂些干草或粗饲料，不喂发酵霉败、冰冻或霜雪、露水浸湿的饲料。变换饲料要有过渡适应阶段。

【发病后措施】首先排气减压，对一般轻症者，可使病牛取前高后低站立姿势，同时将涂有松馏油或大酱的小木棒横衔于口中，用绳拴在角上固定，使牛张口，不断咀嚼，促进嗳气。对于重症者，要立即将胃管从口腔插入胃，用力推压左侧腹壁，使气体排出。或使用套管汁穿刺法，在左肷凹陷部剪毛，用5%碘酊消毒，将套管针垂直刺入瘤胃，缓慢放气。最后拔出套管针，穿刺部位用碘酊彻底消毒。对于泡沫性瘤胃臌胀，可用植物油（豆油、花生油、棉籽油等）或液状石蜡250~500毫升，1次内服。此外可酌情使用缓泻制酵剂，如硫酸镁500~800克，福尔马林20~30毫升，加水5~6升，1次内服；或液状石蜡1~2升，鱼石脂10~20克，温水1~2升，1次内服。

（4）瘤胃酸中毒 瘤胃酸中毒是由于采食大量精饲料或长期饲喂酸度过高的青贮饲料，在瘤胃内产生大量乳酸等有机酸而引起的一种代谢性酸中毒。该病的特征是消化功能紊乱、瘫痪、休克，死亡率高。

【病因】过食或偷食大量谷物饲料，如玉米、小麦、红薯干，特别是粉碎过细的谷物，由于淀粉充分暴露，在瘤胃内高度发酵产生大量乳酸或长期饲喂酸度过高的青贮饲料而引起中毒，在气候突变等应激情况下，肉牛消化机能紊乱，容易导致本病。

【临床症状】本病多急性经过。初期，食欲、反刍减少或废绝，

瘤胃蠕动减弱，胀满，腹泻、粪便酸臭、脱水、少尿或无尿，呆立。不愿行走，步态蹒跚，眼窝凹陷；严重时，瘫痪卧地，头向背侧弯曲，呈角弓反张样，呻吟，磨牙，视力障碍，体温偏低，心率加快，呼吸浅而快。

【预防】应注意生长肥育期肉牛饲料的选择和调制，注意精粗比例，不可随意加料或补料，适当添加矿物质、微量元素和维生素添加剂。对含碳水化合物较高或粗饲料以青贮为主的日粮，适当添加碳酸氢钠。

【发病后措施】对发病牛在去除病因的同时抑制酸中毒，解除脱水和强心。禁食 1～2 天，限制饮水。为缓解酸中毒，可静脉注射 5% 的碳酸氢钠 1000～5000 毫升，每天 1～2 次。为促进乳酸代谢，可肌内注射维生素 B 10.3 克，同时内服酵母片。为补充体液和电解质，促进血液循环和毒素的排出，常采用糖盐水、复方生理盐水、低分子的右旋糖酐各 1000 毫升，混合静脉注射，同时加入适量的强心剂。适当应用瘤胃兴奋剂，皮下注射新斯的明、毛果云香碱和卡巴胆碱等。

（5）腐蹄病 牛蹄间皮肤和软组织具有腐败、恶臭特征的疾病总称为腐蹄病。

【病因】本病病因为两种类型：一是饲料管理方面，主要是草料中钙、磷不平衡，致使角质蹄疏松，蹄变形和不正；牛舍不清洁、潮湿，运动场泥泞，蹄部经常被粪尿、泥浆浸泡，使局部组织软化；石子、铁钉、坚硬的木头、玻璃碴等刺伤软组织而引起蹄部发炎。二是由坏死杆菌引起，本菌是牛的严格寄生菌，离开动物组织后，不能在自然界长期生存，此菌可在病愈动物体内保持活力数月，这是腐蹄病难以消灭的一个原因。

【临床症状】病牛喜爬卧，站立时患肢负重不实或各肢交替负重，行走时跛行。蹄间和蹄冠皮肤充血，红肿，蹄间溃烂，有恶臭分泌物，有的蹄间有不良肉芽增生。蹄底角质部呈黑色，用叩诊锤或手压蹄部出现痛感。有的出现角质溶解、蹄真皮过度增生，肉芽突出于蹄底。严重时，体温升高，食欲减少，严重跛行，甚至卧地不起，消瘦。用刀切削扩创后，蹄底小孔或大洞即有污黑的臭水流出，趾间也能看到溃疡面，上面覆盖着恶臭的坏死物，重者蹄冠红肿，痛感明显。

【预防】药物对腐蹄病无临床效果，切实预防和控制该病的最有效措施是进行免疫接种。此外，圈舍应勤扫勤垫，防止泥泞，运动场要干燥，设有遮阴棚。

【发病后措施】草料中要补充锌与铜，每头牛每天每千克体重补喂硫酸铜、硫酸锌各 45 毫克。如钙、磷失调，缺钙补骨粉，缺磷则加喂麸皮。用 10% 硫酸铜溶液浴蹄 2 ~ 5 分钟，间隔 1 周再进行 1 次，效果极佳。

（6）子宫内膜炎 子宫内膜炎是在母牛分娩时或产后由于微生物感染所引起的，是奶牛不孕的常见原因之一。根据病程可分为急性和慢性两种，临床上以慢性较为多见，常由急性未及时或未彻底治疗转化而来。

【病因】发病原因多见于产道损伤、难产、流产、子宫脱出、阴道脱出、阴道炎、子宫颈炎、恶露停滞、胎衣不下以及人工授精或阴道检查时消毒不严，致使致病毒侵入子宫而引起。

【临床症状】急性子宫内膜炎，在产后 5 ~ 6 天从阴门排出大量恶臭的恶露，呈褐色或污秽色，有时含有絮状物。慢性子宫炎出现性周期不规则，屡配不孕，阴户在发情时流出较浑浊的黏液。

【防治措施】主要方法包括冲洗子宫、子宫按摩和促进子宫收缩。

（7）胎衣不下 牛胎衣不下是指母牛分娩后 8 ~ 12 小时排不出胎衣（正常分娩后 3 ~ 5 小时排出胎衣），超过 12 小时胎衣还未全部排出者称为胎衣不下或胎衣滞留。

【病因】母牛体质弱，运动少，营养不良，胎儿过大，胎水过多，胎儿胎盘和母体胎盘病理黏着，产道阻滞等均会导致胎衣不下。

【临床症状】停滞的胎衣部分悬垂于阴门之外或阻滞于阴道之内。

【防治措施】胎衣不下的治疗方法很多，概括起来可分为药物疗法和手术剥离两类，以促进子宫收缩，加速胎衣排出。药物疗法：皮下或肌内注射垂体后叶素 50 ~ 100 国际单位。最好在产后 8 ~ 12 小时注射，如分娩超过24～48小时，则效果不佳。也可注射催产素10毫升（100国际单位），麦角新碱6～10毫克。手术剥离：先用温水灌肠，排出直肠中积粪，或用手掏尽。再用0.1%高锰酸钾液洗净外阴。后用左手握住外露的胎衣，右手顺阴道伸入子宫，寻找子宫叶。先用拇指找出胎儿胎盘的边缘，然后将食指或拇指伸入胎儿胎盘与母体胎盘之间，把它们分开，至胎儿胎盘被分离一半时，用拇、食、中指握住胎衣，轻轻一拉，即可完整地剥离下来。如粘连较紧，必须慢慢剥离。操作时需由近及远，循序渐进，越靠近子宫角尖端，越不易剥离，尤须细心，力求完整取出胎衣。

为了预防胎衣不下，当分娩破水时，可接取羊水300～500毫升于分娩后立即灌服，可促使子宫收缩，加快胎衣排出。

（8）子宫外翻或子宫脱出　子宫角、子宫体、子宫颈等翻转突垂于阴道内称为子宫内翻，翻转突垂于阴门外称子宫外翻。

【病因】多因妊娠期饲养管理不当，饲料单一，质量差，缺乏运动，畜体瘦弱无力，过劳等致使会阴部组织松弛，无力固定子宫，年老和经产母畜易发生。助产不当、产道干燥强力而迅速拉出胎畜、胎衣不下，在露出的胎衣断端系以重物及胎畜脐带粗短等因素也可引起。此外，瘤胃臌气、瘤胃积食、便秘、腹泻等也能诱发本病。

【临床症状】子宫部分脱出，为子宫角翻至子宫颈或阴道内而发生套叠，仅有不安、努责和类似疝痛症状，通过阴道检查才可发现。子宫全部脱出时，子宫角、子宫体及子宫颈部外翻于阴门外，且可下垂到跗关节。脱出的子宫黏膜上往往附有部分胎衣，表面常有污染的粪尿和其他不洁之物。子宫黏膜初为红色，以后变为紫红色，子宫水肿增厚，呈肉冻状，表面发裂，流出渗出液。

【防治措施】如果子宫全部脱出，必须进行整复：将病牛站立保定在前低后高、干燥的体位。用常水灌汤，使直肠内空虚。用温的0.1%高锰酸钾冲洗脱出部的表面及其周围的污物，削离残留的胎衣以及坏死组织，再用3%～5%温的明矾水冲洗，并注意止血。如果脱出部分水肿明显，可以用消毒针头乱刺黏膜挤压排液，如有裂口，应涂擦碘酊，裂口深而大的要缝合。用2%普鲁卡因8～10毫升在荐尾间隙注射，施行硬膜外腔麻醉。在脱出部包盖浸有消毒、抗菌药物的油纱布，用手掌趁患畜不努责时将脱出的子宫托送入阴道，直至子宫恢复正常位置，再插入一手至阴道并在里面停留片刻，以防努责时再脱。同时，为防止感染和促进子宫收缩，可给子宫内放置抗生素或磺胺类胶囊，随后注射垂体后叶素或缩宫素 60～100 国际单位，或麦角新碱 2～3 毫克。最后应加栅状阴门托或绳网结以保定阴门，或加阴门锁，或以细塑料线对阴门进行稀疏袋口缝合。经数天后子宫不再脱出时即可拆除。

附　　录

附录A　牛常用的疫苗

疫苗名称	用　　途	方法及用量	保存条件和保存期
口蹄疫弱毒疫苗	预防牛口蹄疫。免疫期4～6个月	皮下或肌内注射，牛：1～2岁，1毫升，2岁以上2毫升。生效期14天	2～5℃保存时间5个月；－12～18℃保存时间8个月
牛出血性败血病氢氧化铝菌苗	预防牛出血性败血病。免疫期9个月	皮下注射，体重100千克以下4毫升，100千克以上6毫升。生效期21天	28℃保存时间3个月；2～5℃保存时间6个月
牛肺疫弱毒疫苗	预防牛肺疫。免疫期1年	氢氧化铝苗肌内注射，大牛2毫升，6～12月龄1毫升；盐水苗皮下注射，大牛1毫升，6～12月龄0.5毫升。生效期21～28天	2～15℃保存时间6个月
气肿疽灭活苗	预防气肿疽。免疫期约半年	牛可在颈部或肩胛部后缘皮下注射5毫升。生效期14天左右	2～15℃保存时间8个月
破伤风明矾沉淀类毒素	防治破伤风。免疫期1年	成年牛皮下注射1毫升，犊牛皮下注射0.5毫升，注射于颈部中央1/3处。注射后1个月产生免疫力。一般发病后及时注射破伤风苗，早治为好	根据瓶签说明进行保存处理
牛瘟兔化弱毒疫苗	防治牛瘟。	血液苗或脾淋组织苗（1∶100），无论大小牛一律肌内注射2毫升，冻干苗按瓶签规定方法稀释使用	按制造及检验规程就地制造疫苗使用

（续）

疫苗名称	用　途	方法及用量	保存条件和保存期
无毒炭疽芽孢菌苗	预防炭疽。免疫期1年	经稀释后在颈部或肩胛部后缘，1岁以上牛1毫升，1岁以下牛0.5毫升，皮下注射。生效日期14天	2～15℃保存时间2年
第Ⅱ号炭疽芽孢苗	预防炭疽。免疫期1年	注射于皮下或皮内，皮内注射0.2毫升，皮下注射1毫升。生效日期14天	2～15℃保存时间2年
牛流行热油佐剂灭活疫苗	预防牛流行热。免疫期半年	颈部皮下注射，每次每头牛4毫升，犊牛2毫升。二次免疫接种间隔为3周。生效日期21天	

附录B　牛免疫程序

年龄	疫苗（菌苗）	接种方法	备　注
1月龄	Ⅱ号炭疽芽孢苗（或无毒炭疽芽孢苗）	皮下注射1毫升（或皮下注射0.5毫升）	免疫期1年
	破伤风明矾沉淀类毒素	皮下注射5毫升	免疫期6个月
	气肿疽甲醛明矾菌苗	皮下注射5毫升	免疫期6个月
6月龄	狂犬病弱毒苗	皮下注射25～50毫升	免疫期1年
	布氏杆菌19号苗	皮下注射5毫升	免疫期1年
	气肿疽牛出败二联干粉苗	皮下注射1毫升（用20%氢氧化铝盐水溶解）	免疫期1年
12月龄	Ⅱ号炭疽芽孢苗（或无毒炭疽芽孢苗）	皮下注射1毫升（或皮下注射0.5毫升）	免疫期1年
	破伤风明矾沉淀类毒素	皮下注射1毫升	免疫期1年
	狂犬病疫苗	皮下注射25～50毫升	免疫期6个月
	口蹄疫弱毒苗	皮下注射5毫升	免疫期6个月

（续）

年龄	疫苗（菌苗）	接种方法	备　注
18月龄	狂犬病疫苗	皮下注射25～50毫升	免疫期6个月
	布氏杆菌19号苗	皮下注射5毫升	免疫期1年
	牛痘苗	皮内注射0.2～0.3毫升	免疫期1年
	气肿疽牛出败二联干粉苗	皮下注射1毫升（用20%氢氧化铝盐水溶解）	免疫期1年
	口蹄疫弱毒苗	皮下或肌内注射2毫升	免疫期6个月
	产气荚膜梭菌灭活苗	皮下注射5毫升	免疫期6个月
20月龄	Ⅱ号炭疽芽孢苗（或无毒炭疽芽孢苗）	皮下注射1毫升	免疫期1年
	破伤风类毒素	皮下注射1毫升	免疫期1年
	狂犬病疫苗	皮下注射25～50毫升	免疫期6个月
	口蹄疫弱毒苗	皮下或肌内注射2毫升	免疫期6个月
	产气荚膜梭菌灭活苗	皮下注射5毫升	免疫期6个月
成年牛	气肿疽甲醛明矾菌苗	皮下注射5毫升	每年春季接种一次
	炭疽菌苗	皮下注射1毫升	每年春季接种一次
	破伤风类毒素	皮下注射1毫升	每年定期接种一次
	口蹄疫弱毒苗	肌内注射2毫升	每年春、秋季各接种一次
	狂犬病疫苗	皮下注射25～50毫升	每年春、秋季各接种一次
	产气荚膜梭菌灭活苗	皮下注射5毫升	免疫期6个月
妊娠牛	犊牛副伤寒菌苗	见疫苗生产标签	分娩前4周
	犊牛大肠杆菌菌苗	见疫苗生产标签	分娩前2～4周
	产气荚膜梭菌灭活苗	皮下注射5毫升	分娩前4～6周

附录C　肉牛的用药方案

阶　　段		用 药 方 案
后备肉牛	引入第1周及配种前1周	饲料中适当添加一些抗应激药物，如维力康、维生素C、多维、电解质添加剂等；同时饲料中适当添加一些抗生素药物，如呼诺玢、呼肠舒、泰灭净、多西环素、利高霉素、泰妙菌素、泰乐菌素、土霉素等
妊娠母肉牛	前期	饲料中适当添加抗生素药物，如呼诺玢、泰灭净、利高霉素、新强霉素、泰乐菌素等，同时饲料添加亚硒酸钠维生素E，妊娠全期饲料添加防治霉菌毒素药物（霉可脱）
	产前	驱虫。帝诺玢拌料一周，肌内注射一次得力米先（长效土霉素）等
产前后母肉牛	母肉牛产前产后2周	饲料中适当添加一些抗生素药物，如呼肠舒、新强霉素、菌消清（阿莫西林）、强力泰、多西环素、金霉素等；母牛产后1~3天如有发热症状，用输液来解决，所输液体内加入庆大霉素、林可霉素效果更佳
哺乳仔肉牛	仔肉牛吃初乳前	口服庆大霉素、诺氟沙星、兽友1~2毫升一针或半片内的土霉素
	3日龄	补铁（如血康、牲血素、富来血）、补硒（亚硒酸钠维生素E）
	1、7、14日龄	鼻腔喷雾卡那霉素、10%呼诺玢
	7日龄左右、开食补料前后及断奶前后	饲料中适当添加一些抗应激药物，如维力康、开食补盐、维生素C、多维等。哺乳全期饲料中适当添加一些抗生素药物，如菌消清、泰舒平、呼诺玢、呼肠舒、泰灭净、恩诺沙星、诺氟沙星、氧氟沙星及环丙沙星等。出生后体况比较差的肉牛犊，一生下来喂些代乳粉（牛专用），兑葡萄糖水或凉开水，连饮5~7天
	断奶	根据肉牛犊体况，25~28天左右断奶，断奶前几天母牛要控料、减料，以减少其泌乳量，在肉牛犊的饮水中加入阿莫西林+恩诺沙星+加强保易多，以预防腹泻。肉牛犊如发生球虫病，可添加适合的药物来获得抗体的产生

（续）

阶段		用药方案
断奶保育肉牛	保育牛阶段前期（28～35天）	饲料或饮水中适当添加一些抗应激药物，如维力康、开食补盐、维生素C、多维等；此阶段可在肉牛犊饲料中添加泰乐菌素+磺胺二甲+三羟甲基丙烷（TMP）+金霉素，以保证肉牛犊健康。此阶段如发生链球菌、传染性胸膜肺炎，可采用阿莫西林+恩诺沙星+泰乐菌素+磺胺二甲+TMP+金霉素防治
	肉牛犊45～50天阶段	此阶段要预防传染性胸膜肺炎的发生，可用氟苯尼考80克/吨饲料+泰乐菌素+磺胺二甲+TMP+金霉素防治
生长育肥肉牛	整个生长期	可用泰乐菌素+磺胺二甲+TMP+金霉素添加在饲料中饲喂，并在应激时添加抗应激药物，如维力康、开食补盐、维生素C、多维等。定期在饲料中添加伊维菌素、阿维菌素或帝诺玢、净乐芬等驱虫药物进行驱虫
公肉牛	饲养期	每月饲料中适当添加一些抗生素药物，如土霉素预混剂、呼诺玢、呼肠舒、泰灭净、泰妙菌素、泰乐菌素等，连用1周。每个季度饲料中适当添加伊维菌素、阿维菌素或帝诺玢、净乐芬等驱虫药物进行驱虫，连用1周。每月体外喷洒驱虫一次，如虱螨净、杀螨灵
空怀母肉牛	空怀期	饲料中适当添加一些抗生素药物，如土霉素预混剂、呼诺玢、呼肠舒、泰灭净、泰妙菌素、泰乐菌素等，连用1周
	配种前	肌内注射一次得力米先、长效土霉素等；饲料中添加伊维菌素、阿维菌素或帝诺玢、净乐芬等驱虫药物进行驱虫，连用1周

注：1. 驱虫。牛群一年最好驱虫三次，以防治线虫、螨虫、蛔虫等体内寄生虫病的发生，从而提高饲料报酬。药物选用伊维菌素或复方药（伊维菌素+阿苯达唑）等。

2. 红皮病的防治。红皮病主要是由于肉牛犊断奶后多系统衰弱综合征并发寄生虫病引起的，症状为：体温在40～41℃，表皮出现小红点，出现时间多在30日龄以后，40～50日龄以及全期都有。在治疗上可先驱虫后再用20%长效土霉素、地塞米松和维丁胶性钙肌内注射治疗，预防此病要从源头抓起，配制自家苗，肉牛犊分别在7日龄和25日龄各接种一次。

附录 D 常见计量单位名称与符号对照表

量的名称	单位名称	单位符号
长度	千米	km
	米	m
	厘米	cm
	毫米	mm
面积	平方千米（平方公里）	km^2
	平方米	m^2
体积	立方米	m^3
	升	L
	毫升	mL
质量	吨	t
	千克（公斤）	kg
	克	g
	毫克	mg
物质的量	摩尔	mol
时间	小时	h
	分	min
	秒	s
温度	摄氏度	℃
平面角	度	(°)
能量，热量	兆焦	MJ
	千焦	kJ
	焦［耳］	J
功率	瓦［特］	W
	千瓦［特］	kW
电压	伏［特］	V
压力，压强	帕［斯卡］	Pa
电流	安［培］	A

参考文献

[1] 曹玉风，李建国. 肉牛标准化养殖技术［M］. 北京：中国农业大学出版社，2004.

[2] 初秀. 规模化安全养肉牛综合新技术［M］. 北京：中国农业出版社，2005.

[3] 董一春. 奶牛用药知识手册［M］. 北京：中国农业出版社，2011.

[4] 魏刚才. 养殖场消毒［M］. 北京：化学工业出版社，2011.

[5] 王维安，隆拥军，陈亚兵. 天门市种草养牛效益分析［J］. 湖北畜牧兽医，2014（4）：61-64.

[6] 杨校民. 种草养牛技术手册［M］. 北京：金盾出版社，2015.

[7] 王建平，刘宁. 种草养牛实用技术［M］. 北京：化学工业出版社，2015.

[8] 昝林森. 牛生产学［M］. 2 版. 北京：中国农业出版社，2007.